学術選書 060

天然ゴムの歴史
ヘベア樹の世界一周オデッセイから「交通化社会」へ

こうじや信三

KYOTO UNIVERSITY PRESS

京都大学学術出版会

まえがき

　数あるゴムの物語の中でもドラマチックな点で比較的一般に知られているのは、天然ゴムのもとになるヘベア樹の種子をブラジルから「密輸」したとされる英国人ウィッカムの話であろう．ゴムの研究を開始して天然ゴムに興味を持ち始めて以来、天然ゴムの科学とともにウィッカムの話を含めたその歴史が絶えず頭のどこかに居座っていた．40年を越えた研究生活に終止符を打って後、天然ゴムの歴史を語る機会を得たことは筆者にとって望外の喜びである．

　実はこの歴史物語執筆のスタートは、定年退職後に客員として滞在したマニラ市内のイントラムロス、およびバンコック郊外のサラヤの一室で、英語で書き始めたことであった．大学で学生にこの話をしたところ多くの学生が興味を持って聞いてくれ、その面白い話を書いた本はないのかと質問された．また英語を書くことに抵抗があまり無かった（よく誤解されるが、英語が得手とか上手ということでは全くなく、英文で書くことはしんどい仕事の一部であって、単にその延長上であった）せいで、エイリアンにとって英文で書き始めたのはごく自然なことであった．3年半後に帰国して執筆を再開し、ある友人と話していた際に彼が言ったことは「英語では日本人、誰も読んでくれんよ！」であった．あまり深く考えてはいなかったからであろう、彼の言葉を聞いて「なるほ

ど！ それはそうかもしれない」と，不思議に納得して，おもむろに日本語版の執筆を開始した．やはりと言うべきか，日本語の方が筆の進みは早い．日本のゴム関係者に一番先に読んでもらって批判を仰ごうと，日本ゴム協会誌に連載の形で掲載されることになり，2012年3月号からスタートした．お世話になった協会誌編集委員の方々にお礼を申しあげたい．その連載に図・表や写真を追加するとともに，大幅な加筆・訂正の手を加えて本書がようやく完成の運びとなった．

執筆中に筆者の天然ゴムへの想いが，若きウイッカムの熱帯へのそれや，フォードが自動車にかけた情熱と，「どう異なっているのか？」と考えたことがある．研究者として「科学にかけた想い」の一部としては，筆者のそれは当然「科学的」でなければならないだろう，と，意外と受け止める人が多いが，科学研究の対象として見るとゴムはかなり複雑な系である．事実，ゴムの世界に入って数年後にあるゴム会社の技術者から，「研究者として生きたいのなら，ゴムは止めときなさい」と忠告を受けた．彼は非常な勉強家だったからゴムの複雑さを認識した上で，厳密な科学的取扱いが非常に困難であることを忠告してくれたのである．

筆者が研究生活の中でゴムへの想いを強く感じたのは，ゴムを扱って論理的な筋の明解な論文を仕上げることの難しさに，たじろぎを覚えた時だったのかもしれない．そんな逡巡を克服したということではなく，先輩である彼の忠告にもかかわらず，ゴムに科学の立場から挑戦することを自分に与えられた課題として研究を続けて来た．その努力を通じて，研究者としてなんとか踏み留まることができたのではないか――が現在の筆者の実感である．

2, 3の切り口で科学的なアプローチが可能となっただけで，工学的に，そして天然ゴムでは生物学的・農学的な意味でも，広範囲におよぶゴム技術の中では部分的な成果に過ぎないかもしれない．しかし，それでも多くの研究者の努力によって「ゴム技術学」確立への全10歩の，第3歩目ぐらいには到達しつつあるのが「ゴム学」の現状かとも思う．単行本の形になって，この歴史物語がそのような40年にわたる筆者の研究者生活の1つの「まとめ」になっていることにも気付かされた．科学がその根底にあるのだから，当然のことではあるのだが．

　筆者のゴムを中心とした研究に，長年の間ご協力いただいた多くの方々に心から御礼を申し上げたい．名前を挙げていけば数十人，いや数百人に及ぶことになり，数人に絞ることの困難さを言い訳として，それらの方々すべてに今一度大きな謝意を表して，いささか個人的なこだわりに走ったまえがきを結びたい．

京都，梅津にて
2012年12月

こうじや信三

目 次

まえがき　　　　　　　　　　　　　　　　　　　　　　　　　　　i

序章
天然ゴム前史　　　　　　　　　　　　　　　　　　　　　　3

1　天然ゴムの樹ヘベアとその原産地　　　　　　　　　　　3
2　天然ゴムとヨーロッパ人との出会い　　　　　　　　　　9
3　天然ゴムの樹ヘベアのオデッセイと「交通化社会」　　12
4　本書の概要と「ゴムの木」へのコメント　　　　　　　14

第I章
キナノキのプラント・イントロダクション　　　　　17
　　――ヘベア樹に先行したマーカムの試み

1　はじめに　　　　　　　　　　　　　　　　　　　　　17
2　南アメリカに自生するキナノキ　　　　　　　　　　　18
3　キュー植物園　　　　　　　　　　　　　　　　　　　23
4　時代の子，探検家マーカム　　　　　　　　　　　　　29
5　大英帝国インド省　　　　　　　　　　　　　　　　　31
6　キナノキのプラント・イントロダクション　　　　　　33
7　キナノキ移植のその後とマーカム　　　　　　　　　　37

第II章

若きウイッカムとゴムとの出会い
——ニカラグア，オリノコ，そしてアマゾンへ

43

1　はじめに　43
2　ウイッカムの探検家への道：初めての熱帯はニカラグア　44
3　アマゾンと並ぶ大河オリノコの遡行　51
4　オリノコ河上流でのゴム樹のタッピング体験　55
5　リオ・ネグロ河からアマゾン本流の街マナウスへ　59
6　アマゾン河本流を下ってパラ（ベレン）へ　62

第III章

ヘベア樹プラント・イントロダクションの始動
——ウイッカムとキュー植物園・インド省の綱引き

65

1　はじめに　65
2　ヘベア樹のプラント・イントロダクション前史　67
3　アマゾンにおけるゴムブームの実情　69
4　サンタレンでのウイッカム一行　71
5　ウイッカムとキュー植物園・インド省のやりとり　78
6　私人ウイッカムへの公的な依頼状　81
7　ヘベア樹とウイッカム：アマゾンからの「脱出」は成るか？　83

第IV章
ヘベア樹のオデッセイ
　　——アマゾンからキュー植物園，そして南アジア・東南アジアへ　　　89

- 1　はじめに　　89
- 2　タパジョス河流域でのウィッカムのヘベア種子集め　　90
- 3　ウィッカムとヘベア種子：アマゾンからキュー植物園へ　　99
- 4　ヘベア種子，キュー植物園で発芽し2700本の苗木に成長　　103
- 5　ヘベア樹，キュー植物園からアジアへ　　109
- 6　「クロス対ウィッカム論争」　　112
- 7　ウィッカムによるヘベア樹のプラント・イントロダクション：総括　　119

第V章
ウイッカム，失敗に魅入られたプランター　　123

- 1　はじめに　　123
- 2　ヘベア後のウイッカム，クイーンズランドへ　　125
- 3　ビクトリア王朝の最盛期，ウイッカムは英領ホンジュラスに　　129
- 4　ウイッカム最後（？）のオデッセイはパプアニューギニアでの離別　　138
- 5　晩年のウイッカム　　142

第VI章
ゴム・プランテーションの確立とリドレイ　　149

- 1　はじめに　　149
- 2　アジアにおけるウイッカム樹の成長は？　　151

目次 vii

3　若きリドレイ，アジアへ　158
4　リドレイとマレー半島のゴム・プランテーション　162
5　自転車，自動車産業の勃興　171

第Ⅶ章

ブラジルへ里帰りしたヘベア樹
―――フォードとフォードランディア

181

1　はじめに　181
2　イギリスの天然ゴム独占体制　183
3　機械工ヘンリー・フォード　186
4　自動車王ヘンリー・フォード　189
5　フォード社のアマゾン進出：天然ゴムの独占体制打破へ？　193
6　フォードランディアの悪戦苦闘　198
7　フォードランディアの終焉　209

第Ⅷ章

天然ゴムに魅せられた人々
―――この奇妙な植物資源の科学

213

1　はじめに　213
2　ゴム弾性：そのユニークな特性　215
3　天然ゴムと合成ゴム　224
4　原産地アマゾンでヘベア樹の「栽培」は可能なのか？　228
5　天然ゴムに魅せられた人々：ウイッカムとフォードをめぐって　234

6　おわりに　241

第IX章
21世紀における「交通化社会」と人類　243

1　はじめに：天然ゴムをめぐる現代史　243
2　19世紀にはじまった「交通化社会」への途　247
3　交通機関としての自動車の特異性　256
4　日本のクルマ事情：馬車の時代なしに自動車がやってきた！　263
5　21世紀の自動車とゴムタイヤ　275
6　人類のサステイナビリティにつながる「交通化社会」へ　278
7　おわりに　281

終章
天然ゴムの未来　283

1　はじめに：人類を取りまく環境と21世紀　283
2　21世紀における天然ゴムの需要と供給の関係　285
3　天然ゴムのリサイクル　289
4　アレルギー症問題　292
5　先端バイオ技術の適用　293
6　バイオ・セイフティ（Bio-safety）　294
7　おわりに　295

参考文献 299

事項索引 321

人名索引 326

図表一覧 328

天然ゴムの歴史
ヘベア樹の世界一周オデッセイから「交通化社会」へ

序章

天然ゴム前史

1 天然ゴムの樹ヘベアとその原産地

本書のサブタイトルにあるオデッセイ（Odyssey）は、ホメロス（英語名ホーマー，Homer）作とされるギリシアの古典叙事詩である．その主人公オデッセウス（Odysseus[注1]）がトロイア（英語名トロイ Troy）戦争勝利の後、故郷であるイオニア海のイタキ島へたどり着くまでの 10 年におよぶ漂泊の旅を描き、転じてオデッセイは「波乱万丈の放浪の旅」を意味している．本書の主題は、天然ゴムを生み出すヘベア樹の世界一周オデッセイ（1876 年）に始まり、人類にとって新しい社会を切り切り開いた「交通化時代」というべき 21 世紀の現在までの、ゴムの歴史である．

さて、ゴムはすでに日常生活でなじみの物であっても、改めて「天然ゴムとは？」と問われると答えに戸惑う読者が多いかもし

註1）「オデッセウス（Odysseus）」はラテン語では「ユリシーズ（Ulysses）」で、James Joyce の小説（英語）ではタイトルが "Ulysses" となっている．日本では英語式の「ユリシーズ」の方が通り良いかもしれない．

れない．19世紀から20世紀における合成化学の進歩はかつてない多くの新しい商品を大量に市場に供給し，現代人の生活は化学をはじめ諸科学の技術的成果なしには考えられないものとなっている．しかし，ゴムの世界では化学合成によらず熱帯植物であるヘベア樹から採取される天然ゴム（natural rubber）が，今も重要な位置を占めている．航空機・重量級トラック・バス・大型乗用車などのタイヤ，地震に強い建築物を支える免震ゴム，医師・看護師が着用する医療用ゴム手袋，避妊用およびエイズ（AIDS）拡大を防ぐ衛生用品としてのコンドーム，そして日常生活で利用されている輪ゴムなどは天然ゴムから製造されていて，天然ゴムなしに実用化はあり得なかった．

　熱帯農業の産物である天然ゴムは，植物の生産物であるから再生可能（リニューアブル，renewable）であり，その生合成反応（試験管中で人が行う化学反応ではなく，植物や動物などの生体内での反応による合成）の出発原料は空気中の炭酸ガスであるからカーボン・ニュートラル（使用後に分解して炭酸ガスに還っても，大気中の炭酸ガス濃度を増加させることにはならない）で地球温暖化に寄与しない．従って，石油資源が枯渇した後も生産可能で，この地球のサステイナブル・ディベロップメント（sustainable development；この語の定義については，第 IX 章 1 節を参照）を支える素材として 21 世紀を通じて人類に欠かせないものであろう．

　現在の天然ゴムは南米のアマゾン河流域を原産地とするヘベア樹（植物学名ヘベア・ブラジリエンシス，*Herea brasiliensis*）から採取されている．ここで，ヘベア（*Herea*）は植物学的「属」の名前で，ブラジリエンシス（*brasiliensis*）は「種」の名前である．（以下，

植物学名を学名と略す.）ヘベア属には本書では単に「ヘベア樹」と記載するブラジリエンシス（アマゾン河の南部に生育）の他に、ベンタミアナ（*benthamiana*；アマゾン河の北部に生育），ギニエンシス（*guianensis*；アマゾン河流域の全域に生育），ポシフロラ（*pauciflora*；アマゾン河の北部と西部に生育）など全部で 11 の種が知られている．実は，ゴムを産出する植物はヘベア属の 11 種の他にも，2000 種以上あると言われている．

中・南米全域で最もポピュラーなのはカスティロア（通称 Castilloa；学名 *Castilla elastica*）であり，ブラジル東北部ではセアラ（通称 Ceara；学名 *Manihot glaziovii*），熱帯アジアではフィカス・エラスティカ（学名 *Ficus elastica*）が，さらにアフリカ大陸の中南部（ギニアからコンゴ，アンゴラ北部に至る地域）ではランドルフィア属（*Landolphia*，通称 vine rubbers；つるのように他の木に巻き付いて伸びる）とフンツミア属（*Funtumia*）の数種が広範に見られる．これら典型的なゴム産出樹の他にも，米国で今も研究されているアリゾナとテキサス南部からメキシコの砂漠地帯に生える灌木ワューレ（通称 Guayule；学名 *Parthenium argentatum*），1930 年代にソヴィエト連邦（当時）が南ロシアと中央アジアで天然ゴム採取のために栽培を行ったとされるコクサギス（通称 Russian dandelion；学名 *Taraxacum kok-saghyz*），発明王エジソンが研究したゴールデンロッド（Goldenrod；帰化植物として日本で一時期悪名をはせたセイタカアワダチソウはこの一種である．第 VII 章 5 節を参照）の他にも，野生のヒマワリやレタスなど枚挙に暇が無いほどである．

かなり多数の植物がゴム（化学名ではシス–1, 4–ポリイソプレン）を生産している植物学・生理学的な意義や理由はいまだに解

明されていない．天然ゴム関係で最も歴史のあるセイロンゴム研究所（Rubber Research Institute of Ceylon, RRIC；現在は国名のスリランカに従って RRISL）を訪問した際，筆者はバイオ関係者の多くに「ゴムの樹はなぜ，何のためにゴムを作っているのか？」と質問したが，生理・病理学関係の研究者ですら「よく分からない．ゴムが樹の中で何らかの生理的機能・作用を示している証拠はない」としか答えられなかった．ゴム樹自身にとって何の役にも立っていない可能性もあるのに，シス–1,4 構造が 100％の高い立体規則性を有するゴムを多数の植物が生合成している．一方，化学者により作られる合成ポリイソプレンゴムでは，トランス–1,4 構造が含まれるために立体規則性の点で劣り，同じレベルの高い立体規則性を有する合成ポリイソプレンゴムはいまだに作られていない．天然にはトランス–1,4 構造が 100％のポリイソプレンであるグッタペルカ（Gutta percha）も産出するが，これはゴムではなく固い樹脂である．（ここで，シス，トランスは分子の立体構造の異性体で，シスでは 2 つの置換基が同じ側に，トランスでは反対側に結合している．天然に生体内で合成される分子では，立体構造は規則的でシス，トランスのどちらかである．人間が化学合成したものでは規則性が低く，シスとトランスが混在する．）天然物の，科学者による化学合成は 19 世紀以来大きな成果を収めてきたが，天然ゴムの完全化学合成ではいまだ道遠しの感が深い．

天然ゴムの利用のはじまりは，おそらく紀元前 1500 年頃に始まるオルメカ（中米）文明からで，マヤ（中米），インカ（南米）からアステカ（メキシコ）文明まで，ゴム球その他のゴム製品が宗教的祭祀用に使用されてきた．オルメカ族はアステカ王国に至

図1●マヤ遺跡チチェン・イツァに現存する球技場とゴム球のゴール（地上約7メートルに設置され，球技場の左右の壁に小さく見える石の円環がゴールである．その拡大図を右上のインセットに示した．）（写真提供：青山和夫氏，アフロ）

るまで中米でゴムの供給を担当していたと推定され，一説によればオルメカとは「ゴム族」を意味するという．特に，ゴム球は現在のバスケットボールやフットボールに似た一種の球技用で，専用のグラウンドも用意されていた．図1に，ユカタン半島のマヤ遺跡チチェン・イツァ（Chichen Itza）に現存している球技場とゴールとなる石製の環（リング）を示す．地上約7メートルの高さにあるこの環にゴム球をくぐらせたチームの勝ちということになる．この球技は変遷を経ながらも現在までメキシコに残ってい

図2 ●アステカから伝えられて現在までメキシコに残っているゴム球技の様子
(W. E. GARRETT/National Geographic Stock)

る.その様子を図2に示す.ボールは中空ではないので固くて重く,オシリに革製のプロテクターをつけてオシリでボールを打ち上げて運ぶゲームである.当時,この球技の勝敗は部族間の対立に際して戦争を避けて決着をつけるためのもので,中・南米における古代文明での争い事を収拾する方法を象徴的に示している.

インカでもアステカでも,侵入者であったスペイン軍に対する軍事的・組織的抵抗がその初期にはほとんど無かったことも,2000年におよぶ文明の性格によるのかもしれない.20世紀の第1次

および第2次世界大戦において，軍隊用の戦略物質として必須の資源となった天然ゴムは，その原産地の人たちにとっては平和のシンボルであった．

2 天然ゴムとヨーロッパ人との出会い

ヨーロッパ人による新大陸の「侵略」は，コロンブスの新大陸「発見」がその嚆矢となった．（初めの頃は現地人の軍事的抵抗がほとんど無かったために，侵略ではなく「進出」と記される場合が多いが，その本質は交易ではなく軍事力による征圧であった．）コロンブスはその第2回航海（1493〜1496年）の時に，イスパニョーラ（ハイチ）島で住民のゴム球を用いた球技を目撃した．これがヨーロッパ人のゴムとの出会いである．この時のゴム球は，おそらくオルメカ族の手によりカスティロアから採取されたゴムを用いて作製されたものと推定できる．（直接的な証拠は無いが，例えば，関連した文献1を参照．）スペイン人従軍牧師アンジイラ（P. Martyre d'Anghiera）が1530年発行の著書『新世界について（*De Orbis Novus*)』にゴムについて記載したことに始まり，多くの探検家，宣教師などによってゴムについての情報が伝えられたが，当時のヨーロッパ人にとってゴムは単によくはねる珍奇なものに過ぎず，その利用法もはっきりしていなかった．

このようなゴムにとっての停滞状態に楔を打ちこんだのは2人のフランス人科学者であった．18世紀中頃，フランス領ギアナに滞在し植民地政庁に勤務していたフレスノー（F. Fresneau）は

ギアナ，アマゾン地域の植物を調査する中でゴムに興味を持ち，科学者らしくゴムについての広範なメモを取っていた．パリ科学アカデミーの観測隊の一員としてキトー（現在のエクアドルの首都）周辺に10年間滞在したコンダミーヌ（C. M. de la Condamine）は，パリへの帰途アマゾン河を下って仏領ギアナに立ち寄った．そこで彼はフレスノーのメモを読んでゴムに興味を持ち，帰国後に科学アカデミーでゴムについて報告した（第I章2節を参照）．これはゴムについての最初の科学論文となった．そして，ディドロ（D. Diderot, 1713〜1784年）とダランベール（J. d'Alembert, 1717〜1783年）の編集に成る『フランス百科全書（*Encyclopedie, ou dictionaire raisonne des sciences, des arts et des métiers*）』に「ゴム」（フランス語で"caoutchouc"）が収録されている．ここで，書名中の"arts"は芸術・美術ではなく「技術」の意である．残念なことに，ゴムは桑原武夫編の『フランス百科全書の研究』（岩波書店，1954年）の代表項目としては選定されていない．イギリスでは酸素の発見者として有名な化学者プリストリー（J. Priestly）が，1770年に消しゴムとして有用であることに気がついて，rub（摩擦する）からrubberと命名したことはよく知られている（文献2第5巻31章を参照）．

　少しは一般にも知られるようになったゴムは，その後19世紀に入って2人のイギリス人企業家・技術者によって実用化への動きを開始した．マッキントッシュ（C. Macintosh）とハンコック（T. Hancock）である（第VI章5節を参照）．マッキントッシュはゴム引き布を用いるレインコートを発明し，ハンコックと共同して製造販売に乗り出した．最初は冬のロンドンで馬車の御者に高い評価を受けたこのゴム引き布レインコートは，その優れた防水性

によって爆発的に普及し、当時は「マック」と言えばこのゴム引きレインコートのことであった．（今では、ハンバーガー店かパソコンのことだが．）ハンコックはその後もゴムの加工技術の発展に大きく貢献し「ゴム工業の父」と呼ばれている．

　ゴムの実用化が進むとともに、その使用上の重大な欠陥が明らかになった．弾性を持つゴムであるが、寒い冬には固くなって弾性に乏しく、暑い夏にはベトついて形状を保つことすら容易ではなかった．伸縮自在であるべきゴムにとって、この温度による極端な変化の克服は容易ではなく、多くの科学者、街の発明家の努力もすぐには実らなかった．1人の貧しいアメリカ人グッドイヤー (C. Goodyear) が、加硫の発明によってその解決策を示したのは1839年のことである（第VI章5節を参照）．加硫は硫黄（イオウ；元素記号S）によるゴム分子の橋かけ反応で、これによって（ジャングルジムのような）3次元のネットワーク構造が形成される．ゴムは加硫によって初めて、我々が材料として使える安定なゴム弾性体となった．タイヤをはじめとする現代的なゴムはそのすべてが「加硫ゴム」であり、加硫なしに使用されるゴムは、粘着剤や接着剤など一部の用途に限られている．「加硫ゴム」として現れた天然ゴムはその後の人類社会でどんな役割を演じて来たのか？　それが本書の中心となる歴史物語である．ちなみに、天然ゴムの最も顕著な特性であるゴム弾性（第VIII章2節を参照）を最大限に生かした医療用、特に外科手術用のゴム手袋は、早くも1890年代に米国で使用され始めたが、この時のものは加硫されていなかった可能性が高い．外科手術用に特化した薄くてよく伸び、しかも強度の高いゴム手袋の本格的な普及は、加硫された

薄膜状の上質のものが製造された1970年頃になってからである．

3 天然ゴムの樹ヘベアのオデッセイと「交通化社会」

イギリス人ヘンリー・ウイッカム（Henry Alexander Wickham, 1846年5月29日〜1928年9月27日）の名前は、読者には初耳かもしれない．しかし、ゴムに関する本を読んだことがある人なら、フォード自動車会社の創設者で自動車王の異名を持つヘンリー・フォード（Henry Ford, 1863年7月30日〜1947年4月7日）ほどではなくとも、記憶に残っているかもしれない．しかしその場合でも、ウイッカムについての知識は、天然ゴムを産出する樹であるヘベア（学名 Hevea brasiliensis）の種子をブラジルのアマゾンから盗み（正しくは、持ち）出した人物という程度であって、その「樹の持ち出し」（プラント・イントロダクション，plant introduction）の前後の彼について知る人は極めて少ない．また、そのプラント・イントロダクションが歴史的にまた社会的にどんな意味を持ったのかを考えたことがある人もそう多くはないだろう．まして、直接的ではないウイッカムとフォードの関係を問うても、答えられる人はどれだけいるだろうか．自動車王フォードとゴムに関連する人としては、フォードの親友であった発明王エジソン（Thomas Alva Edison, 1847〜1931年）を挙げる人が少数ある程度だろう．タイヤに興味を持つ人であればフォード車のタイヤを供給したファイヤーストーンを思い浮かべるかもしれない．

2人のヘンリーを結ぶ細い糸が当時の大英帝国とアメリカ合衆

国の対照的な実に興味深い人間像を提示しており，また，2人の生涯は近・現代文明に大きなインパクトを与えつつある天然ゴムを軸として交通化時代の人間社会の1つの展望を示唆していると考えられる．これらを踏まえて，この2人のダイナミックな人間像を本書で展開させてみたい．また2人の脇役として，ウイッカムに先行して，マラリアの特効薬キニーネのもととなるキナノキのアンデスからの持ち出しを実行したマーカム (Clements Robert Markham, 1830年7月20日〜1916年1月29日) と，2人のヘンリーをつなぐ第3のヘンリー，リドレイ (Henry Nicholas Ridley, 1855年12月10日〜1956年10月24日) にも登場願うことにする．

大英帝国ビクトリア女王 (Queen Victoria, 1819〜1901年；在位，1837〜1901年) 時代のマーカムのキナノキ移植は，キニーネの普及を通じて熱帯植民地へのヨーロッパ人の進出を促進した．また，キナノキに続いて，天然ゴムを産出するヘベア樹の移植計画の具体化をうながし，ウイッカムによる実行に至る結果をもたらした．リドレイは1888年からシンガポール植物園の園長を務めて，ブラジルのアマゾン河流域からアジアに移植されたヘベア樹のゴム・プランテーション確立に貢献し，第2次世界大戦まで続く大英帝国の世界的なゴム独占体制の基礎を築いた人物である．ヘベア樹のアジアへの移植とその栽培は19世紀末から20世紀における自動車工業の急速な発展を，まさにその足元（タイヤ）から支えたと言える．

本書では，歴史をより興味深く理解するための註釈を付し，さらに読み進めたい読者のために筆者が参考にした文献を引用するとともに，重要と思われる興味深い文献については簡単な解説を

付けた.筆者にとってこの歴史物語の発端は 1975 年にマレーシアで開催された国際ゴム会議(IRC75 Kuala Lumpur)への参加と,そこでの故成沢慎一氏(当時,成沢氏はマレーシアゴムビューローの東京所長をされていた)との出会いであった[註2].さらに,成沢氏の優れた論考[3],Schultz の解説[4-6],Wickham, Drabble, Brockway, Dean らの本[7-14]を愛読した.それらを参考に「忙中閑話:パラゴムの樹のオデッセイ」および「ゴムの科学と技術の歴史」と題して,自著[15]および共著[16]中の 2 つの章を執筆したことが出発点となっている.

4 本書の概要と「ゴムの木」へのコメント

前節まで天然ゴムとその簡単な歴史について述べ,この歴史物語に登場する 4 人の主要な役者たちと彼らが演じたドラマの歴史的意義を紹介した.第 I 章ではヘベアの移植に先立って実行されたマーカムらによるキナノキの移植について述べ,またキナノキとヘベア,2 つの移植に共通する予備的知識について概説する.第 II 章〜第 V 章は本書の中核となる人物ウイッカムに焦点を合わせて,第 II 章では若きウイッカムの熱帯への冒険を,第 III 章

註2) IRC75 Kuala Lumpur は 1975 年開催の同 Tokyo の直後に,マレーシアの首都クアラルンプールで開催された.成沢さんは大正 15 年以来,インドネシア,マレー半島の天然ゴム園に何年も滞在した優れたゴム技術者・研究者であり,天然ゴムに魅せられた日本人の 1 人であった.1973〜74 年には日本ゴム協会会長を務められ,1991 年 10 月に逝去された.日本ゴム協会誌,第 64 巻 12 月号(1991)に追悼の辞が掲載されている.

〜第V章ではウイッカムによるヘベアのプラント・イントロダクションの成功物語と失敗続きだったプランターとしての活動を，ビクトリア女王時代の背景とともに語ることにする．第VI章はウイッカムによるヘベア種子のアマゾンからの持ち出しに続いて，ヘベア栽培において抜群の仕事をした植物学者リドレイの生き方を描いた．両者共にヘベア樹に深く関わったにもかかわらず，その対照的とも言える生き方の違いは何によってもたらされたのであろうか？　第VII章では自動車産業の勃興と，自動車王フォードがフォードT型車の開発と普及によって新興国アメリカを「パクス・アメリカーナ」へと導いた過程について，人間フォードに密着して描いてみた．ウイッカムとフォードの間に共通点があまりに多いのは単なる偶然だろうか？　第VIII章では天然ゴム栽培の難しさについてリドレイとフォードの経験を総括するとともに，ウイッカムとフォードの人間としての魅力と，見事なまでに自己中心的な生き方の分析を試みた．第IX章では「交通化時代」の21世紀における展開を，サステイナブル・ディベロップメントの観点から考えてみたい．そしてこれらの展開が，天然ゴムを1つの軸として考察可能でありまたそれが必要でもあることを，終章で結論できれば本書の目的は果たされる．

　本書を通じて，歴史物語の前提ともなっている天然ゴムの科学と技術については，本文中あるいは註釈で説明を行った．もし必要があれば適当な教科書を参照いただければ幸いである．あるいは，第VIII章の2, 3節（ここに，ゴムとゴム弾性の科学について簡単な解説がある．また，ゴムの教科書も引用してある）を一読後に，第I章に戻るのも良いかもしれない．

なお，我々が日常生活で「ゴムの木」（あるいは「インドゴムの木」）と呼んでいるのは，室内装飾用を兼ねた観葉植物としてのフィカス・エラスティカ（学名 *Ficus elastica*）であり，ヘベアと同じようにゴム分（天然ゴム）を含んでいるがその量はヘベアに比べて少なく，現在は天然ゴム採取には用いられていない．フィカスは南アジアから東南アジアの熱帯雨林に分布する樹木の植物学的属名であり，フィカス・エラスティカの他に熱帯の木として知られるバニヤンの樹（the banyan tree；学名 *Ficus benjamina*）もフィカス属の樹である．これは傘の木（the umbrella tree）とも呼ばれ，広い日陰を作るところから熱帯では街路樹として重宝されている．本書で扱う天然ゴムの樹ヘベア（学名 *Hevea brasiliensis*）はブラジルのアマゾン河流域に固有の種であり，この野生樹から採取される天然ゴムの優秀さと産出量の多さから，19世紀の中頃にはゴム用の植物資源（バイオマス）として注目されていた．

第 I 章 | *Chapter I*

キナノキのプラント・イントロダクション
──ヘベア樹に先行したマーカムの試み

1 はじめに

　プラント・イントロダクション（plant introduction, 植物移植）とは「植物をある目的を持ってその原産地から移動させて栽培すること」であり，ドメスティケーション（domestication, 野生植物の栽培化と野生動物の家畜化）に続いて，古代から数多く行われてきた植物学・農学上の技術である．中東[17, 18]，特に豊饒クレセント（the Fertile Crescent,「肥沃な三日月形地帯」の意）と呼ばれる地域は，新石器時代の幕開けを告げる穀類の栽培化の発祥地とされている[18, 19]．中でもトルコ南部の遺跡ギョベクリ・テペ（Gobekli Tepe）周辺地域その他数か所において約 1 万 2000 年前に栽培化されたと考えられる小麦は[19]，文明の進行を加速させた農耕の本格的な始まりを告げるもので，その移植によって文化が世界各地にもたらされた．「農耕」を意味する "culture" が，同時に「文化」を意味することがその何よりの証といえよう．

　勤勉な石器時代人の長い地道な努力があったからとはいえ，いくつかの偶然・幸運にも恵まれて食用植物と犬などの動物に始

まった半ば自然発生的なドメスティケーションと、それに続く穀類のプラント・イントロダクションは、人口増加を可能とした最も本質的な要因であり、また各地で家畜の出現を可能として人類の発展に決定的な役割を果たした[17,18,20,21]．（文献2の第1巻，第13，14章では家畜化が先行したとされている．）プラント・イントロダクションは，実に人間文明・文化の飛躍的発展の「先駆け」となった，と言っても過言ではない．近世の絶対主義国家（経済的には重商主義，重農主義の時代）が近代の資本主義国家へと移行する中で，プラント・イントロダクションの目的あるいはその意義は経済的な意義に加えて，極めて国家的・政治的色彩を帯びるようになった[11,12,22-26]．それらのいわば国策として遂行された数あるプラント・イントロダクションの中で最も成功した例が本書の中心的な話題であるヘベア樹（学名 *Hevea brasiliensis*）のそれである．そして，ヘベアの先例となったのがマーカムらによるキナノキのプラント・イントロダクションであった[12-14,27-29]．本章ではキナノキの移植と，ゴムの移植にも関わったキュー植物園，インド省などについて説明する．

2 | 南アメリカに自生するキナノキ

キナノキ（cinchona または quina）はアンデス山脈の高地に自生し，その樹皮はペルー樹皮（Peruvian bark）あるいはイエズス樹皮（Jesuit's bark）と呼ばれマラリア病[注3]の特効薬キニーネの原料となる．ペルー樹皮は古くから原住民インディオの貴重な薬草で

あった．しかし，このインディオの優れて実際的な知恵が，侵略者であったヨーロッパ人にすんなりと受け入れられたわけではない．理由の1つはキナノキには30を越える種（タネではなくシュ，植物分類学の"species"の意味）があり，その薬効が種とその施薬方法に大きく依存したことである．そしてヨーロッパにとって歴史的により重要だったのは，イエズス樹皮の名称が示すように，イエズス会カトリック牧師によってヨーロッパに送られたので，初期においてプロテスタントは使用しなかったことである．清教徒革命の立役者クロムウェルは，マラリアで高熱にうなされながらもキナノキの服用を断固拒否したという．この政治的な状況を打ち破るきっかけとなったのは17世紀末英国のチャールズ2世が，熱病の治療で名を揚げていた医師 R. Talbor の薬によって見事に回復したことであった．（この医師はキナノキを別の名で，特効薬として用いていたようだ．）

興味深いことにキナノキとゴムの接点もあった[27,30]．フランス人地理学者コンダミーヌ（Charles Marie de La Condamine, 1701 〜 1774年）はフランス科学アカデミーによる10年におよんだ南米ペルーでの経度観測（1735 〜 1745年）を終えて，アマゾン河を下って仏領ギアナのカイエンヌ経由でフランスに帰国した．彼はこの観測隊の報告を著書『王命による1735-1745年の赤道科学観測隊の物語（*Introduction Historique : Journal des Travaux des Academiciens Envoye's*

註3）熱帯で最も恐れられたのはマラリアと黄熱病である．後者はその性質から流行の範囲が限定的であった．一方，マラリアには免疫が認められず蚊のいるところ熱帯に限らず温帯でも恐れられた．従って，世界的な死亡率は圧倒的にマラリアの方が高かった．

par ordre du Roi Sous l'Equateur : Depuis 1735 jusqu'en 1745)』として冒険談を交えて刊行し，さわやかな弁舌とあいまってパリ社交界の人気者になった．序章2節にも述べたように，彼はカイエンヌで仏人農業技師フレスノー（Francois Fresneau de La Gataudiere, 1703～1770年）のパラゴム（当時の天然ゴムの通称）についてのレポートを手に入れ，これに興味を持って調査を始めてパラゴムの試料入手も手配した．しかし，船便の都合でカイエンヌでのゴムの調査は不十分なままに帰国したが，手配しておいたゴムの現物を数か月後にはパリで入手した．彼は前記の著書に加えて，南米遠征の成果の1つとしてパリ科学アカデミーでパラゴムについてその実物を示しながら報告を行った．大変評判になったこの講演に彼は得意満面であったという．これは論文（フレスノーのそれが原本だったであろう）としてアカデミーの紀要に掲載され，ゴムについての初めての科学論文と評価されている．同じようなことがキナノキでも繰り返されたのである．

コンダミーヌと同じ観測隊に医師として参加していたジュシュー（Joseph de Jussieu, 1704～1779年）は誠実な医者であり優れた植物学者でもあった．観測隊の任務を果たした後も医者として現地で活動を続け，自身も何度も重い病気をした末に，とうとう半病人の状態で，隊員の中で一番遅くに帰国した．医師として，隊員だけではなく悲惨な状態にあったインディオをも含めて多くの人々の治療に全力で従事したため，彼がアカデミーに送った論文は「キナ樹について」が唯一のものであった．これを重病のジュシューに代わってコンダミーヌがアカデミーで報告した．このために，キナノキについての科学的功績はジュシューのものに

なっていない．（ウェブ上でこのキナノキの論文もコンダミーヌのものとしているサイトがある．）

フレスノーについては最近になってその子孫の努力によって，ゴムの溶剤であるテルペン油の発見を含めゴムについての彼の優先権が認知されるようになったが[27]，ジュシューは今もって埋もれたままである．彼が多忙な医療活動の中で，文字どおり寸暇を惜しんで残した膨大な資料・試料は貴重な研究成果であった．不幸なことに，すでに重病人であったジュシューはそれらをフランスに送る手配をすることも，誰かに依頼することもできなかったため，これらの資料はペルーに残されたままでいつの間にか逸散してしまった[30]．（ウェブ上のあるサイトでは「盗まれた」と記されている．盗まれたのであれば後に誰かが世に出した可能性もあるが，その記録も伝わっていない．）論文としての成果報告は研究の最終段階であり，論文なしにはそれまでのいかなる努力も生きてはこないという，ジュシューにとって冷酷ではあるが，単純な事実を端的に示した実例であろう．この観点からすればコンダミーヌの報告は，重病のためにままならない状態にあったジュシューの研究成果の一端を，科学の世界へ伝えた貴重な貢献であったとも言える．

ちなみに，パリを訪れた人はメトロ（パリの地下鉄）の「ジュシュー（Jussieu）」という駅に気付かれたかもしれない．有名なピエール・マリーキュリー大学の最寄り駅で，地上に出たところがジュシュー広場である．Café Jussieu でコーヒーを楽しんだ後，ジュシュー通りを大学に沿って歩いてゆくと薬学部とパリ植物園があり，その入り口には進化論の先駆者として知られた生物学者

ラマルク（Jean-Baptiste de Lamarck, 1744～1829年）の像が立っている．像は1909年建立で、台座背面の有名なレリーフ下部には、不遇だった父に贈った娘コルネリーの言葉「後の世の人が称賛してくれますわ，お父さま」が刻まれている[31]．植物園内を含めて、季節を問わず快適な散歩道として推奨できる．しかしこれら「ジュシュー」の駅名や地名は、残念なことにここに述べた悲劇の人ジュシュー（Joseph de Jussieu）にちなむものではなく、彼の兄BernadとAntoine、甥のアントワーヌ・ローラン（Antoine Laurent de Jussieu, 1748～1836年）ら、ジュシュー家の学者達の植物学への大きな貢献によるものである．病床にあったジュシューを看護しその最後を看取ったのがこの甥アントワーヌ・ローランであった．

さて、キナノキはリンネが1753年にRubiaceae科（コーヒーと同じ科）キナノキ（Cinchona）属に分類し、30を越える種を報告している．属名は、1683年ペルー副王の妻（the Countess of Chinchon）がキナノキによってマラリアから奇跡的に回復したとする故事により、リンネが副王の妻のスペインでの領地名Chinchon（チンチョン、地中海産のセリ科植物アニスから作られるリキュールの名で、その産地である．また、アニス油からは芳香族系エーテル化合物のアニソールが採取される）を採用したことに由来する．ただし、リンネはChinをCinと誤って記載したので、Chinchonaとなるはずだった属名がCinchonaで定着してしまった．スペイン語を得意とするマーカムは、自分のレポートでは必ずChinchonaと書いたそうである．

1820年には2人のフランス人医師によって、キナノキからキ

ニーネ（quinine，キナノキの樹皮の現地名 quina からの命名）が抽出・単離されアルカロイドの一種であることが明らかにされた．アルカロイド（alkaloid）は高等植物体中の塩基性有機化合物の総称で，多くは酸性化合物との塩(えん)として存在する．ニコチン，モルヒネ，カフェインなどが知られ，薬理作用を示すと同時に毒性を持っている．さて，マーカムらによるキナノキ移植にはロンドンにある王立キュー植物園（the Royal Botanic Gardens, Kew）[12, 32-34] が重要な役割を演じた．ヘベアの場合とも共通しているので，次にキュー植物園について述べる．

3 キュー植物園

王立キュー植物園はロンドンの中心から南西約 10 キロメートルのテムズ川畔にあり地下鉄・近郊鉄道の Kew Gardens Station または英国鉄道の Kew Bridge Station（いずれの駅からも徒歩約 10 分）を利用して容易に訪れることができる．図3にメインゲートを入ってしばらく歩いて目に付くパームハウス（Palm House）を示す[33]．1844 年から 4 年の歳月をかけて建てられた温室で，熱帯の植物，特にヤシ科（palm）植物の展示用に建設されたビクトリア女王時代を代表する建築物の1つである．建造から 150 年を越えて今なお健在で，ヘベア樹関係の展示もここにある．

キュー植物園はビクトリア女王時代から第2次世界大戦が始まるまで，スリランカ（セイロン）のペラデニヤ植物園[注4]やカルカッタ，シンガポール植物園など大英帝国植民地の各地に設置さ

図3 ●キュー植物園のガイドブック表紙に見るパームハウス（文献33より転載）

れたプラント・イントロダクションと植物収集活動を支えるための植物園の，元締めとも言うべき位置を占めていた．インドネシ

註4）古都キャンディからコロンボ方向へ約4マイルのマハベリ川沿いにあり，元はキャンディ王朝の宮殿であった．イギリスがカルタラに所有していた植物園が，1821年に移設され Royal Botanic Gardens at Peradeniya として発展したものである．

図4 ペラデニヤ植物園内の巨大な傘のようなバニヤンの樹(学名 Ficus benjamina)

アのボゴール(Bogor)植物園を含めてペラデニヤ,シンガポールの3つの熱帯植物園は,キューとともにぜひとも機会を見つけて訪問されることをお勧めする.図4の写真はペラデニヤ植物園内の広場にある巨大な傘のようなバニヤンの樹でこれが1本の樹なのだから驚くほかはない.図5にはボゴール植物園内の小高い丘にある南国情緒たっぷりのレストラン,カフェ・ボタニカ(Café Botanica)を示す[35].ボタニカはラテン語の botanica(植物学)のことで,「ボタニカ」と聞くと,日本初の体系的な植物学書である『菩他尼詞経(ボタニカきょう)』を思い出す方がおられるかもしれない.この

図5●ボゴール植物園内の丘の上に在るカフェ・ボタニカ（文献 35 より転載）

書は 1822 年に刊行され，著者の蘭学者宇田川榕庵は 1837 年に，同じく日本初の化学書『舎密開宗（せいみかいそう）』を出版している．彼は明治以前における日本の，最も偉大な科学者の 1 人である．話を戻して，これら熱帯の植物園を訪問されるなら，午後の強い日照を避けて午前中に園内を徘徊し，ランチを園内の食堂でゆっくりと楽しむのがお勧めである．

さて，キュー植物園の由来はかなり込み入っているので，興味のある方は文献 34 を参照していただくとして，かいつまんで略記すると次のようになる．ロンドンからテムズ川上流のこの地域は貴族の屋敷が多い．『ロビンソン・クルーソー』で有名な作家デフォーも 1720 年頃隣接するリッチモンドに住み，この周辺を「セーヌ川より美しい」と記している．キューは異国調の元薬草庭園であったものが，王家の所有となって発展した．この頃，ドイツ娘キャロラインがハノバーのジョージ・オーガスタ皇太子と

結婚し、彼がプリンス・オブ・ウェールズ (the Prince of Wales) となったのを機にともに英国に渡って来てキャロライン王女 (1683 〜 1737 年；1727 年に夫がジョージ 2 世となってキャロライン女王) となった．キュー植物園は彼女のお気に入りとなり、彼女によって優雅な庭園として整備されていった．その後，同じくプリンセス・オブ・ウェールズ (the Princess of Wales) のオーガスタ王女 (1719 〜 1792 年) も，特に夫の死後熱心に庭園の充実に取り組んだ．1761 〜 1762 年建造の中国風パゴダ（塔）は彼女を驚かせるために建てられたという[33]．1772 年彼女の死後，国王ジョージ 3 世はキューとリッチモンドを合わせて王家の所有とし、博物学者バンクス (Sir Josepf Banks) に整備させた[25]．

庭園を貴族・市民の憩いの場とするか，植物園として有用な役割を期待するか，出費がかさむ度に議会での議論の的となって一時期さびれたが，1840 年に王家から国有地に移された．1841 年グラスゴー大学の植物学教授であったウイリアム・フッカー (William Jackson Hooker, 1785 〜 1865 年；園長在任期間は 1841 〜 1865 年) が初代園長として着任し，キュー植物園はビクトリア女王下の大英帝国の国策に沿った植物園として発展を遂げる．彼の後を継いだのが，息子のジョセフ・フッカー (Joseph Dalton Hooker, 1817 〜 1911 年；在任期間は 1865 〜 1885 年) である（図 6[32]）．この親子 2 代そして第 3 代園長チーゼルトン－ダイアー (William Turner Thiselton-Dyer, 1843 〜 1928 年；在任期間は 1885 〜 1905 年) にわたる期間が，国策に沿った有用植物園という点でキューの最盛期だったと言えるだろう．ここで、初代・2 代園長のフッカー父子は，父親が園長の時にキナノキの，そして息子の時にヘベアのプ

図6 ●子フッカー（Joseph Dalton Hooker）の威厳に満ちた肖像（文献32より転載）

ラント・イントロダクションを成功させたので，本文ではそれぞれ，父フッカー，子フッカーと記すことにする．

　ちなみに，キュー植物園は2003年7月，ユネスコの世界遺産に指定されている．2006年4月21日，チャールズ皇太子つまり現在のプリンス・オブ・ウェールズの主催で，女王エリザベス2世の80歳の誕生記念祝賀会が園内のキュー・パレス（Kew Palace）で行われた[34]．王立キュー植物園の歴史的背景を踏まえた粋な企画で，この宮殿は1631年建造の園内で最古の建物であり，長く王族の住居として用いられてきた．

4 時代の子，探検家マーカム

　マーカムの時代，19世紀後半は学問の世界でいえば「博物学」が最盛期を迎えて同時にそれが地質学，鉱物学，地理学，生物学（植物学，昆虫学，動物学）などの科学に分化して新たな発展を始めた時代と言える[36,37]．地質学ではライエル（Charles Lyell, 1797〜1875年）が，生物学ではダーウィン（Charles Robert Darwin, 1809〜1882年）が[註5]，そして地理学ではマーカム（地理学についてはもっと早くのフンボルトだ！の異論[註6]もある）が，その転回の頂点に立っていたと言えるだろう．より一般的な意味では人類にとって最大のロマンの1つである「探検」が，特に大英帝国において最後に輝いた時代であった．

　時代の子マーカム（Clements Robert Markham, 1830年7月20日〜1916年1月29日）の人生が，探検とそれに関係した用務に明け暮

註5）　ダーウィンがビーグル号船上で愛読したのはライエルの『地質学原理』であったし，彼自身の代表的3著作『種の起源』，『家畜および栽培植物の変異』，『人の由来』にその跡をたどることができる．

註6）　「探検」の最盛期は18世紀後半から19世紀前半で，これを大探検時代と呼ぶことがある．その初期のキャプテン・クック（James Cook, 1728〜1779年）は悲劇的な最後もあってあまりに有名だが，日本では名が知られているだけで詳しいことは一般的に知られていない（『クック太平洋探検』（全6冊）増田芳郎訳，岩波文庫を参照）．そして，この探検時代のピークはフンボルト（Friedrich Heinrich Alexander von Humboldt, 1769〜1859年）である，が多数意見であろう．あまりにも有名なダーウィンの『ビーグル号航海記』は大探検時代後半の航海記であり，ダーウィンとは独立に進化論に到達したウォーレス（Alfred Russel Wallace, 1823〜1913年）は，青年時代を熱帯で過ごした後半期の博物学者・探検家である（新妻昭夫，『種の起源をもとめて——ウォーレスの「マレー諸島」探検』，朝日新聞社を参照）．

れたとしても不思議なことではない．14歳にして海軍に入隊し，直ちにセイモアー提督指揮下の船で4年間におよぶ太平洋航海に参加した．チリーの海軍基地をベースとして，軍人としての経験を積んだ後，帰路リオ・デ・ジャネイロやフォークランド島などを経由して帰国した．この間に昇格試験を経て見習い上官となっている．これが第1回の航海であった．しかし，彼は陸地に席を温める間もなく数週間後にはペルーのカラオ港に向けて出港し，ここを基地として2年間にサンドウィッチ（ハワイ）諸島，メキシコ，タヒチなどをまわった．彼はこの2回の航海を通じてスペイン語を習得している．3回目の航海は，1845年に北西回り航路の探索を目的として北極海に向かって，その後消息を絶った海軍将校フランクリン[38]（J. Franklin, 1786〜1847年）の探索であった．この旅でマーカムらはフランクリン隊の隊員の墓を発見するなどの成果を上げ，北極海の氷に閉ざされた中で一冬を過ごした．この間将校による講義があり，マーカムは船内図書室の本を熱心に読みあさったようである．1年半後に帰国したマーカムは尉官試験に合格したが，海軍での時間的拘束を嫌い父親の反対を押し切って退役した．

1852年夏，22歳の時に父親からの500ポンドを資金に，ペルーのクスコを目指す旅に出た．これは彼の4回目の旅である．1853年3月にはクスコに達し，6月リマに帰って父の死を知り急いで帰国した．この間にキナノキの繁殖地を通過している．その後，彼はインド省の役人となり，1859年にアンデス高地からインドへのキナノキのプラント・イントロダクションを上司に提案するに至った．茶，キナノキ，そしてヘベアの3つのプラント・

イントロダクションにはインド省も関与しているので，次節にインド省を紹介する．

5 大英帝国インド省

　植民地であるインドを担当した官庁は，「戦争と植民地省」として 1801 年に発足した[25]．アメリカ独立戦争で一敗地にまみれた後であり，また大陸のナポレオンとの戦雲が急を告げている時であったから，その任務は戦争の比重が高かったであろう．しかし，1812 年から 1827 年に長官を務めた Bathurst 卿の時代にはナポレオン戦争に片が付き，ウィーン会議後大陸は相対的安定期に入って，植民地関係が主要な任務となった．またインドの経済的重要性が増し植民地政策におけるその戦略的地位も高まって，それまでのインド庁が 1857 年に独立してインド省となった．

　マーカムはその独立準備期間から採用されて，発足とともに精力的な活動を開始した．彼はインド庁およびイギリス東インド会社の報告書を詳細に検討していくつかの提案を行ったが，その中の 1 つがキナノキの移植であった．実はキナノキの移植計画はこれが初めてではなく，1852 年にすでに試みられて失敗に終わっていた．苗木はワーディアン・ケース[3,5,34]を用いて運ばれたものの，カルカッタに到着した後枯れてしまったのだ．寒さや乾燥から植物を守るワーディアン・ケースは植物の長距離輸送に有用で，これが発明された後，茶の中国からの移植がすでに成功していた[12,29]．茶は大英帝国による三大プラント・イントロダクショ

ン（茶，キニーネ，ゴム）のトップを切ったものであった．

前回の失敗を踏まえてなお彼がキナノキの移植を提案した背景には，次のような動きがあった．第1に，大英帝国植民地の拡大によってキニーネの需要は年々高まっており，供給をアンデスに自生している樹に頼っていてはいずれ供給不足に陥ると考えられていた．多くの博物学者・植物学者もこうした意見を述べるようになり，事情は切迫しつつあった．第2に，当時インドの政治的情勢が不安定となり（1857年ベンガル，北インドを席巻したセポイの反乱があった），軍人を含めて多数のイギリス人をインドへ送り込むために大量のキニーネが緊急に必要とされたことである．

第3にこうした事情をある程度認識し，大量のキニーネを必要としていたはずの東インド会社が適切な策を提示し得なかったことがある．というより，アジア貿易を独占して巨大な利益を上げていたこの会社[11,22-24,26]は重商主義政策の元での貿易独占会社であって[注7]，企業間の自由競争を前提とした資本主義の発展の中で植民地インドの統治機構へと変質していった[24,26,39]．その統治

註7) 東インド会社は1834年にその東インド（インド以東）貿易の独占権が廃止されるまで，重要輸入品の茶で大英帝国に莫大な利益をもたらした．アメリカ独立戦争のきっかけとなったボストン茶会事件で，東インド会社の船が襲われたことはその象徴とも言える．ちなみに，中国製陶磁器の輸入は，茶を運ぶ際に船のバランス保持のために比重の高い積荷を必要としたことが一因であった．もちろん，陶磁器も大きな利益をもたらしたのではあるが，独占的貿易会社としての機能を失っていく中で，イギリス政府に代わる植民地インド統治の任務が表面に現れた．パクス・ブリタニカの先鋒とも言うべき役割を担ってインドの大部分を手中に収め，1858年に大英帝国の直轄植民地となる基盤を築いたことは，ある意味で「偉業」ではあった．当然ながら，インド人の立場からの評価は別である．

機能も低下し，まとまった政策を打ち出せる状態ではなかった．（会社は形式的には 1874 年まで存続したが，その役割も 1858 年にはインドが政府の直轄植民地となって終えインド省が引き継いだ．）これらの情勢の中で東インド会社に代わって，企画をしたのがマーカムであったと言える．この提案が採択されるにあたって，彼がスペイン語に堪能であったことも 1 つの因子であったろう．必要な時に，それだけの能力を持った人物がどこからか現れた，これが他にない大英帝国の何よりの強みであった．

6 キナノキのプラント・イントロダクション

　マーカムによるキナノキ移植の計画は次のようなものであった．第 1 は，キナノキをアンデス高地で採集し持ち出すために，それをやり遂げる強い意志を持つ隊員を確保すること．キナノキはアンデス諸国の収入源となっていたから，その移植は歓迎されるものではなかった．特にボリビアではすでに国外持ち出しは禁じられていたのである．第 2 にインド省とキュー植物園との緊密な協力関係を築くこと．この点について父フッカーは全面的な協力を承諾した．第 3 には，キナノキの種による差が十分には明らかになっていなかった当時の状況を考慮して，派遣隊を 3 つのグループに分けることであった．3 つのグループは次のような編成であった．

(1) マーカムとキュー植物園の庭師 John Weir が担当者となり，南部地域（ボリビアとペルー南部）で採集を行う．ここでは

図7 ●ペルー南部・ボリビアに自生するキナノキ "the yellow bark"(学名 *Cinchona calisaya*)(文献 32 より転載)

"yellow-bark"(学名 *Cinchona calisaya*;以下,属名 "*Cinchona*" を "*C.*" と略す)が採れる(図7[32]).
(2) 在留イギリス人 G. J. Pritchett を中心に中央地域(ペルー北部の森林地帯を含む)での採集を担当する.この地域のキナノキは "grey-bark"(学名 *C. nitida, C. micrantha, C. peruviana*)と呼ばれていた.
(3) キュー植物園の庭師・植物学者クロス(Robert Cross, 1834〜1911 年)および 1849 年から南アメリカで植物採集に従事してきた植物学者・探検家スプルース(Richard Spruce, 1817〜1893 年)[5,12,37,40] が北部地域(エクアドル高地)を担当する.ここで

は"red-bark"（学名 *C. succirubra*）が繁茂していた．

　第4に各グループに必要経費として500ポンドを支給し，期間は1年とする，であった．そして最後に，採取されたキナノキの種子あるいは苗木はまずキュー植物園に運ばれ，そこから船でインドへ輸送されて，カルカッタ植物園の協力のもとニルギリ（Nilgiri）高原の中心地 Ootacamund[37, 41)註8)]で栽培される手筈が整えられた．

　1859年12月，マーカムはロンドンを発ち，ペルーのリマに滞在して派遣隊のための各種手配を行った．1860年3月6日，マーカムはリマから内陸部へ出発した．この頃，ペルーもボリビアもスペインからの完全独立のための運動で騒然としており，ボリビアには英国の外交代表部が無かったので，マーカムは万一のことを考えボリビアを除いて，地域をペルー南部に絞ったようである．当然のことながらこの探検も冒険談にこと欠かないが，先を急いで結論を記すと，早くも5月23日には貴重なキナノキの種子を積んだ船がロンドンに向かった．キューに着いた種子は無事発芽しワーディアン・ケースに移されてインドに向かった．しかしこの成功は長続きしなかった．途中その一部が海に落ち，船のエンジン不調のため立ち往生して高温にさらされてしまった．かろうじてインドに着き，直ちにニルギリ高原へ運ばれ移植され

註8）ニルギリ（Nilgiri）高原をインド北部（正しくは南部）あるいはタミル・ナド州マドラス（現チェンナイ（Chennai））近くと記しているウェブサイトがある．しかし，その中心地である Ootacamund はマドラスの南西方向へ，直線距離にして約500キロの地で，ケララ州との境界に近く（約20キロメートル），コーチン－マイソール（Mysore）間を10時間かけて走る長距離路線バスのほぼ中間地点にあたる．

たが，12月にはすべての若木が枯れてしまった．

不運はこれで終わらなかった．中央地域では grey-bark はアルカロイドの含量が予想より少なかったためマラリア治療薬として有効ではないとして放棄され，残るは北部に向かったグループのみとなった．スプルースは父フッカーがリクルートした植物学者で，アマゾン流域からアンデス高地を知り抜いている探検家として知られ，ヘベアと推定される樹からのタッピングを初めて報告し (*Hooker's Journal of Botany*, 1855)，また，パラゴムについての父フッカーとの手紙のやりとりの中でゴム種子の送付にも言及していた[14]．クロスとスプルースは1860年6月から9月にかけてエクアドル高地，特にチンボラソ山 (Mt. Chimborazo；標高6310メートル，首都のキトーから約150キロメートル南にあるエクアドルの最高峰) 斜面 (図8[40]) でキナノキの乾燥種子10万粒，若木637本 (父フッカーが彼らに送ったワーディアン・ケースに納められた) を集め，12月31日に送り出した[40]．キュー関係書[32,34]その他の文献に記載は見られないが，スプルースは自身がすでに親しく共同研究を行ってきたイギリス人植物学者テイラー博士 (James Taylor) の助力を得ていた[40]．テイラー博士はペルー人女性と結婚し，キトー大学の教授でもあってアンデス高原の地理と植生に詳しく，リオバンバ (Riobamba) の街中に採集拠点を置いて採集活動を全面的に援助した．スプルースとクロスにとって他に得難い協力者であったろう．

3か月後クロスがニルギリ高原に着いた時には460粒が生き残っており，それらはこの地でのキナノキ栽培の元となった．クロスを含めてキュー植物園の庭師の手によって維持されたこのキ

図8 ●リオバンバの街はずれから見たチンボラソ山（左側の西斜面でキナノキの採集が行われた）（文献40より転載）

ナノキ・プランテーションは，その後インド省の管轄から離れ，1848年に創設されていた当地の植物園に編入されて，キュー植物園の管理下に入った．父フッカーの弟子である植物学者William G. McIvorが園長であったので，1879年の彼の死までキナノキはキューの元にあって栽培された．

7 キナノキ移植のその後とマーカム

セイロンではキナノキの受け皿としてHakgala植物園が1860年

に設立された．イギリス人が避暑地として愛用したヌワラエリヤにあり、インドからキナノキが移植、栽培された．（この植物園も訪問に値する．ヌワラエリヤは紅茶のポピュラーブランドの1つで、植物園は多くの茶園（tea estate）に囲まれた風光明媚な場所にある．）実はインドで栽培されたキナノキ、"red-bark"（*C. succirubra*）は必ずしも優良種ではなく、マラリアに対する有効成分であるキニーネの含量は2％程度にすぎなかった．クロスはその後も1875年頃までキナノキの探索を継続していた．しかし、イギリスにとっては大英帝国とその植民地での需要をまかなえれば十分という事情があって、より優良な種の探索などの根本的な改善策は講じられなかった．そうした中で、キナノキについてイギリスの予想しなかった新しい展開があった．

イギリスに先行して南アジア、東南アジアに進出して、ポルトガルを圧倒していったオランダも、当然のことながらキナノキのプラント・イントロダクションに関心を持っていた．1837年からボゴール植物園の副園長であったオランダ人のJustus Karl Hasskarl[35]は1853～1854年に偽名を使ってペルーに入国しキナノキの持ち出しを図ったのであるが、彼の集めた種子はすべてボゴール到着前に枯れてしまい、この計画は失敗に帰した．1860年にマーカムが入国した際には、ペルー官憲が6年前のオランダ人の悪い印象を忘れておらず、マーカムはペルー当局との交渉にかなり苦労したという．ここで「レッジャー（Ledger）種」なる新種（？）が登場する．レッジャーを名乗るイギリス人のアルパカ商人が、現地人召使いが1865年にボリビアから持ち出したキナノキの種子を売りさばこうとして、まずイギリスに声をかけた．し

かし、たまたまマーカムが不在であったため誰も話を聞く者が無く、イギリスはレッジャー種導入の機会をみすみす逃してしまった。レッジャーは次にオランダに声をかけて商談成立となった。（気の毒なことにこの召使はその後ボリビアの警察に拘束され、刑務所生活を余儀なくされたそうである。）

ボゴールのキナノキ担当者 DeVrij はこのレッジャー種（"yellow-bark" の一種であり *C. calisaya* 種に近く、後に *C. ledgeriana* と命名された）を丁寧に育て、1874 年にはボゴールでの栽培を成功させた[35]。イギリスにとって不幸なことは、マーカムのグループの "yellow bark" は失敗し、成功したのはクロス・スプルースのグループの "red-bark"（キニーネ含量は 2 %）だったことである。レッジャー種はキニーネ含量が 6 % を越え、数年後にはオランダがキニーネの世界市場を独占する結果となった[41,42]。先に記したように、インドおよびセイロン産のキニーネはもっぱらイギリス植民地向けに留まって世界市場に進出することは無く、オランダの世界市場でのキニーネ独占は第 2 次世界大戦開始まで続いた。

日本軍のマレー半島侵入と真珠湾奇襲攻撃により太平洋戦争が始まって、キナノキの栽培地であるオランダ領東インド（インドネシア）は日本軍の占領下に入った。この事態を受けて、アメリカは化学合成を急いでマラリアに対してより有効なクロロキンを開発し、太平洋戦線の兵士に十分な量を供給して日本軍への反攻を成功させる 1 つの要因となった。インドネシアを占領してキニーネを確保したはずの日本軍が、マラリアに苦しめられ多数の病死者を出して撤退に次ぐ撤退を余儀なくされたのと対照的である。こんなところにも兵士に「いかに死ぬか」を教えることに注

力して,「人間として生きて,軍人らしく戦う」体制作りをして来なかった日本軍の敗因の1つが見て取れる.明治維新後の急速な近代化(明治時代の小説家夏目漱石は,近代化のあまりの「急速さ」を批判していた)にもかかわらず,20世紀の半ば近くになっても軍隊を含めて国家としての「近代化」を中途半端な段階で留めてしまった「絶対主義的」大日本帝国の現実であった,と解釈せざるを得ない.

話を戻して,インドのニルギリ高原はキナノキの栽培を通じて英国人プランターに広く知られるようになり,十数年後にはむしろ茶やコーヒーの栽培が優勢となった.現在では,ニルギリ(Nilgiri)はダージリン(Darjeeling)やアッサム(Assam)とともにインドの三大紅茶ブランドの1つであり,ニルギリ高原は紅茶の生産地またインド南部の避暑地として有名である.そのすぐ西にあるケララ州はアラビア海に面し,インドでは珍しくキリスト教徒の多い(従って,牛肉が食されている)州として知られている.ヨーロッパ人の千年も前に,アラビア海を越えて来た商人が伝えたもので,16世紀,ケララ州のコーチン(Cochin)にやって来たポルトガル人宣教師が「先を越された!」と驚いたそうである.また,ケララ州はヘベア樹栽培が盛んなインド最大の天然ゴム生産地であり,インドゴム研究所(Rubber Research Institute of India, RRII)がコーチン市郊外のKottayamにある.世界的な天然ゴム研究拠点の1つである.

一方,マーカムはキナノキ移植の成功によりイギリス政府から3000ポンドを授与され,1867年にはインド省地理学部門長となった.その直後には,イギリス軍のアビシニア(Abyssinia,エ

チオピアの旧称であるが現在では主に同国の山岳地帯の名称「アビシニア高原」として用いられている．コーヒーの原産地とされている）遠征に地理担当の将軍付き将校として加わっている．その後ヘベアのプラント・イントロダクションにも関与して大きな役割を演じたが，この点については第 III, IV 章に述べる．1875 年には，以前の経験を買われて海軍の要請で北極遠征隊に加わり，インド省を留守にした．帰国後に彼は 22 年間勤めたインド省を辞した．年を重ねてなお，机上の仕事に増して「探検」により魅力を感じたのかもしれない．1854 年に彼は英国地理学会の会員に推挙され，1863 〜 1888 年には秘書を務めていた．そして，1893 年彼が海軍の講師として訓練航海中に，本人不在のまま地理学会の会長に選出された．会長になってからの彼の中心的な仕事は南極探検であった．有能な，しかし不遇に終わった探検家スコット (Robert F. Scott, 1868 〜 1912 年) の後援者として南極探検隊のあらゆる事務的面倒を引き受けたといってよい．スコットはその返礼に南極点への途中に通過した山（標高 4351 メートルの南極では 5 本の指に入る高山である）にマーカムの名を与えている．マーカムは非常な多作家で，探検記，旅行記を多数執筆し，またスペイン語からの翻訳本（かなりラフな翻訳だとの評価がある．超多忙な中での仕事だったから，あり得ることだろう）もかなりの数にのぼっている．大英帝国の最盛期であるビクトリア女王時代に，探検家・地理学者そして役人として充実した，そして社会的にも恵まれた一生を送った人物と言える．

第II章 | *Chapter II*

若きウイッカムとゴムとの出会い
―― ニカラグア，オリノコ，そしてアマゾンへ

1 はじめに

　キナノキのプラント・イントロダクションで主役を演じたのはキュー植物園である．こう書くと，前章を読まれた読者は「主人公はマーカムではなかったのか？」と思われるかもしれない．確かに彼の企画力，政治力そして行動力なしにあの事業が実行されたとは思えないが，結果的にはキュー植物園が一番大きな役割を担ったと言える．プラント・イントロダクションでは目的の植物を持ち出すことはその第一歩で，その植物の栽培に適当な土地を選択しそこで活着させ，さらに成長の手順を確立し，必要量の目的成分を収穫できて初めて1つのサイクルが終了するからである．キナノキに続いたのが天然ゴムを産出するヘベア樹（学名 *Hevea brasiliensis*）のプラント・イントロダクションである．ここでも主役のキュー植物園の植物学者や庭師だけではなく，1人の探検家の存在が必要であった．マーカムに代わって本書の主人公の1人ウイッカム（Henry Alexander Wickham，1846〜1928年）の登場である[5, 8, 12–15, 27, 28]．

ウイッカムが生まれたのは 1846 年であるから，彼の時代は大探検時代[37)註6)]が最後期，あるいは終末を迎えつつあった時期である．彼にとって幸であったか不幸であったかはともかく，大探検時代はまだ完全には終わってはいなかった．むしろその影響が色濃く残っていた大英帝国最盛期のビクトリア女王時代，彼はまさしくその時代の典型的人物の 1 人だったと言える．コンラッド (Joseph Conrad) の 1913 年の小説『マラータのプランター (*The Planter of Malata*)』はウイッカムがそのモデルの 1 人と言われている[註9)]．彼の誕生後，わずか 4 歳にして父親が死亡した．彼には妹が 1 人いたが，婦人帽子店を営んでいた母親は彼を随分と甘やかして育てたことだろう．少年時代のことで伝わる事実の 1 つは，彼がスケッチや絵を描くのが好きであり，一時期は絵画教室にまで通って腕を磨いていたことである．彼の熱帯への熱い想いは，エキゾチックな熱帯の絵を描きたい，がその出発点だったかもしれない．「エキゾチック」はビクトリア女王時代 (Queen Victoria, 1819〜1901 年；1837 年に即位，治世は 64 年におよんだ) のイングランドを特徴づけるトレンドでもあったから．

2 | ウイッカムの探検家への道：初めての熱帯はニカラグア

1866 年 8 月 5 日，20 歳のウイッカムは中米のニカラグアに向

註9) 興味のある方は次のウェブサイトで読むことができる．*www.readbookonline.net/readOnLine/2501/*

けてロンドンを出発した．なぜニカラグアを目指したのかは不明だが，ニカラグアと聞いても「新大陸にある熱帯の暑い国」以上の認識を持たなかった母親は，賛成とも反対とも言いかねたであろう．そこで彼は，婦人用帽子の飾りに当時の流行であった熱帯のカラフルな鳥の羽根を送るからと，母親の店のためにもなると説得して資金援助を受けたのかもしれない．10月にはカリブ海沿岸のグレイタウン港に着き，熱風と，見慣れない鳥類と，蚊など多様な昆虫類の洗礼を受けた．それにめげることなく5日後にはジャングルを目指して，同じくカリブ海沿岸のブリュフィールド（Blewfields）という小さな港町に至った．波止場で荷を待っていた彼に，現地インディオ[註10]の少年が片言の英語で"Who are you?"と話しかけてきた．"I am Henry Wickham."と答えて彼の名を問い返すと，"William Henry Clarence."と返ってきた．後のウイッカムの行動も含めて判断すると，彼は植民地の現地人に対して強い偏見を持ってはいなかったようである．

この町で彼はモラビア教会[註11]に投宿し，数日後に牧師から信徒である現地人ミスキト（Miskito）族の王を紹介された．その王

註10) 英語では北・中・南米を問わず an (American) Indian であるが，日本語では北米ではインディアン，中・南米ではインディオとしている．英語とスペイン語（indio）を区別したのであろう．

註11) モラビア教会は18世紀にチェコのモラビア地方に設立されたプロテスタントの一派で，当時この地で活発な布教を行っていた．15世紀の有名なフス派の流れを汲むが，海外での布教では教育活動に重点をおいてインディオのミスキト（Miskito）族に受け入れられていた．ミスキト族はニカラグアからホンジュラスのカリブ海沿岸部に分布し，この沿岸は Miskito coast と呼ばれている．Mosquito coast と記した地図もある．Miskito は英語では Mosquito（蚊の意になってしまうが）とも綴られるようだ．

は波止場で彼に声をかけた少年であった！　彼はそうと知らずにミスキト族11代目の王の友人となったのである．この王はジャマイカのキングストンに送られて教育を受け，またモラビア教会牧師の影響もあって人格的に優れた男であったようだ．しかし，容易に想像されるように，ヨーロッパ人が支配的な土地で生き延びることは現地人の王にとって容易ではなかったろう．後年，この王は弱冠23歳にして毒殺されたという．

　ウイッカムの最終目的地は熱帯のジャングルであったから，カヌーを調達して11月には内陸部へと向かった．数日間遡行を続けて，インディオの村 Kissalala に着いた．現地人村長の家に寄宿し，翌年の1月まで約2か月間ここに滞在した．この村長は英語をしゃべったようだが，熱帯のジャングルでの暑さに耐え，マラリア蚊をはじめとして雲霞のごとく飛び交う様々な昆虫，そして至るところで地を這う虫との共生である．午前中は鳥を求めて出かけたが，彼はハンターとしては落第だった．それでも熱帯鳥類のカラフルな羽根を，数回イギリスの母親へ送っていた．

　ここでウイッカムは初めてゴムの話を聞くことになった．ユカタン半島からホンジュラス，ニカラグアにかけて熱帯樹カスティロア（Castilloa, 学名 *Castilla elastica*）がジャングルに点々と自生している．これはヘベアと同じく幹に斧やナイフで切り目を刻んでやれば（この操作をタッピングという），白いミルクのようなゴム液（ラテックス）を出す樹である．以前に，ホンジュラスからスペイン人が村にやって来て，勝手にゴム採集を始めた．そのために現地人との間に争いが起こり，村人は棍棒を武器にスペイン人の一味を追い出したというのである．この村ではいまだゴムが売れる

とは，あるいはそれほど儲けになるとは考えられていなかったために，誰もゴム採集をやろうとしていなかったのであろう．オルメカ，マヤ，インカ，アステカ文明時代に祭祀用として用いられたゴムボール，そしてコロンブスが第2次航海中に見たというゴム球もカスティロアから採取されたと推定される（序章を参照）．この樹をウイッカムが見た頃にも，一部ではヘベアとともに，ゴム用の栽培植物として候補の1つであった[7,8]．

　村長からこの話を聞いた後，11月末にテンプレ（Temple）と名乗る貿易商人がやってきた．彼はクレオール（中南米生まれのヨーロッパ人）で，村の人々と面識もありゴムの採集と販売も彼の事業の1つであったようだ．しかし，結果的に彼はこの村にとって疫病神だった．彼と出会った直後からウイッカムはマラリアとの戦いで12月末までを苦しみ抜いたのであるが，そんな中でも彼とともにさらに奥地探検に入る約束をした．疫病神の本領はさらに発揮される．奥地への旅の準備もあって商人テンプレはいったんブリュフィールドへ帰り，翌年の1月中旬に戻ってきた．丁度その頃，カリブ海沿岸ではコレラが流行していた．なんと彼はそのコレラを村へ持ち込んで来たのである．ロンドンでのコレラの大流行を聞き知っていたウイッカムは，早々にコレラに気が付き村人に警告を発したが誰も聞こうとはしなかった．テンプレの土産を肴に宴会騒ぎのなかコップの回し飲みをしたり，1つの皿の料理をみんなで食べたりするのだから，もうひとたまりもない．数日のうちに村人の多くがコレラに倒れ，幸いにして罹病を免れたウイッカムはテンプレとの予定を早めて，数人の仲間とカヌーに飛び乗り，上流の奥地に向かって逃げるように村を離

れていった．

　十数日間遡行してこの川の最後の Kata という小さな村に達した．ここまで来ると川の流れは細く，魚を得ることも野生動物を捕獲することも難しく，一行は肉に飢えていた．栄養失調のせいであろう，ウイッカムは脚が動かなくなり歩行が困難になっていた．一行の全員が弱ってゆく中で，村人からジャングルの端から山を越えた先にイギリス人が経営する鉱山があるという情報を聞き出した．2月9日に村を出発し，一行は道なきジャングルを歩き，ジャングルの木々がまばらになり始めたところから急峻な山を登っていった．有るか無きかのかすかな踏み跡をたどって尾根に立ったところで，眼下に広々としたサバンナを見下ろすことが出来た．そして，「あった！」．向こうの丘の麓に木製の小屋，工場らしい建物，そして大型の機械が認められ，かなりの規模の鉱山であった．

　丘をおりて近づいてゆくと住居とおぼしき粗末な建物が並んでいた．ドアをノックして回ると，一軒の家でインディオが現れた．"Any Englishman?" と繰り返し問いかけると，彼は先に立って歩き始めた．しばらく歩いた後，彼は白いペンキ塗りのベランダがある家を指差した．ウイッカムは足を引きずりながら近付いてハンモックに揺られている男と，その後方に調理中の2人の婦人を認めた．料理は「ビーフステーキに違いない！」と直感してウイッカムはゴックンと唾を飲み込んだ．さらに近づいて，全力をふり絞って直立の姿勢を保ちながらその男に声をかけた．"Are you an Englishman?"

　こうしてウイッカムの第1回目の熱帯の探検は実質的に終わっ

た[28]．この地に3月23日まで滞在して彼はなんとか健康を回復した．ウイッカムはホストだったハンモックの男，船長ヒル（Captain Hill）に気に入られ，彼が以前に英国海軍軍人として任務についた南太平洋の島々での牧歌的な回顧談を，毎夜興味を持って聞いたようである．彼に感謝しつつ別れを告げて来た道をたどり，ようやくにしてコレラの収まった村に戻った．数日の滞在中に荷をまとめ，村を後にした彼は，さらにグレイタウンに戻り，パナマのコロン港で2か月足らず船便を待って，ロンドンに帰り着いた．1年におよぶ熱帯での生活で，マラリアの長引く後遺症に加え膝関節の痛みもすぐには消えず，帰国後もしばらくの間体調は優れなかった．1867年秋から1年間，彼は母親の店を手伝いながら旅行記の執筆と絵を描くことに専念したが，納得のいく作品を物することは出来ずまた旅行記の出版社を見つけることもできなかった．

　普通人の場合，この1年間の体験で熱帯への熱い想いもさめて世間並みの生活へと戻っていくものだが，なぜかウイッカムはちがっていた．いつの間にか彼は熱帯への再挑戦を検討し始めたのである．次の標的はベネズエラのオリノコ河であった．ベネズエラは1830年にスペインから独立したが，封建的な大地主・領主の間で争いが絶えず，結局20の半独立州から成る連邦国家となった．オリノコ河は南米でアマゾンに次ぐ大河で，430を越える支流があり大西洋への河口は50を数え，直線にして200キロメートルを越える長さの沿岸部を有する巨大な河口デルタ地帯（Tucupita Delta）を形成している．このデルタの対岸にトリニダード・トバーゴがある．ベネズエラの内陸部に行くためにはオリノ

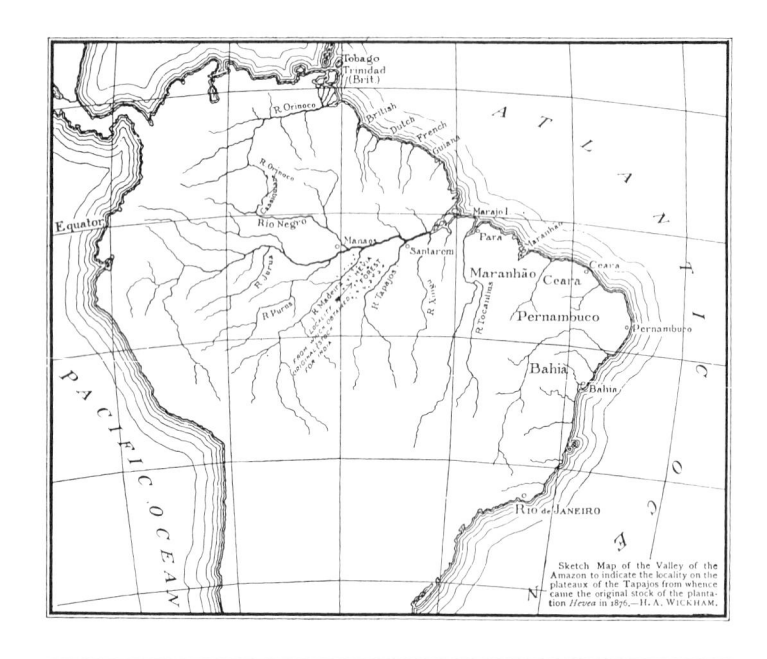

図9●ウイッカムによる南米北部オリノコ河・アマゾン河流域の地図（文献8より転載）

コ河の遡行が，この時代には唯一の手段であった．

ウイッカムによる南アメリカ大陸北部の地図を図9に示す[8]．2つの大河オリノコ（Orinoco）およびアマゾン（Amazon）とその流域が示されているので，次節以降のウイッカムの足跡をこの地図上でたどっていただきたい．第III, IV章に述べるウイッカムがヘベア種子を集めた位置がアマゾン支流のタパジョス河（R. Tapajos）左岸[注12]に示されている．

3 アマゾンと並ぶ大河オリノコの遡行

「なぜオリノコ河なのか？」がまたしても問題である．今回はそれなりの回答がある．大探検時代の1つの頂点をなすのはアレクサンダー・フンボルトであることは衆人の認めるところであろう[註6]．1800年，フンボルトはフランス人ボンプラン（Aime Bonpland, 1773～1858年）[註13]とイエズス会牧師，さらに数名の従者とともにオリノコ河探検に乗り出した．最大の目的は「アマゾン（支流のリオ・ネグロ，Rio Negro）とオリノコの2つの大河が，上流でつながっているのかどうか」を確かめることである．ヨーロッパ人の間で半ば伝説的に，2つの河はカシキアレ（Casiquiare；天然と想定された運河につけられた名前）で結ばれているとされていた．（第1章2節の本文中に記した文献で，コンダミーヌがこの説を紹介している．）イエズス会牧師も加わったフンボルト探検隊によってこの「運河」の存在が確認され，オリノコの上流とリオ・ネグロの上流はカシキアレによって結ばれた[43, 44]．つまり，南米大陸の2つの大河がつながっていることが明らかになっ

註12) 河川の右岸・左岸は，その地点で下流を向いて右側・左側で決まる．
註13) ボンプランはフンボルトの南米での探検に同行した後も南米に留まった．（フンボルトは帰国して南米探検の報告書を執筆していた．）フンボルトの世界的な盛名の影に隠れて，彼のその後の40年にわたる南米の南部，アルゼンチンなど，での博物学者としての優れた活動は知られていなかった．ようやく最近になって，"*A Life in Shadow : Aime Bonpland in Southern South America, 1817–1858*"をタイトルとしたボンプランについての書（Stephen Bell 著，Stanford University Press, 2010.）が刊行されている．

たのである．図りで赤道（Equator）直下に Rio Negro と R. Orinoco に挟まれて Casiquiare と斜めに記載されているのが，それである．ウイッカムはこのドイツ人フンボルトの足跡をたどり，イギリス人として初めてオリノコ河を溯行し，そこからリオ・ネグロ，そしてアマゾンの河下りをやろうとしたのであろう．実は，スプルースはアマゾン側からリオ・ネグロを溯行してカシキアレに達していたが[40]，ウォーレス[註61]は成功していなかった．伝説的となった2人の著名な英国人探検家が体験したすさまじいまでの困難をそれほど意識せずに，ウイッカムは「自分は」フンボルトと同じくオリノコ河の溯行で成功，つまりカシキアレに到達してみせると，秘かな決意を固めていたのかもしれない．

1868年12月，ウイッカムは再び英国を離れた．おそらく1年を越える旅になると予想していたであろうにもかかわらず前回と同じ軽装で，しかしスケッチブックは忘れなかった．驚くべきことにキニーネの瓶は，忘れたのではなく敢えて持参しなかったのだという．ニカラグアで経験したから，免疫があってもう大丈夫と誤解していたのかもしれない．十分な準備も無しに，平気で熱帯のジャングルを目指す彼の肝っ玉はどんなだったのだろう．あるいは，単にずぼらで，向こう見ずであっただけなのかもしれない．

翌年1月早々，ウイッカムはセント・ルシア（カリブ海の英領の島）に着いたが，オリノコ河方面行の船便がかなり先になることを知った．色々と聞きまわった結果，トリニダード出身のクレオールが船長をしている小船（おそらく密輸をためらわない，不定期運航の貨客便であったろう）がその方面に向かうことを知り，乗

船交渉をまとめた．数日後，彼はその小船に乗ってオリノコへ向かった．トリニダードを経て，河口のデルタ (Tucupita Delta) の迷路のような水路を，連日の炎天下，無数の蚊やハエなどに悩まされながら通過してオリノコ河本流に入り，1月22日にオリノコ河中流への入り口の街シウダド・ボリバル (Ciudad Bolivar) にたどり着いた．図9でオリノコ河口から西にたどって，南から流れ込む最初の支流の付け根手前の右岸にある街である．この街はリアノ (Lianos：南米北部の大草原) に囲まれた美しい港町で，当時，広大なフロンティアとされていたオリノコ河流域への出入口 (gate) であった．

この街で彼はまずオリノコ河流域通過のため州知事の許可証を取得した．これには何のトラブルも無く，むしろ知事の愛想のよい歓迎のあいさつを受けた．次に，遡行のために小船を調達する必要があったが，これが意外に難しいことが分かった．今回の旅に限らない彼の計画性の無さがもたらした不都合の一例である．果たせるかな，以後はトラブルの連続であった．予定外の足止めを余儀なくされた彼は，節約のために1泊2ドルのホテルを出て，ある米人主婦の家に寄宿した[註14]．悪いことは重なるもので，同行していた若いイギリス人ロジャー（船上で知り合って同行することになったのであろう）が河で水泳中にアカエイに刺され重病

註14) 南北戦争（1861〜1865年）で敗れた南軍の一部兵士とその家族（約1万人足らず）が奴隷制の維持を旗印にして中南米，特にオリノコとアマゾン流域に移住した．この婦人はその1人であった．中には土地を購入して熱帯作物の栽培に従事し，プランターとして成功を収めた例もある．ウイッカムは後にサンタレンでそのような家族の世話になっている．

となってしまい、彼らはさらに安い宿舎を求めて現地人マザー・サイディ (Mother Saidy) 宅に転がり込んだ。彼女は世話好きで面倒見がよく、また、看護の心得に加えて薬用熱帯植物の知識もあったようで、病人には熱帯植物からの薬を調合して飲ませたりした。ウイッカムは彼女からゴムの採取についても知識を得て、底の見えている探検資金の足しになる仕事の候補として記憶に留めたようだ。

1か月後ようやく小船のパイロットを仲間に引き入れて、街を離れオリノコ河の上流を目指した。途中の村で小船 (急流を乗り切るには不便であった) をカヌーに変えて、各人が漕ぐことになった。現地住民に上流でのゴムの採取事業の話をして同行するように誘ったが、誰も応募してこなかった。ゴム採集の経験者でもないウイッカムに成算があったとはとうてい思えないレベルの話であったから、当然の結果であったろう。

4月に入って雨季に突入した。マラリアを媒介する蚊 (the anopheles mosquito) が大量に発生し、この時オリノコ河流域のこのあたりでは、蚊と雨だけがふんだんにあった。全員がマラリアに冒されて半死半生の状態に陥り、やむなく4月15日には遡行を諦めて下流へ向きを変えた。6日かけて遡った流れを、9日かけてほうほうの体で下り、下流の村に4月24日にたどり着いた。ウォーレスが、1851年にリオ・ネグロ上流で熱病の中でさ迷ったのと似た厳しい状況である。村に着いて小船を探すと、それは壊れてすでに使い物にはならない。選択の余地はただ1つ、カヌーでシウダド・ボリバルへ戻ることであった。5月18日、彼らはほうほうの体で再びマザー・サイディ宅に転がり込んだ。気

のいい彼女の並みならぬ看護努力によって命を助けられたと言える.

3か月間の休養によってようやく回復した後,これで諦めて帰国するかと思いきや,ウイッカムは小船のパイロットに代わってラモン（Ramon）というインド人を連れ,ロジャーと3人で再び上流に向かった.上流に行くに従って前回と同じく,いや前回以上に困難は増えていった.ロジャーのマラリアが再発し,櫓の漕ぎ手は2人になった.上流で彼らを歓迎したのは,多種多様なたくさんの昆虫,そして巨大な河カワウソであった.川底から浮き上がってくる河カワウソに,小船は何度も安定性を失ってひっくり返りそうになった.また,岸で休もうとするとそこはカワウソの大群に占拠されていた跡で,排せつ物の悪臭に息も詰まる場所であった.しかし,さらに進むとこの程度では済まない.マラリア蚊や多種の小さな虫の跋扈は言うまでもないが,岸の陸地にはヘビ,ムカデ,トカゲ,アリが縦横にはいまわり,水際にはピラニアそしてワニが待ち構えていた.そして,ロジャーの熱病がいくらか和らいだら,次はラモンが熱射病に倒れてしまった.

4 オリノコ河上流でのゴム樹のタッピング体験

それでも9月初めには西から流入する支流アプレ（Apure）との合流点に到達した.図9でオリノコ上流が南に向かって方向を変えている地点で,西に直進しているのが支流のアプレ河である.ここから南に向かうとオリノコ河付近はそれまでの湿度の高

いジメジメした気候に代わって乾燥地域になり、河岸は砂地となった．ある夕刻、一行は虫を避けて河中の小島でのキャンプ中に、白雪のようなシラサギの群れが夕日を浴びて飛んで行くのを見ることができた．絶えて無かった幻想的な夜だったであろう．しかし、ここでも砂バエに加えて、マラリア蚊から逃れるすべは無い．そして、ウイッカムにまたしてもマラリアが帰ってきた！数日間、彼は船を漕ぐどころか、身動きもならずキャンプで体を横たえているしかなかった．禿鷹（アマゾンコンドル）にとって死体や身動きのできない病気の動物は格好の獲物である．上空のコンドルが彼に気付きすぐ上を旋回しても、彼は目を動かすだけで体はもう動けない．こんな彼を見て老齢の原住民インディオがこれではダメだ、すぐ部落に来いと勧めてきた．最初、ウイッカムはいや前進しなければならないのだと拒否していたが、やがて折れて彼の看護を受けて少し元気を回復した．村の人々に別れを告げて遡行を続けた後、一行はベネズエラのアマゾナス州[註15]に入った．ここで偶然に州知事に出合い、彼の歓待（？）を受けて酒の相手をしながら3週間足らずの滞在を余儀なくされた．

　知事と別れて旅を続けた一行は、レベル（Level）と称するスペイン人に出会った．多くの自慢話を聞かされた中で、ウイッカムが興味を持ったのは彼にとって3度目のゴムの話であった．レベルは、上流のジャングルにはいまだ手つかずのゴムの樹がたくさんある、と告げたのである．資金が底を突き始め、たとえわずかであっても稼ぐ必要に迫られていた彼にとって、ゴム採集はこの

註15）　アマゾナス州は、国境を接してブラジルとベネズエラの両方にある．

上なく魅力的に映ったに違いない．このゴムの話を聞いてさらに遡行を続け，11月になってリオ・ネグロ近くまでたどり着いた．オリノコ上流もここまで来るとジャングルのゴム樹の密度も高い．付近でゴム採取に従事するクレオールのエルナンデス（Hernandez）を訪問し，彼の話からもウイッカム一行はゴム採取事業が比較的容易で，採算に合うと考えたのであろう．彼らは今日言うところのゴム樹のタッピング（tapping；ラテックスを採集するため樹幹に斧やナイフで切り傷を与える作業）の手ほどきを彼から受けた．ここのゴム樹は，学名 *Siphonia elastic* のゴム樹と推定される．これがヘベア属かどうかは不明と言うべきかもしれない[4]．フンボルトがオリノコ上流で観察したものは "*Siphonia brasiliensis*" と命名されていて，これは現在ではヘベア（*Herea brasiliensis*）と同定されている[6]．スプルースはタッピングを経験してはいないが，この地域（リオ・ネグロとオリノコ上流）でゴムを採取しているのは *Siphonia* 属の *lutea* および *brevifolia* の2種のゴム樹からだとメモしており，またいずれから採取されるゴムの質もヘベア樹からのゴムにはおよばないと述べている[40]．

現地の若者数人を雇って，ウイッカムの初めてのプランターとしての仕事，ゴム採取が1869年12月から始まった．粗末な食事に耐え，朝4時にはジャングルに入ってタッピングを行いゴム採集を開始する．午前中にジャングルを周回して，点々と自生しているゴムの樹約100本（彼は当初300本を予定していたが）の樹にタッピングを行ってラテックス（latex；樹から採取されるミルク状の液体でゴムを含んでいる）を採取した．午後は溜まったラテックスを回収するために再びジャングルを周回し，そのキュアー（燻

図10 ●タッピングにより採取した天然ゴムラテックスの燻煙を行うインディオの少年（文献40より転載）

煙(けむり)しながらラテックスを固化させて棒に巻き取っていくこと)で固形ゴムを得るのである．図 10 に乳白色の液体であるラテックスから固形ゴムを得るために，煙で燻しているインディオを示す[40]．

　早朝から人跡未踏に近いジャングルの中を何度も徘徊しなければならないこれらの作業の困難さは，彼の予想を上回ったであろう．例えば，ゴムの樹が平均して 80 メートル歩く毎（ジャングルの中であるから樹と樹の間の直線距離ではない）に 1 本あると仮定すると，1 周 8 キロメートルとなる．タッピングが数年間継続して実行されていれば，明確な踏み跡がついていたであろうが，有るか無きかの踏み跡をたどる数キロの周回は，ジャングルの歩行に十分に慣れていたわけではないウイッカムにとってかなりタフネスを要求されるものであったろう．新年を迎えた頃には，彼はこの地での事業にすっかり疲れていた．ゴムについての夢が大きすぎて失望感が先に立ったのであろうか，あるいは，元々定住することを考えてはいなかったことは確かであろうから最低限の稼ぎで良いと計算したのか，彼は事業を中止してブラジルを経て帰国することを検討し始めた．

5 リオ・ネグロ河からアマゾン本流の街マナウスへ

　2 月にはウイッカムはまたしてもマラリアに襲われた．彼は意識を失って何日か過ぎたのであろう，気がつくと皆が彼の臨終を待ってまわりに集まっていた．同じく近くで農園を経営していたスペイン人ロハス・ヒル（Rojas Gil）夫妻の献身的な看病によっ

て一命をとりとめ，3月末にようやく回復の兆しを見せた．彼はここを去る決心を固め，農園をすべて夫妻に譲った．4月末にはオリノコ河上流へ最後の遡行を試みたが，衰弱のため身動きが取れなくなって引き返した．ここで彼は水路を諦めて陸路に切り替え，5月にはジャングルを越えてブラジル側のリオ・ネグロ河上流に達した．結局，彼がカシキアレを実際に見たのかどうかは不明である．ここからはいよいよアマゾン河である．リオ・ネグロ河の下りの船を約3か月待って，やっと8月に乗船できた．河沿いの村々に寄りながら1か月をかけて9月3日アマゾン本流に合流し[註16]，アマゾン中流の街マナウス（Manaus）に到着した．マナウスは1853年の時点ですでに，4年間アマゾン上流を探検した後に戻ってきたスプルースが，その変化に驚いた街であった．ウイッカムがゴムに興味を持つに至った間にも，"Black Gold"すなわちゴムの集積地として発展を続け，彼にとっては1年10か月ぶりの，英国への船便がある「都会」であり，街中では"Get rich, get rich!"の声があふれ活気に満ちていた．1850〜1880年はブラジルで第1次ゴムブームの時期とされる．スプルースはその始まりを，ウイッカムはその盛期を，マナウスで見たことになる．

　ゴムの中でも市場で最も高い価格がついたのは数種のパラゴム

註16) リオ・ネグロ（「黒い河」の意）とアマゾン本流との合流は黒色と濁った黄褐色の水との数キロメートルにおよぶ長い境界線を成し，the Meetingと呼ばれてマナウス観光の売り物の1つだそうである．マナウスの会議では，the Meetingの矢印に従って行くと観光旅行になるので注意が必要である！　このthe Meetingはタパジョス河（アマゾンでは珍しく透明度が高い）が合流するサンタレンでも見られる．

(Para rubber)の中で"Para fine"と称される、おそらくはヘベア樹から採取され比較的丁寧に燻煙法によって固体化された、目視でゴミの少ないものであった．オリノコ上流でゴム採取に従事していたウイッカムが、マナウスで"Para fine"の現物を見て「数あるゴム樹の中でも、ヘベア樹がベストである」と認識したのかどうかは定かではない．すでにスプルースは"Para fine"のゴムはヘベアではないかと子フッカーに知らせていた．子フッカーは植物分類学上の興味から、その種子を送付してくれればキューで栽培して同定を行ってみると提案したが、スプルースが送った種子は輸送途中に腐敗してイギリスに到着した時には使えなかった．これらの情報がゴム関係者の間で流布していた可能性もあるから、ウイッカムがそうした噂を耳にした後に"Para fine"の現物を見て、その見事さを認めたのかもしれない．このような事情があってウイッカムがマナウスでヘベア樹のスケッチをしたのだと推定しても不自然ではないだろう．

　アマゾン河を下り、サンタレンなど河沿いのいくつかの街を経由してアマゾン河口の港町でありパラ州の州都であるパラ（現在のベレン）に向かった．天然ゴムはその多くがこのパラ港から輸出されたので、長く「パラゴム」と呼ばれていた．（新大陸の産物ということで「インドゴム (Indian rubber)」とも呼ばれた．）"Para fine"はその中でも最優秀と認められ、最高の値段で取引されていたのである．アラビア半島のモカ港は長くコーヒーの輸出港であった．アラビア商人が売り歩いたアラビカコーヒーの中でも、「モカコーヒー」が優れたコーヒーの代名詞のようになったのと事情はよく似ている[45]．

6 アマゾン河本流を下ってパラ（ベレン）へ

アマゾンでは汽船による定期便がすでに就航していた．マナウスを出発して目的地パラ港との中間にあたるサンタレンでの彼の行動は不明だが，船便の主要な停泊地であったから，少なくとも数日間は滞在した可能性が高い．後に，プランターを目指して家族を引き連れて熱帯への移住を計画した時には，行き先として迷いなくサンタレンを選んだと推定されるので，この地でその準備として何らかの下調べをしたのかもしれない．幸運だったかそうでなかったかは別にして，結果的にはウイッカムのこの選択が栽培天然ゴムの将来を決定づけた条件の1つだったと言えるので，興味深い点である．しかし今となっては実地調査の手がかりも無いだろう．Jackson[28]はウイッカムがサンタレン付近の「インディオの黒土」(Indian black soil) と称される黒い表面層が肥えた土であることを現地人から聞いて，プランテーションにおあつらえ向きだと判断し，「次に来るならここサンタレンへ」と決心していたのではないかと推測している．

もう1つの可能性は，彼が移住していた元南軍兵士家族[注14]と出会い，彼らと親交を結んだことである．当時，約100家族近くがサンタレン付近に定住していたと推定され，ポルトガル語ではなく英語での会話が可能であることから直ちに親しくなったとしても不自然ではない．友人となった元南軍兵士の1人から，サンタレンに来るよう勧められた可能性もある．ウイッカムにとっては自然条件もさることながら，むしろこうした人間的関係のほう

がより大切ではなかったか，と筆者は推定している．

 さてサンタレンを離れ，パラ州の州都パラに到着して，ウイッカムはある意味で運命的な出会いをした．その相手はイギリス領事館の総領事ヘイ（James de Vismes Drummond Hay）である．ヘイは以前からパラゴムに関心を持っていたようで，帰国手続きのために領事館を訪れたウイッカムがパラゴムについての知識を持つことに気付いて，積極的に会話をするようになった．ウイッカムのヘベア樹のスケッチを見て感心し，また彼のニカラグアでの経験やオリノコ河遡行の冒険談を熱心に聴いてその話をぜひ出版するように勧めた．ヘイにとって，彼はセリンゲイレ（seringueiro；野生ゴムの採集人，英語のタッパー（tapper）に相当するポルトガル語）として働いた経験を持つ，初めての英国人であった．（スプルースもウォーレスもゴムについての報告をしているが，植物見本としての採集を行っただけで，実際にゴムの採取を行ったのではなかった．）ヘイはまた領事館の交易関係を中心とした仕事の実際を，パラでのゴムの取引市場の現状と将来性などを交えて，大英帝国の経済政策の一環として農業政策やプランターについて熱心に語ったのであろう．

 ヘイとの対話を続ける中で，ウイッカムはゴムの話をきっかけにしてごく自然に，大英帝国の一員としての自覚を持つに至ったのではなかろうか．ヘイは後に，外務省に提出するレポート『ブラジルのパラおよびアマゾナス州の企業家について』を執筆している．その中で「平均的な英国人はここでうまくやることも出来るだろうが，それはもし彼が科学的なゴムの栽培化に貢献する意思があれば可能である」と記している[28]．2人でヘベアのプラン

ト・イントロダクションの実行について話し合った可能性も否定できない．1870年の秋，ウイッカムはパラ港を離れ約2年ぶりに帰国し，イギリスの土を踏みしめた．「ビクトリア女王のもと，彼なりに大英帝国のイギリス人としての自覚を持ってイングランドに帰って来た」と言うべきか．

第Ⅲ章 | *Chapter III*

ヘベア樹プラント・イントロダクションの始動
—— ウイッカムとキュー植物園・インド省の綱引き

1 はじめに

　オリノコとアマゾンの旅から帰ったウイッカムは，ニカラグアから帰った時とは少し様子が違っていた．熱帯から前回よりさらに酷い仕打ちを受けたのに，である．パラのイギリス総領事ヘイとの出会いによって大英帝国を誇りに思い，人生をそれへの献身に重ねた当時の典型的イギリス人へと成長したのかもしれない．ウイッカムは早速に旅行記の執筆にとりかかった．これは前回果たせなかったものであり，さらにパラでヘイ総領事から強く勧められたことでもあった．今回は出版を引き受ける人が現れた．これが 1872 年に出版された彼の最初の著書『トリニダッドからオリノコ，リオ・ネグロを経てブラジル，パラへ荒野の旅行記 (*Rough notes of a journey through the wilderness from Trinidad to Para, Brazil, by way of the great cataracts of the Orinoco, Atabapo, and Rio Negro*)』であり[46]，次章に詳述するように，その出版後に彼の運命を大きく変えた本でもある．そして，彼の 25 歳の誕生日の 1871 年 5 月 29 日に，4 歳年下のヴィオレット (Violet Case Carter) と結婚した．彼女はウイッカム

の母ハリエッテ（Harriette）の婦人帽子店の顧客であったから，以然からの顔なじみであったのかもしれない．彼の著書の出版を引き受けたのは帽子店の近所の本屋で，妻の父親の店であった．ウイッカムはこの父親によほど気に入られたと見え，結婚後にもなにくれとなく面倒を見てもらっている．

　元来が，忍耐強いと同時に血の気の多い傾向の彼が，ヘイによって思想的なバックボーンを与えられたらどうなるか？　燃える男がますます燃え盛るのも当然のことなのであろう．「熱帯でプランターとして成功してみせる！」と決意を固めて，彼は周りの人に一緒にブラジルへ行こうと説得を始めた．妻ヴィオレットは当然のこととして，母親ハリエッテ，実妹ジェーン（Harriette Jane Wickham）とその婚約者フランク（Frank Slater Pilditch），実弟ジョン（John Joseph Wickham）とその婚約者クリスティン（Christine Francis Pedley），そしてクリスティンの53歳の母親アンナ（Anna Pedley）と続くとこれはもう，いくら大英帝国ビクトリア女王下のイギリス人が世界中へ進出した時代であっても，異常と言って良いレベルかもしれない．彼の母親にとっては，3人の子供達がそろって英国を離れるとなれば，60歳近くになって1人だけロンドンに残るのもためらわれたにちがいない．こうして彼の一家を挙げてのブラジル，アマゾン河中流の街サンタレンへの移住の準備が始まった．その間にさらに2，3人の若者を巻き込んで，最終的には結構な人数になったようである．ヘベアのプラント・イントロダクションへと，結果的にはつながっていったウイッカムのこの企て[3, 5, 10, 12, 27, 28, 47]について述べる前に，先行した過去のヘベア移植の企画をまず検討しよう．

2 ヘベア樹のプラント・イントロダクション前史

すでに第 I 章に記したように，パラゴム（ヘベア）の移植についてはスプルースがキュー植物園長の子フッカーに手紙を送っている[14]．また，英国におけるゴム工業の父であるハンコック（Thomas Hancock，1786～1865年）は早くも1850年に，アマゾンの野生ゴムはいずれ枯渇するとして父フッカーにゴム樹のインドへの移植を提案し[14,28]，1857年には *Siphonia elastic*（ハンコックはこれをヘベアに相当するゴム樹と想定していたようだ）についての当時知られていた知見を引用している[48]．契約に基づくとは言え野生樹からのゴム採取が原住民の半奴隷的な酷使に依存していた事実は消し去るべきではないが，不幸なことにこれらの先見的な指摘は，野生ゴムの採取とその販売が大地主や大商人（ロンドンその他の外国商人も当然絡んでいた）の「採算」に合う間は大きな話題にはならなかった．しかし，当然のことだがゴムの有用性と必要性を認め，ヘベア樹の栽培化を考えた先覚者はブラジルにもいたのである．

ブラジル人の植物学者・探検家であったコウンチンフ（Silva Countinho）は1861年と1863年の2回にわたって，アマゾンの中でもゴム樹の多い地域を探検し，パラ州知事にゴム樹の栽培を提案している．しかし，「ジャングルにはいくらでも生えているのになぜそんな必要が？」と一蹴されてしまった．彼は種子をサンパウロの国立博物館に送り，そこでの展示を依頼した．連邦政府はこの展示に関心を示したが，それは海外資本の投資を呼び込む

ためであったろう．1867年のパリ国際大博覧会にブラジル政府はコウンチンフを派遣し，彼は世界のゴム種の比較検討委員会に出席し座長を務めた．ここで彼はすべての点でブラジルのヘベアが優れていることを力説した．そして，翌年にはゴム・プランテーションの採算性をレポートしている[28]．当時ロンドンの王立薬学会付属博物館の館長であったコリンズ (James Collins) は，このレポートを読んでキナノキの成功にならってゴムの移植に興味を示した[7,13]．その内容を "*Hooker's Journal*" に報告するとともに，当時最も権威のあった "*Journal of the Society of Arts*" に「インドゴムの歴史，商業と供給」("On India-Rubber, Its History, Commerce and Supply") と題する論文を投稿し，翌1869年に掲載された．天然ゴムは当時，パラゴム (Para rubber) あるいはインドゴム (Indian rubber) と呼ばれていた．

キナノキのプラント・イントロダクションを成功させた後，マーカムは次の課題を探索していたのであろう．コリンズの論文を読んで「次のプラント・イントロダクションはこれだ！」と早速に動き始めたのである[14]．この時点ではマーカムはレッジャー種のことを全く耳にしておらず，オランダのキナノキはいまだ市場に現れていなかったから，彼もコリンズも大英帝国のキナノキのプラント・イントロダクションは成功裏に終わったと考えていた．「キナノキで可能だったことが，ゴムで不可能なはずがない」が2人に共通の理解であった．こうして1870年頃には，マーカムは次のターゲットをパラゴムに絞っていった[13]．インド省の上司を説得する目的もあってコリンズに調査結果をまとめたレポートの作製を依頼し，インド省が費用を負担して出版させた．これ

がコリンズレポートである[7].

そしてここにもう1人，ヘベアのプラント・イントロダクションに絡む重要人物が現れる．それは子フッカー（図6）である．彼はキュー植物園の園長であった父の背中を見ながら探検家として，また博物学者として成長した．ダーウィンの大学時代の恩師の娘と結婚したことでダーウィンの親しい友人となり，後に『種の起源』出版後のダーウィンの進化論支持者として，有名なハックスリーとともにダーウィン擁護の論陣を張ったことでも知られている．1865年，彼は父フッカーの後を継いでキューの園長となっていた．そこへマーカムによる企画が持ち込まれたのである．父のキナノキ移植はすでによく知られていたから，子フッカーにとってゴムのプラント・イントロダクションは父に劣らぬ功績を上げるための，格好の事業として位置づけられたと思われる．

3 アマゾンにおけるゴムブームの実情

こうしたゴムをめぐる状況下，ゴムの採取とその取引が行われていたアマゾンの現地の様子はどうだったかをみておこう．前章にマナウスは第1次ゴムブームに沸いていると述べた．スプルースに続いてウイッカムもそれを目のあたりにした．しかし，原住民，商人，地主，投機家，そして職を求めてブラジル東北部の各地から集まった多数の貧しい農民がゴムに群がった陰には何があったか？　ゴム樹からの採取人セリンゲイル（seringueiro；前章

6節参照）は少なくとも形式上は奴隷ではなかった．職を求めて殺到した農民は，無一文だが「自由な」労働者として1枚の契約書にサインをしてジャングルに連れていかれた．粗末な小屋に住み，早朝からのタッピング（tapping；前章4節参照）と，ラテックス（latex；前章4節参照）の回収でジャングルを周回する．そして，小屋の中でヤシの樹を燃やして，前章の図10のようにラテックスから燻煙法によって固形ゴムの作製（これを当時キュアーと称していた）を夕刻まで続けたであろう．

　彼らセリンゲイルの直接のボスはパトラウ（patrao；親方，使用者）と呼ばれ多くはプランターで小地主あるいは自作農民であった．燻煙された固形ゴムが30キログラム程度になるとパトラウが現金払いで買い上げていった．ジャングルに住むセリンゲイルにとって，食料品と日常の生活用品は法外な値段（リオ・デ・ジャネイロの約2倍）ではあってもやって来た行商人（そのほとんどがパトラウの関係者である）から購入する以外に入手の方法はない．ゴムの供給は質・量ともに，彼らを搾り上げるパトラウの腕次第だったと言える．しかし，取引と販売を含めた事業のトップは大地主・不在地主あるいは大商人から成るアヴィアドル（aviador；セリンゲイル，パトラウと貿易商の中間ブローカー）であり，彼らがプランターであるパトラウからゴムを購入し，買い付けにやってきた欧米人の貿易商との交渉と取引を独占して，巨大な利益を上げ，州および連邦政府と連携していた．このシステムのもとで最下層にいたセリンゲイルは，後に来た者ほど条件の厳しいジャングルの奥へ奥へと進むことを余儀なくされる．これは，結果的にはブラジルの領土拡張につながり，連邦政府レベル

ではアヴィアドルの率いるゴム産業の拡大の貢献と認識されていたであろう．当時の支配階級にとって一石二鳥と言うべき喜ばしい話であったが，その最前線で厳しい労働に耐えていた彼らセリンゲイルには何のおこぼれもなかった．

　このような野生ゴム採取の経済的あるいは社会的背景を知ってか知らずか，ウイッカムはプランターとしての成功を夢見て家族・親類縁者を引き連れてリバプールから蒸気船に乗り込み，ブラジルへ向かった．1871年の夏の終わりのことである．

4 サンタレンでのウイッカム一行

　イギリスを離れて1か月後，ウイッカム一行はアマゾン流域の河口にあるパラ港（ベレン）に着いた．ウイッカムは1年ぶりに再び熱帯に戻って来たことになる．アマゾン河は世界最大の熱帯雨林を育てまたそれに育てられてきた大河であり，源流はペルーの首都リマから約380キロメートル東北のアンデス山地にある．太平洋岸から350キロ以東のアンデス山脈に降った雨は，直線距離で約6000キロのパラまでを流れ流れて大西洋に注ぐことになる．しかもアンデスを下って後のアマゾン本流は，大西洋までをわずか100メートル足らずの高低差で流れ下り，その主な支流は1000キロメートル以上の流れを1つの滝も無く下っている．それでいて乾季でも毎時2.5キロ，雨季には毎時5キロを越える流速で流れている．支流を含めて降雨を集めている流域面積は南米大陸の約40％を占め，世界中の無数の河川が海洋に流し出す全

水量の実に15％をアマゾン河が大西洋に送り込んでいると推定される．北アメリカのミシシッピー・ミズーリ河はアメリカ合衆国本土のすべての河川の全水量の41％を占めているが，アマゾンの流量は世界第2位のミシシッピー・ミズーリをはるかに引き離してその12倍である．

そのアマゾンの植生は，大まかには4つに分類できる．（スプルースの5分類[40]を一部修正した．）

第1のグループは，氾濫時も水の届かない沃土をカバーしている大森林，つまり我々が考える熱帯のジャングルである．ヘベアはこのグループに入る．

第2は低木から成る森林で大森林より古く，より成長力の大きい第1グループに包囲されつつある．

第3は年間に数か月は水没する低地の森である．ここでの樹木は若いときには長期間水中で生き長らえることが出来なければならない．（一種の冬眠ではないかと，スプルースは推測している．）

第4のグループはサバンナあるいは草木の茂る丘陵で，アマゾン流域では少ない．しかしその周辺地域やオリノコ河ではリアノ（Lianos）と呼ばれる大草原を見ることができ（第II章3節を参照），第1グループと競合する場合もある．

イギリス領事館に届けを提出したのち，ウイッカム一行は船便を待って数日をパラ港のあるベレン市内で過ごした．アマゾン河では1853年から蒸気船が就航し，当時40隻の蒸気船が各地を結んでいた．サンタレンへの船には個室は無く，上下2つの甲板上に吊るされたハンモックが寝場所である．妻ヴィオレットらは，ゆっくりとではあっても絶えずゆれているハンモックでは寝られ

第Ⅲ章　ヘベア樹プラント・イントロダクションの始動　73

図11 ●サンタレン近く，アマゾン河へ合流するタパジョス河との境界線（写真提供：Gil Serique 氏）

ないと苦情を言ったが，数日の内に慣れてしまった．目的地のサンタレンは，アマゾンで5番目に大きい支流タパジョス河のアマゾン本流への合流点にあり，当時は人口約5000の港町であった．アマゾン河の11の主要な支流と同じく合流点付近は広大な「河口湾」を形成しており，支流の方が本流のアマゾンよりも河幅が広い場合もある．タパジョス河はその例で河幅から本流と支流を決めると逆になる．タパジョス河の水はアマゾン河の流域では最も澄んでいることで知られ，前章註16に述べた境界線（the Meeting；ここでは澄んだ水と濁った茶色の水との境界線）をここでも見ることができる．図11にその the Meeting を示す．右手の澄んだ

水がタパジョス、左手の濁った水がアマゾン本流で、上方右手にサンタレンの街並みが見える。たいていの船は濁水（アマゾン本流の水）を捨ててタンクにタパジョスの水を詰めて通過してゆく。普段は濁水を全く気にしないアマゾンの人々もやはり澄んだ水の方が良いのである[49]。

また、合流点から200キロ近くまでは十分に深く、本流を航行する大型蒸気船がサンタレンから上流のアベイロの波止場までは乾季でも遡行することができる。（後に、アベイロより上流でのフォードランディア建設工事に際して、雨季であれば航行可能な貨物船が乾季であったため喫水線の関係で航行不能となってサンタレンで待機せざるを得ない事態が起こった。）社会的・経済的に当時のサンタレンはアマゾンよりタパジョス河への依存度が高く、アマゾンの街というより「タパジョスの街」がより適切で、主要な交通手段は小船あるいはカヌーであった。その表れと言うべきか、サンタレンに着いたウィッカム一行は、本船から小船（はしけ）に乗り換えて上陸した。波止場に大型船舶用の岸壁や突堤はいまだなく、はしけを利用するか、あるいは小型舟やカヌーなどでは岸に出来るだけ近づいてから、水中を歩いたのである。

ウィッカム一行が当面腰を据えたのはアマゾン右岸[注12]、街のはずれの小さな丘の仮住まいであった。隣人はアメリカでの奴隷制をめぐる南北戦争の敗軍、元南軍の兵士とその家族らであった[注14]。世界一の大都会であるロンドンに生まれ育ったヴィオレットにとっては、当初あまり気持ちの良い隣人ではなかったであろう。時には持参した最先端の衣装を身に着けてしゃなりしゃなりと歩いてはみたが、炎天下、虫の飛び交う中、見慣れない草

第Ⅲ章　ヘベア樹プラント・イントロダクションの始動　75

木の生い茂る悪路を歩いても全く様にならない．そんなことよりも，「火を起こす」，「水を汲みに行く」，「調理をする」，「洗濯をする」，「水浴をする」，「トイレに行く」などの日常生活のすべてが，ロンドンでのように行く訳はない．「貴婦人らしく」どころか，ここでの開拓のためには「婦人」も何も無く，全員が文字どおり「汗を流して」働かなければならない．ロンドンの婦人たちの正直な気持ちは「こんなはずではなかった」であっただろう．

ヴィオレットはこの頃の日誌に次のように書いている[註17]．

"Coming from a town, many of their ways struck us as strange ... and speaking for myself, I can say that I quite determined we would make some difference in my dress. So on Sunday I got out a pretty dress. It was then proposed we should go and see the plantation of sugar cane that was on a table topped range of mountains extending many miles and composed of very rich black soil. This we reached after half an hour climb. On my return, who can imagine my feelings on finding my white stockings and legs and feet about the colour of the rich black soil, we had been exploring."

「都会からやって来た者にとって，彼ら（隣人たちのこと）のやり方は奇妙であった……私に関して言えば，服装では差をつけようと心に決めていた．日曜日，私は素敵な衣装で外出

註17）　文献28の解説に記したヴィオレットの日誌中の一節である．アマゾンの案内人 Gil Serique 氏からヴィオレットの日誌の部分的な抽出版とも言うべき "*Transcription of Lady Wickham's Diary-Santarem 1871*" と題する小冊子を恵送いただいた．この英文パラグラフはそこからの引用である．

した．すると，山の上の高原の肥沃な黒土地帯に数マイルに
わたって広がる，サトウキビのプランテーションに行ってみ
ようということになってしまった．坂道を半時間登ってやっ
とたどり着いたが，その帰りがヒドイものだった．私の折角
の晴れ着の白いストッキングが，そして両脚が，歩き回った
山道の黒土にまみれて真っ黒になった時の私の気持ちは，誰
も分かってはくれないだろう．」（筆者による和訳）

「折角の晴れ着の白いストッキングが，そして両脚が，黒土に
まみれて真っ黒になった時」のロンドン娘ヴィオレットの情けな
い表情が目に見えるようで，微笑ましい光景だったとも言える．
引用文中の "very rich black soil（肥沃な黒土）" と記された黒土は
ウイッカムが前回サンタレン滞在中に「よく肥えた土」と現地人
から聞いたものであろう．一方，夫ウイッカムは張り切ってジャ
ングルに立ち向かい，プランテーション開拓へのスタートを切っ
ていた．ヴィオレットもぐずぐず言ってはおれなかったはずであ
る．

こうして1年が過ぎた．仕事については熱帯での1年の仕事の
成果・変化はロンドンでの1か月かと錯覚させるような，遅々と
したものであった．たまたま，付近は熱帯の樹木でも固く丈夫で
知られたイタウバなどが多く[40]，炎天下，男たちがいくらがん
ばってもジャングルの開墾は，ウイッカムの最初の計画の何分の
1かの進行にすぎなかった．まず初めは区切ったジャングルの一
角に火を放つのだが，その時期（乾季の初め，6，7月が普通）と
どの程度まで焼却するかが問題であり，また焼かれた土地は当初

マメ科などの葉の多い植物の堆積で覆ってやるのが良い[40]．肥沃な表層は数センチもなく，男たちが力を入れて数十センチも掘り返すと雨水に流されてしまうだけである．

　現地人なら知っていたこれらのことが，元南軍兵士のプランターたちを含む欧米からの移民にはなかなか伝わらなかった．現地の農民を雇っても，プランターたちは「彼ら農民の知恵を引き出して生かそう」などとは決して考えなかったから，農民たちは主人に言われたことをやるだけである．現地人にそれほどの偏見を持たなかったウイッカムですら同様であったから，他は推して知るべし．黒い肥沃な表層は，「インディオの黒土 (Indian black layer)」という現地名が示すように単なる自然の産物ではなく，自然と共存しながら現地インディオが手間と「暇」をかけて作り出したものであり，その耕作にも時間をかけた工夫が必要であった．温帯のように肥沃な土が養分を供給するのではなく，熱帯の表層土は養分の土中循環の出入口になるだけで，植物の成長のためには何か養分が持ち込まれなければならない．豊富な雨，洪水，そして多種・多様な生態系がその機能を担って数千年いや数万年の歳月をかけてジャングルが形成されてきた．しかし，栽培となればそう長くは待てないのは当然のことである．そのためのノウハウ (know-how) を欧米人は現地のインディオから学ばなかった．熱帯農業をめぐるこのような状況はその後も変わっていない[50]．"When in Rome, do as the Romans do." は先進国の人々には，ローマでは，つまり「先進地では」と限定して理解され，アマゾンにやって来ても適用すべき一般的な教訓とはみなされなかったように思われる．

「当面の，仮の」はずの，こんな生活が何時まで続くのか，みんながそんな感じを持ち始めた時，第1回目の恐ろしい試練がやって来た．最初の犠牲者は一行についてきた若者 George Morley，2番目の十字架は実弟の婚約者の母である55歳のアンナ (Anna Pedley)，そして3番目のそれはあれほどウイッカムを愛し慈しんだ58歳の母ハリエッテであった．1872年11月6日のことである．皮肉なことに，ウイッカムらを苦しませた固い熱帯の樹は，立派な十字架となった．死因についての記録は残っていないが，土着の住血吸虫症，黄熱病，あるいはマラリアのいずれかによる病死と推定できる[28]．母の死の後，ウイッカムは自分1人で閉じこもるようになり，一行の間に亀裂が生じた．兄弟・姉妹は実と義理の別なくジャングルを離れてサンタレンの街中に移住し，ロンドンに帰る日を夢見ていた．しかし，先立つものは帰国費用である．別れた皆が協力して私塾の英語学校を開いた．一方，ヴィオレットはどうか？　彼女とて迷ったに違いないが，母の死後少しはやさしくなった夫の情にほだされたのか，健気にも夫についてゆく決意を固めた．

5 ウイッカムとキュー植物園・インド省のやりとり

ウイッカムが窮地に陥った頃，今までに無かった別の話がはじまる．1872年になって彼の著書[46]が出版されたと知らせが入った．この書はベスト・セラーになったわけではないが，ジャングルでの彼のスケッチ，中でもヘベア（ヘベア属には *brasiliensis* の他

に 10 の種がある。本書では *Hevea brasiliensis* を単にへベアと記している）のそれはウイッカムの未来、ひいてはその後の天然ゴム産業に大きく影響した。ここで再びキュー植物園の登場となる。1872 年 3 月、ウイッカムは子フッカーに手紙を送った。アマゾンとタパジョスの合流地点のトライアングルに位置し多くの熱帯植物が手の届く範囲にあると、（いまだいつのことになるか見当もついていない）プランテーションを経営しているプランターからの通信という雰囲気の手紙であった。しかし、子フッカーはさほど気には留めず返事を書くこともしなかった。彼にとっては園長宛ての世界中からの問い合わせやリクエストの 1 つに過ぎなかったのであろう。手紙に続いてウイッカムは数種の熱帯植物の見本を送ったが[28]、これも梨の礫（つぶて）に終った。注意すべきは、ウイッカムはキューやインド省の動きを把握していたわけではなく、また彼自身もへベアに特に着目していたのではなかったことである。従って、先の植物見本にへベアは含まれていなかった。

それからしばらくして偶然にも子フッカーはウイッカムの著書[46]を手にした。園長として大英帝国の植民地、特に熱帯にも目配りを怠らなかったし、タイトルを見て図書係の購入リストに入れられた可能性があるから、偶然だったとはいえいつかは目を通しておかしくない。そこで子フッカーの目を引いたのがへベアのスケッチである。写真がまだ一般的ではなかった当時、博物（植物・動物・鉱物）学者にとって一番大切なデータは、その特徴を意識して描いた正確なスケッチであった。このスケッチから子フッカーは（そしてマーカムも）、ウイッカムならジャングルの中でへベアをそれと確認出来ると考えたのであろうし、また、第 II

章に記したオリノコ上流でのタッピングの経験が、彼のこの書に言及されていたであろうから、著者はゴムをよく知っているプランターにちがいないと子フッカーもマーカムも推定していた。

ちょうどその頃、コリンズ、マーカム、子フッカーの3人の間でゴムのプラント・イントロダクションが重要課題の1つとなっていた。マーカムはコリンズに書かせたレポート[7]を手に、インド省の上司や長官（大臣）までを説得して費用のメドをつけた頃である。彼らの間では数あるゴムの中でヘベア種は最有力候補の1つではあったが、いまだ他種の可能性を排除はしていなかった。第1章に述べたように、マーカムはキナノキの移植の場合でも可能性ある数種の採集を計画していた。これはマーカムの優れた資質で、ウイッカムのプランターとしての能力に一番欠けていたのがこの科学的（あるいは感覚的とは区別される「直感的？」）なプランニング能力であったのかもしれない。いずれにせよこうした状況下で、結果的にはヘベアがアジアに移植される計画が実行段階にまでなったのは、イギリス人であるスプルースやハンコックによる過去の提言の結果ではなく、(1)ブラジル人コウンチンフ（Silva Countinho）のレポートに刺激を受けて、コリンズ、マーカム、子フッカーの3人がゴム樹のプラント・イントロダクションに向けて合意しつつあったことが根本的要因であった。さらに、(2)ウイッカムの著書にあるスケッチに子フッカーとマーカムが注目したこと、つまりは絵を得意としていたアマゾン滞在中のウイッカムの著書がこの企画の焦点を明確にして、実行へと前進する契機を与えたことにあった、と言える。

時を同じくして、ハンコックやマッキントッシュがいたイギリ

ス[48,51]だけではなくアメリカや大陸のヨーロッパ諸国でもゴム工業が隆盛に向かっていた．1870年グッドリッチはオハイオ州アクロンにゴム工場を設立し，1871年ドイツのハノバーでコンチネンタルがゴム工場をスタートさせ，1872年にはイタリアでもピレリがゴム工業へ参入してきた．子フッカーにとって熱帯に産する野生ゴムのイギリス植民地での栽培は，キュー植物園の大英帝国内での地位を高める政治的意味合いがあった．また，マーカムはイギリス産業界でのゴム工業の勃興をある程度視野に入れていた可能性があるから，インドにおけるゴム・プランテーションの確立はイングランドにおけるゴム工業を支援するインド省の大きな貢献となり得る．ゴム樹のプラント・イントロダクションの機運は，ウイッカムのあずかり知らぬところで熟しつつあった．

6 私人ウイッカムへの公的な依頼状

こうした動きの中で，1873年5月7日インド省のマーカムはパラのイギリス領事に宛て，ゴムの種子の採集を適当な人物に依頼してほしい旨の手紙を送付した．そこには「サンタレンに居住するウイッカム何某が適任かもしれない」との注記もつけられていた．さらにマーカムは子フッカーに会い，この手紙の写しを渡して，ゴムの種子が入手された場合にはキュー植物園で後の面倒を見てくれるよう公式に依頼している．もちろん，子フッカーは承諾し，8日後には同じ趣旨の手紙をキューからも送っている．普通であれば，これら2通の公的な手紙が着けば，領事館からウ

イッカムのもとになんらかの問い合わせがあってしかるべきであった。不幸なことに、ちょうどこの時に総領事の交代があり2通の手紙の到着はヘイの離任後、新任の館長グリーンが着任する前のことになったため、結果として大英帝国の公式機関からウイッカムへの2通の依頼状は宙に浮いてしまったのである。もし彼がイギリス領事館にしょっちゅう顔を出すタイプの在外英国人で、事務官と顔見知りになっていたら、このような事態は避けられていたはずである。彼の個人的な性格からか、あるいは役人の官僚主義に対する反感からか、彼は一生を通じて役所や公的機関との接触をどうしても必要な場合に限っていたようだ。

一方、この機運の中にあったコリンズは、ゴムの種子の送付を依頼する手紙を広くプラント・ハンターに送っていた。これに応えるかのように1873年6月2日、ブラジルのパラ州から来たファリス（Charles Farris）と名乗る男が2000粒の「新鮮な」ゴムの種子を持ち込んだ。マーカムは直ちにそれらを買い上げキュー植物園に送った。マーカムはこの時、急がないとアメリカとフランスの領事館も同様な動きを見せていると、上司とキューに告げている。しかし、種子はその男が言うほど新鮮ではなかったと見え、発芽したのは12本（発芽率1000分の6は高いとは言えないが、後のウイッカムの例から見ても低過ぎるとまでは言えない）であった。その半分をキューに残し、残りはカルカッタ植物園へ送られた。しかし、迅速な処理が為されたにもかかわらずカルカッタ到着前に船中で苗木は枯れてしまい、キューに残された苗木も育たなかった。この失敗はゴム種子の輸送には特別な工夫が必要なことを強く示唆している。勉強家でありまた行動的でもあった植物

学者のコリンズが，この点に神経質でなかったのはなぜだろうか？　ゴム種子の送付あるいは持ち込みについていくつかの留意点を，プランターにあらかじめ知らせておくべきであったろう．もちろんこれは結果論ではあるのだが．

　次節の記述を含め，ヘベアのプラント・イントロダクションをめぐるキューとウイッカムのやりとりだけを取り上げても，インド省・キュー植物園の取り組みは結構込み入っている．さらに詳細な点に興味を持たれる方は先に挙げた文献を参照されたい．

7 ヘベア樹とウイッカム：アマゾンからの「脱出」は成るか？

　ウイッカムにとって生まれて初めての，大英帝国の公式の機関からと言うべき2通の依頼の手紙が宙に浮いてしまった後，何の音沙汰も無い中で彼はますます追いつめられていった．母を死なせ兄弟に去られて孤立し，妻ヴィオレットと2人だけであった．この時2人が丘の上で歌ったとされる単純な歌詞の歌「マイ，マーイ」（母よ，母よ）は，そのさびしさと悲しさを今に伝えている[52)註18]：

　　月がのぼるよ，マイ，マーイ！

註18）　アマゾンの船乗りたちはたくさんの歌を持っていて，単調な船旅の慰みとしていた．一番よく歌われるものの1つがこの「マイ，マーイ」（母よ，母よ）で，2番目の母をマーイと長くする繰り返しがある．歌詞は即興で色々に変化して奥地でも歌われていたようだ．

月がのぼるよ，マイ，マーイ！
七つの星が泣いている，マイ，マーイ！
寄る辺無き身のわびしさに，マイ，マーイ！

ウィッカムにとって幸運だったのは，「宙に浮いていた」のは決して「死んだ」ということではなかったことである．1874年7月，マーカムは子フッカーにウィッカムがゴムの種子を持って来れば，インド省は1000粒に10ポンド支払う用意があることを伝えた．子フッカーはこの旨を6月29日付けの手紙でウィッカムに知らせた．彼は10月19日付けの返事で，丁寧な言い回しながら，たった1000粒ではジャングルを徘徊して集めて回る手間に値しないことを告げている．しかし，プランターとして資金不足に追い詰められていたから，直ちに彼は準備を開始した．この年の種子の季節は終わっていたので，翌年の春にヘベア種子を採集する計画であった．この件の緊急性を認識していたロンドンでは，いくつかの可能性を考えて手を打ちながらもやはりウィッカムを最有力と位置づけて，12月にはマーカムが「個数は問わず，すべてを1000粒に付き10ポンドのレートで買い上げる」旨を伝えて来た．1875年，ヘベア種子を集めるはずの春になった．ウィッカムは最上のゴム，いわゆる"Para fine"の種子を探っていた．すなわちこの時点では「量より質」を重視して最も上質のヘベア種を探索していたと考えられる．

しかし，ウィッカム一行にとって2回目の厳しい試練がやってきた．今度の病魔の標的は若者であった．亡き2人の母を想い全員が必死に看病につとめたが，その甲斐も無く28歳の妹ジェー

ン (Jane) が逝ってしまった．彼女はウイッカム夫妻とたもとを分かって街中に移り住んだグループの中心的存在であった．英語学校のアイデアを提案してそれをスタートさせ，その切り盛りをしてグループ全員を精神的にも物質的にも支えて来たのが彼女であった．彼女はウイッカムと違って母の死に直面してなお冷静に現実を見据えていた．兄の「幻想」を見定めた上で，それを振り払ってその後の人生を考える理性と，兄に負けない行動力を持った女性であった．可愛い妹を失ったウイッカムの悲しみもさることながら，中心軸であった彼女の死はグループの結束を崩壊させてしまった．無責任と言うべきか，ウイッカムはこの妹の役割を引き継ぐ意志は無かったし，またその能力を持ち合わせてもいなかったのであろう，この後の人生で残されたみんなが顔を合わせることは二度と無かった．

1875年4月18日，ウイッカムは謝罪の気持ちもあってか，今年の種子集めはすでに時期遅れであり来年を期したいと，子フッカーに手紙を送っている．この手紙からは，母に続く妹の死によってさすがのウイッカムもアマゾンでのプランターとしての成功に見切りをつけ始めたことが窺える．しかし，マーカムや子フッカーのイライラを少しは嗅ぎ取ったのか，翌年1月29日，ヘベア種子の落下が始まる2月を前にして，子フッカー宛てに種子採集のスタートを告げる手紙を送っている [14, 27, 28]．ウイッカムが少しは感じ取っていた（かもしれない）ように，ロンドンの方でも手をこまねいていたのではない．4月18日のウイッカムの手紙に失望した直後，パラの総領事グリーンの紹介があってボリビア人のパトラウにして貿易商人のシャベス (Ricardo Chavez) が

マーカムに面会した．マーカムとの話の後，シャベスは直ちにブラジルに戻りマデイラ河の上流でゴム種子を集め，5月末にはパラのイギリス領事館を通じて約4袋の種子が送られた．しかし，その荷が6月にロンドンに着いた時，マーカムは不在で秘書は扱いが分からず，10日あまり放置された末に数粒がキューに転送され，残りの種子はインドへ直接送られてしまった．インドに着いた時にはすべての種子が腐っていたのはもちろんのこと，キューの数粒も発芽しなかった．マーカムは先のコリンズの失敗と合わせて無駄な出費をしたことで，苦しい立場になった．シャベスへの支払いは114ポンドであったから，種子数は1万1400個あまりの計算になる．最有力と考えていたウイッカムの「引き伸ばし作戦」に不信感が拭えず，さすがのマーカムも吟味が不十分なままにシャベスとの話に乗ってしまったのかもしれない．

　キナノキの移植を成功させたクロス[註19]はその後もさらにキナノキの優良な種を探してペルー北部とエクアドルを歩いていたが，特に注目すべき種を見出すことは出来なかった．ペルー南部・ボリビアをはずして探索していたのであった．これもまた，つきが無かったということになるのかもしれない．そんな時ボ

註19）　キュー植物園にいたクロス（Robert McKenzie Cross, 1834～1911年）についての記述は多くの本に見出されるが[13-53, 27, 28]，彼の人生の詳細は不明である．彼はキュー植物園の庭師であったが，学習を重ねて植物学者として通用するレベルであったようだ．この点が子フッカーに評価されていたのであろう．しかしキナノキを含めた彼の努力が，キューからも十分に報われたとは思えない．彼の子孫 William Cross による次のウェブサイトが，現在のところ唯一の情報源である．*http://scottishdisasters.tripod.com/robertmckenziecrossbotanicalexplorerkewgardens/*

ゴールの新種についての情報が届いたのか，この頃にはキナノキへの関心を放棄した．マーカムからの依頼の有無は不明であるが[注20]，クロスは 1875 年 5 月 2 日パナマに向けて出発し 10 月 2 日に帰国した．この旅で彼は中米のゴムの樹カスティロア（学名 *Castilla elastica*）を持ち帰っている．現在キュー植物園にあるカスティロアの樹はこの時のものであるが，ヘベアとの比較研究などがなされたのかどうかは分かっていない．クロスのウェブサイト[注19]には「このカスティロアが 1876 年にインドに送られてプランテーションの核となった」と書かれている．しかしこの事実を支持する文献は無く，インドにカスティロアが運ばれたとする記録も，またカスティロアのゴム・プランテーションが存在した記録も報告されていない．同じく「ゴムの樹」であろうということで，このサイトの作者 (William Cross) にはヘベアとカスティロアとの違いが理解されていなかったと思われる．あるいは，この作者は文献 2 の誤った記載（第 31 章 15 節）をそのまま引用したのかもしれない．

註20) マーカムの依頼とする文献もあるが，その根拠は記されていない．この時点で彼がヘベアではなくカスティロアの探索と採集に資金を調達したとは考えにくい．ヘベアに劣ることはすでに知られていたからである．キュー植物園にそのストックが無かったことを考えると，もし部分的であっても財政的支援があったとすると，キュー植物園からであろう．

第Ⅳ章 | *Chapter IV*

ヘベア樹のオデッセイ
―― アマゾンからキュー植物園, そして南アジア・東南アジアへ

1 はじめに

　1876年は、ヘベア樹のアマゾンからの持ち出しが成功した年であり、同時にウイッカムがアマゾンからの「脱出」に成功した年でもある．母そして妹の死によって、さすがのウイッカムもアマゾンでのプランターとしての成功に見切りをつけ始めたことを、前章に述べた．しかし、いくら帰りたくとも先立つものが無かった．そのような状態のもとであっても、彼の方からヘベア種子のキューへの売り込みを考えた可能性は小さい．彼がマーカムや子フッカーの考えや動向を詳細に把握していたとは考えられないからである．あるいは、自著を手にして印刷されたヘベアの写生を改めて見て、何か感ずるところがあったのかもしれない．そうするとほぼ同時に子フッカーもそれを見ていたことになる．

　「先立つものが無かった」のはウイッカムだけではない．彼の実弟（ジョン）夫妻のアマゾン脱出は、実はウイッカムに遅れて2年後のことであり、彼らはその後米国に渡りテキサスで牧場を持ったから[註21]、兄とは終生相見えることは無かった．まさに兄

弟も他人であり，我先に「脱出」に賭けていたとも言える悲しい状況であった．ウイッカムにとっては思いがけないことに，著書の出版[46]がきっかけとなってへベアのプラント・イントロダクションを彼が担う羽目となり，結果的に彼とヴィオレットのアマゾン脱出が可能になったと言える．「窮地にあっても，いやその時こそ理にかなった行動が必要」で，著書の出版がウイッカムに一世一代の好機を呼び寄せる結果となったのはその実例ではなかろうか．へベアのプラント・イントロダクション物語はいよいよ佳境に入る．前章には彼が，何度か中断はありながらもへベアのプラント・イントロダクションを軸とするキュー植物園の子フッカーとインド省のマーカムとの手紙のやり取りを通じた交渉の結果，へベア種子の採集と英国への輸送を準備しつつあることをみた．そして，いよいよその決行の年である 1876 年が幕をあけた[3, 5, 10, 12-15, 27, 28, 47]．

2 │ タパジョス河流域でのウイッカムのヘベア種子集め

1876 年 1 月 29 日，前章に記したようにウイッカムは子フッカー宛てにへベア種子収集の開始を告げている[14]．2 月にはおそらくヘベア種子の採取候補地域の最終点検のために，ウイッカムはタパジョス河を遡った．3 月 6 日付けの子フッカーに宛てた手

註21）　文献 28 の解説および前章註 17 に記した Gil Serique 氏の小冊子 *"Transcription of Violet Wickham's Diary-Santarem 1871"* の前書き．

紙で「私は今，最上の品質のヘベア種子を選んで，収集を始めています．集められた種子は丁寧に包装され，かなりの量をそちらに送付できると思います．」と書いている[14, 27]．彼なりの精神的高揚の中で作業を指揮していたことが分かる．しかし，待たされてしびれを切らしていた側の想いは別である．4月1日，マーカムはフッカーに，外務省の支援を得てヘベア種子の収集を目的にクロスをアマゾンに派遣することを知らせた．インド省の役人としてのマーカムの立場からすれば，ウイッカムを当てに出来るかどうか確信が持てない以上，これは外務省まで巻き込んで企画した彼の最後の布陣と言える．ウイッカム以外の人物に目をつけた3度目のヘベア入手の試みであった．

　一方ウイッカムは，4月中旬までヘベア種子の収集とその包装に余念が無かった．2月から4月初めはヘベア樹の種子が入った莢（seed pod）がさく裂（「ポーン」と軽快なしかも大きな音がする！）して種子が樹の周りに蒔かれる時期である．驚くほど多数の，そして多種の動植物が共生しながら，同時に生存競争を繰り広げている熱帯ジャングルでの生き残りをかけて，ヘベア樹は種子をできるだけ遠くまで飛ばすカタパルト機構を進化の長い時間をかけて獲得した．図12にヘベア種子を，図13にヘベアの莢（seed pod）の写真を示す．種子は大きめの豆粒大で，莢には普通3個の種子が収まっていてtripodと呼ばれている．（時折4個の種子を収めているtetrapodを見ることがある．どちらの方が種子を遠くまで飛ばすのだろうか？）

　種子の採集地は第II章の図9に示されている．タパジョス河の左岸，サンタレンから50キロ上流の小さな街ボイン（Boim）

図12 ●ヘベア種子の形と大きさ

の後背の、高度100メートル足らずの丘陵地を覆うジャングルである．（これは第III章3節に記したスプルースの言う第1グループの植生地であり、第3グループの水に浸かりやすい土地ではない．）ウイッカムは街から約5キロ奥地に入った村の小屋に収集の拠点を置き、村人を雇って種子の採集と包装を行った．ボインはサンタレンより古くに開拓され、モロッコ（北アフリカ）のタンジールに住んでいた数家族のユダヤ人の商人達が移住して来て、代々ブラジルナッツ、そして増加傾向にあったゴムなどアマゾン特産品の輸出と現地住民の生活用品の輸入を行っていた．ウイッカムは種子の収集に際して彼らの全面的な協力を得たのである．しかし、その地図の真中タパジョス河とマデイラ河のあいだの記載と

第Ⅳ章　ヘベア樹のオデッセイ　93

図13 ● ヘベア種子を収めている莢（seed pod），ここでは tripod．

図右下隅の註に見られるように，1908年発行の著書[8]にこの地の明確な記載があったにもかかわらず，ヘベアのプラント・イントロダクション成功から後，今日に至るまでこの地域でヘベアの種子採集がなされ，それを栽培して育てた確かな記録は無いようだ．なぜウイッカムの成功を追試した例が記録に無いのか，残念ながら筆者にもいまだ十分に説明がつかない[註22]．

野生ゴムの採取中心地は，河口のパラに始まって順次アマゾン

註22）第Ⅶ章に述べるフォードランディアでは，当然この地（Boim）で採集されたヘベア種子を用いてゴム栽培が試みられたと推定されるが，関連した文献で明確な記述を見出すに至っていない．この点については後に再論する．「失敗に終わった」とされるこの事業についてフォード社が正式な報告書あるいは記録を公表していないことも一因で，そうした試みが無かったとはいまだ結論できない．

中流（サンタレン）から上流（マナウス）へ，さらに19世紀末にはペルーに入ってイキトス（Iquitos）へと移っていった．(1880年代後半の自転車用タイヤ関係の需要拡大により，第2次ゴムブームが始まり，ゴム採取の地域が拡大していった．) 20世紀前後からはタパジョス河より上流で南に分かれる支流マデイラ河を中心に，西にペルーと国境を接するアクレ（Acre）州と，南にパラグアイと接するロンドニア（Rondonia）州の奥地まで進出した．1907年に工事が再開されて1912年に完成したマデイラ－マモーレ（Madeira-Mamore）鉄道の悲劇は[3,44]，この第2次ゴムブームの終わりを告げるものであった．この鉄道建設はボリビア領からのゴムをパラ港へ輸送するため，アクレ州のブラジルへの帰属の交換条件としてブラジル政府が請け負ったのである．多数の死者を出した困難な工事が終了したその時，後に述べるようにアマゾンの(第2次)ゴムブームは足早く去っていった．

優秀なゴム種を求めるのはゴム栽培を意図するからであって，もっぱら野生ゴムにしか目が行かなければ，ひたすらゴム樹が多く生えている地域へ進出するだけである．南アジアと東南アジアでのゴム樹栽培のその後の経過は，ウイッカムがもたらしたヘベア樹が結果的には最良のもの（最高ではなかったかもしれないが，少なくともその1つ）であったことを強く示唆していたのに，野生ゴムの原産国では「栽培する」必要性の認識が十分ではなかったから，優秀な種を選択して栽培する努力が定着しなかったのであろう．ただ，後に詳述するようにアマゾン土着のヘベアをその地で栽培することは，植物学者を含めた大方の予想に反して，プラント・イントロダクションによって中・南米以外の地域で栽培

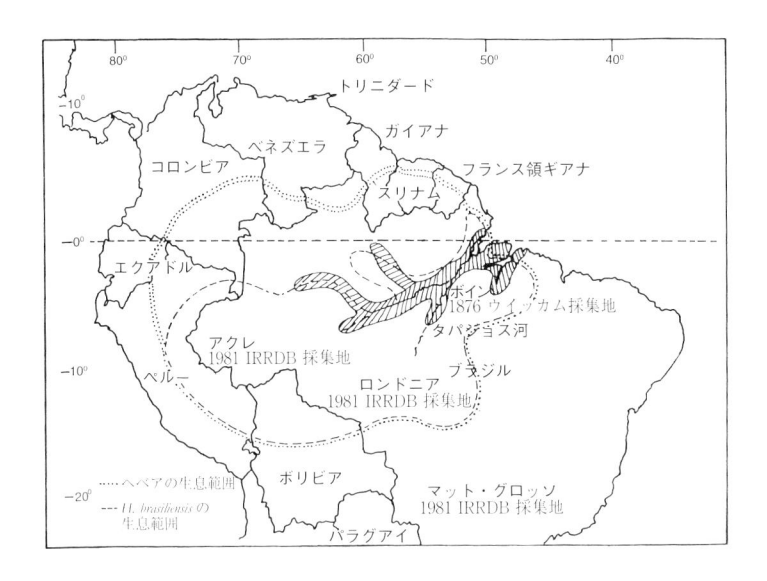

図14 ● アマゾン流域における初期の野生天然ゴム採集地(斜線部)とヘベアの生息地域(範囲),および IRRDB 調査団(1981年)のヘベア採集地(文献54をもとに作成)

するよりもはるかに困難であった.第 VIII 章に詳しく述べるように,現時点では結論として,不可能であったと言うべきかもしれない.それが分かっていたから,栽培への努力が定着しなかったのでは全くないのだが.

1981年にブラジルを含む天然ゴム産出国が参加して IRRDB(International Rubber Research and Development Board;マレーシアが中心のこの組織のホームページでは,天然ゴムについての解説を読むことができる)の主導によりアマゾンを中心とした野生天然ゴムの国際共同調査が実施された[14, 53, 54].図14は IRRDB 調査隊が試料の

採集を行った 3 か所と,ヘベア属(*brasiliensis* 以外に 10 の種がある) および本書では単にヘベアと記載している *Hevea brasiliensis* の生息地域(範囲)を示している[54]. ヘベア属はアマゾン流域が主な原産地であり,その中で *Hevea brasiliensis* はアマゾン河本流の南に偏っている.図に示されているようにアマゾン奥地(アクレ,ロンドニア,マット・グロッソ(Mato Grosso)の 3 州)での試料採集が行われたにもかかわらず,ウイッカムが種子を集めたパラ州のボイン(Boim)は調査対象地にならなかった.

正式な報告書は公刊されていないようなので,奥地に限定された理由も不明なままである.筆者の推測であるがこの国際協力の始まりは,現在のヘベア樹はボイン周辺で収集されたウイッカム樹が唯一のソースであり,「遺伝子の多様性の観点から,ウイッカム樹以外のヘベアについて再探索が必要」ではないかと考えられたことがきっかけであった[53,54]. しかし,ブラジル側にとっては,この目的だけでは bio-pirate[註23]の繰り返しに終わるだけではないかと配慮され,もっと実際的かつ緊急な課題の設定が討論されたのであろう.その結果,調査の主目的はブラジルが栽培を考えた時に最も頭の痛い問題である「南アメリカ枯葉病」に対して高い耐性を有する種を探索することとなったので,ウイッカム樹の元の場所は除外されたと思われる[55][註24]. この推測が正しいとすると,1980 年当時のブラジルが「栽培」について検討を行いつつあったことを示唆している.しかし,アジアにおける品種

註23) Remembering Henry Wickham, the bio-pirate who ended Brazil's rubber monopoly ; *http://brazil.foreignpolicyblogs.com/2010/09/25/*

改良の努力によって優れたクローン（クローンについては第 VI 章 2 節の註 32 を参照）が次々と開発された今となっては、アジア側にとってヘベア種子その他を新たに収集し育てる科学的・技術的意味は薄れて、歴史的意味だけになってしまったのかもしれない．

　話を 1876 年に戻そう．ウイッカムらは採集された種子を個々にバナナの葉に包み編んだ袋に入れて小屋に吊るした．川風に吹かれて種子はある程度の乾燥状態にあったと推定される．4 月末にはかなりの量が集められ出荷の準備も整っていたであろう．しかし、過去の失敗例から考えて、英国への輸送には大きな困難が待ち受けていた．ヘベア種子は発芽のために必要な化学的成分として化合物リナマリン（グルコースの一種）を含んでいる．この

註24）　ヘベア樹にとって一番恐ろしい疫病は、南アメリカ枯葉病（South American leaf blight disease, SALB）でありその病原は *Microcyclus ulei* 菌である．この菌はヘベア種から検出されており、SALB はアマゾン流域の風土病である[53-55]．この調査で SALB 対策が主目的となったのはブラジルの意向に沿ったものであろう．筆者の私見であるが、「ヘベアに耐 SALB 性を求めるのは無理」である．天然ゴム関係者の間でも、ジャングルの野生ヘベアは栽培ヘベア樹より耐性があるとする誤った見解があったし、今なおそれが尾を引いている．ヘベア・プランテーションで SALB によって全滅状態になった無残な姿を目撃し、ジャングルの野生ヘベアでは SALB によって立ち枯れた樹を見ることはそれほど多くはない事実を合わせて、そうした見解が信じられてきた．"Seeing is believing（百聞は一見に如かず）" を盲信することによる誤りがここにも見られる．

　ジャングルではヘベア樹は数十メートルから数百メートル間隔でしか育っていない．そこではプランテーションでのように、数メートル半径内に複数のヘベアが存在する確率は極めて小さい．ヘベアの莢が有するカタパルト機構（第 IV 章第 2 節を参照）によって、それを防いでいるからだ．菌がジャングルの中で数十メートル以上を移動して隣のヘベア樹に到達する確率は低い．従って野生のヘベアでは SALB による被害は孤立した現象でしかなく、全滅などはあり得ないのだ．

化合物は時間とともに加水分解されて、副生成物としてシアン化水素ガス（HCN）を発生し、HCN の毒性のために種子は1か月後には活性を失ってしまう。つまりヘベアの種子には約1か月の寿命があって、枯れるまでに播種して発芽させないと生き延びることは出来ない。前章にも述べた、ゴム種子の輸送には神経を使わなければならないことは、化学的には、大気中の湿気によるリナマリンの加水分解をいかにして最小限に抑えることに帰着する。ウイッカムがこうした化学的知識を持っていたはずはないから、彼が神経をとがらせたのは、約束のキューからの報酬を誇らしく受け取るために「7万粒になった収穫ヘベア種子をどう送り

　ついでながら、上記のカタパルト機構によって散乱したヘベア種子の何%かが流れに落下し、さらに何%かが大雨によって河川に流される。後にも述べるようにヘベア樹が水辺で目に付きやすいのはこうした物理的・機械的要因によるもので、樹そのものの生理的あるいは構造的要因によるものではない。また、水辺のよどみに種子が集められて数本の野生ヘベア樹がまとまって育っていることがある。これもヘベアは低湿地が良いと誤解された理由であるし、また、これらがまとめて SALB に侵されると「野生ヘベアでも耐性の低いものもある」と誤って解釈される。物理的に高い密度で栽培する（これが栽培の目的である）ことや、野生であっても偶然にまとまって育っていることが、SALB 被害を拡大しているのである。ヘベアの樹自体に SALB 耐性を求めるのは「木に登って魚を求める」に近い。
　プラント・イントロダクションでは、検疫を徹底させることによって風土病の侵入を防ぐことができる。これが、現在までに確立している唯一のSALB 防除方法で、実際に有効性を発揮して来た。マレーシアゴム研究所（Rubber Research Institute of Malaysia, RRIM）は早くから詳細な検疫手続きを確立しており、これら努力の甲斐あって、SALB はいまだ中南米に留まってアジアには広がっていない。交配による品種改良も精力的に行われ、高収量クローンの創出では大きな成果を上げてきたが、SALB 耐性の点では画期的と言える結果は得られていない。現時点での可能性は、ゲノム解析の結果に基づいた遺伝子操作など最新のバイオ技術によって、全く新しいヘベア種（それは結果としてヘベア種に分類されない可能性もあるが）を創出することだろう。（ゲノム解析については終章5節を参照。）

届けるか？」と気をもんだ以上のことではなかったであろう．

3 | ウイッカムとヘベア種子：アマゾンからキュー植物園へ

　幸運の女神がここでもウイッカムにほほえんだ．1876年初め，英国インマン（Inman）汽船会社は最新の蒸気船アマゾナス号を新しくリバプールとマナウス間の航路に就航させたのである．その2回目の航海（ウイッカムはアマゾナス号の処女航海と語っていたが，事実は2回目であった）の帰路の便にウイッカム夫妻は7万粒のヘベア種子を積んで乗船した．彼はすでに丸裸の状態であったから，船賃はキューからの謝金で必ず支払うからと，子フッカーからの手紙を示して船長と交渉したにちがいない．（実際にはキューではなく，インド省がスポンサーであることを彼は認識していなかったようである．）パタジョス河の水深が十分にあることから，ユダヤ商人を介したウイッカムの依頼によりアマゾナス号はボイン沖まで航行し，停泊中の船まではしけで荷を運んだと考えられる．図15はヘベアの種子を停泊中のアマゾナス号へはしけで運んでいる光景を描いた版画である．従って，港管理局の役人を含めてサンタレンの人々はウイッカムの荷の積み込みを目撃していない．ゴムの種子の積み出しを知っていたのは，ウイッカムの依頼を受けたボインの貿易商人と，彼らから賃金を受け取って種子を採集し，運んだ現地の農民だけであった．

　後年イギリスに戻ってから，ウイッカムはこれらの経過にかなりの化粧をほどこして「面白い冒険談」に仕上げて，英国人プラ

図 15 ●ボイン沖に停泊中のアマゾナス号への梱包されたヘベア種子の積み込み風景（版画，Gil Serique 氏提供）

ンターの会合などで得意満面で語っている．アマゾナス号の積荷がマナウスで何者かによって秘かに持ち出されて，船倉は空の状態（事実ではない）でサンタレンへやって来たので，幸運なことにゴム種子を積み込めたことに始まり，マレー船長が主催した船上での「華やかな」パーティなどの逸話が散りばめられている．その中の一番のさわりは，大胆にもブラジル当局の厳重な警戒の中をかいくぐって「密輸」に成功したという子供だましの話である．

　この種の逸話（というよりウイッカムが粉飾をほどこした話）は，

最近までかなり一般に流布していた．ゴムの「アマゾンから」の密輸が「アマゾナス号によって成功した」ことも，ブラジル以外の国々で彼の話が大いに受けた一因かもしれない．もし船名がビクトリア女王号であったら，大英帝国による「いじめ」の側面が話の表面に出過ぎて，拍手喝采はトーン・ダウンを余儀なくされたであろうから．しかし当時，ゴムの種子の持ち出しは法的に禁止されてはいなかった[5]．このゴム樹のプラント・イントロダクションが知られるようになり，1884年にはゴム種子の輸出には関税が課された．さらに，この件がブラジル政府の失態ではないかとして議会で問題となった1918年，当局はやっと禁止令を布告したのである．その名残りと言うべきか，ブラジルの半公式サイト（?）では，今もウイッカムはbio-pirateとされている[注23]．バイオ流行時代の今，bio-pirate（生物海賊と訳すのだろうか）はますます増えてゆくだろう．ウイッカムはそのトップを切ったことになるのかもしれない．

　彼のためにも一言すれば，ゴム種子の輸出が違法ではなかったとしても，パラの税関での出国手続きに際して，当時ポピュラーな輸出品になりつつあったパラゴムそのものではなく「ゴムの種子」を申告した場合，検査官が上司やリオ・デジャネイロの本庁に確認のために問い合わせるなど，余計な時間を取られることは大いにあり得ることであった．（数時間のことではおそらくない．何日間か，何週間か，予測できないものであったろう．）種子の寿命を考えれば，パラ総領事グリーンとマレー船長の協力のもとに行われたであろう彼の根回しは真っ赤なウソとは言えず，方便のための罪のないウソ（a white lie）であって，成功のために必要で

あったと言って良い．彼らの「配慮」は，編籠の中身はビクトリア女王へ献上するための「特別に貴重な植物見本 (exceedingly delicate botanical specimens)」で押し通すことだった[34]．当時，大英帝国ビクトリア女王の権威はあまねく世界に行きわたっていたから，先の副将軍水戸黄門御一行の「控えおろう，この印籠が目にはいらぬか！」と同じ効果を持っていたわけだ．

さらに付け加えて言えば，現在ではゴムではなく「コーヒー」で有名なブラジルは，1727年にパラ州から使節として仏領ギアナに派遣されたブラジル人外交官が，フランス総領事の妻を魅惑して彼女の手引きで当時門外不出であったアラビカコーヒーの種子を持ち帰ったのが始まりであった[5, 34]．このコーヒーのプラント・イントロダクションと栽培は，農学史上ヘベアと並ぶ大成功例であった．ブラジルがウイッカムを責める資格は無いのである．他方，アメリカの植物分類学者 R. E. Schultes によれば[5]，エチオピアのアビシニア高原が原産地であるコーヒーがブラジルにもたらされたのは，ヘベアが持ち出された場合と同じことで，両者ともに合法的であってコーヒーのこの話も逸話に過ぎないという．結論はこれで良いとしても，つまり，「法律違反ではないのだから100％合法だ」が法的に正しいとしても，その後の経済的・社会的成果を見たとき「被害者」の側には釈然としない部分が残るのも無理からぬところであろう．種々の逸話が後に語り継がれる所以である．

ウイッカム夫妻と7万粒のヘベア種子を載せたアマゾナス号は，6月初めに無事イギリスに帰着した．6月12日付けのリバプール港税関の書類[27]にはゴム種子の記載はなく，ブラジルナッ

ツ（当時ブラジルの重要な輸出品であった），材木，カピニ（香料用および塗装用の樹脂）の他に，171箱のインドゴム（India rubber）がマナウスで積み込まれた荷として申告されていた．ヘベア種子はこの記載品として税関を無事に通過した．キュー植物園へ送付の手配を確認後，ウイッカムは直ちにロンドンに向かった．キューが送付の手配をしようとした時，ウイッカムはすでに手配を終えていた．準備不足と無計画，というより無神経さが際立った特徴であるウイッカムが，この件についていかに「神経質」であったかが分かる．

4 ヘベア種子，キュー植物園で発芽し2700本の苗木に成長

1876年6月14日の朝，ウイッカムは子フッカー宅を訪問した．子フッカーは突然のブラジルからの客人の訪問に驚いたことであろう．ウイッカムからの手紙は4か月前のことであり，今シーズンもダメだったのであろうと皆が予測していたからである．ここには後に第3代目の園長となるチーゼルトン－ダイアー（Thiselton-Dyer）が立ち会った．彼は子フッカーの娘と結婚し，副園長として義父を助けてキュー植物園の管理・運営に腕を振るっていた．Jacksonによれば，この時の子フッカーの応対はいつもの事務的な冷静な対応に終始したようだ．しかしウイッカムの方は極めて機嫌よく，子フッカーのいささかつっけんどんな態度を全く気にしていなかったであろう．ウイッカムにとって「初めて」成功したと言える仕事であり，いまだ興奮状態にあったの

かもしれない．彼に遅れてキューに到着した7万個のヘベア種子はダイアーの指示で直ちに園内に準備されていた温室内の苗床に蒔かれた．キュー植物園の記録によれば，

> "70,000 seeds of *Herea brasiliensis* were received from Mr. H. A. Wickham on June 14th. They were all sown the following day, and a few germinated on the fourth days after."
> 「6月14日にウイッカム氏による7万粒のヘベア・ブラジリエンシスの種子が受け入れられた．翌日，それらはすべて蒔かれて，4日後には数本が発芽した．」（筆者による和訳）

7月7日までに2700の種子が発芽して鉢に植えられた．発芽率は3.9％であったが[註25]，ヘベアの苗木2700本（2625本と細かく記した例や，2397本と2700とかなり異なる記録もあるが，ここでは多数派の2700本として議論する）はキューでかつてなかった数であった．1876年8月20日付けの新聞『イーブニング・ヘラルド（*Evening Herald*）』紙は子フッカーとのインタビューを行ってその記事を掲載している[28]．「アマゾンで採取されたゴムの種子がキューで発芽し，今では18インチを越える若木に成長して，これらは特別の箱に入れられてセイロン，インド，シンガポールに移植される予定である」云々と．

驚くべきことに，この新聞記事にはウイッカムの名前は全く出て来ない．おそらくこの間にも子フッカーとウイッカムの間に亀裂が成長しつつあった．子フッカーからするとウイッカムは単なる冒険家であり，植物については素人のプランターに過ぎない．

その彼がヘベア以外にもいくつかの植物を示してキューで取り上げるようにと推薦していたのである．彼には善意と役に立ちたいという気持ちが一杯であったろうが，子フッカーにとっては「一介の素人が何を分かったようなことを言うか」としか思えなかったのであろう．子フッカーは気難しいことで知られていたが，そ

註25) 発芽率 3.9％はウイッカムにとって予想より低かったと伝える文献もあるが，契約は「持参された種子のすべてを買い取る」であったから，彼は気にはしなかったであろう．文献に記載のある他の実例からしても低いとは思えない．(第 III 章 6 節の記述も参考にされたい．) また，彼の種子採取は 3 月から 4 月中旬とするとキュー植物園での播種までに 2 か月から 3 か月半と，約 1 か月とされる寿命を大幅に越えている．従って，種子を個々にバナナの葉に包んで籠に入れて吊るした彼の保存方法とおそらく輸送中にも神経質に点検(換気に注意を払ったのではないかと筆者は推測している)したであろう彼のやり方は，水分による生分解反応を最小限に留めて 3.9％の結果をもたらした可能性がある．ボイン後背地のヘベア樹(第 III 章 3 節に述べたスプルースの第 1 グループの植生)が彼の見立てに合致して優良種であったことも認められる．

さらに，1 か月の航海を含めて 2 か月以上を耐え抜いたタフな種子のみが発芽に至ったと解釈すると，ウイッカム自身はもちろん，子フッカーも予想しなかったダーウィンのいう生存競争を通じた「適者生存」(survival of the fittest) による選別の結果，とも言える．他種より優れたヘベア種の中でも，特に強靭な樹の種子だけが生き残った，つまり意図せずしてタフネスによる選別が結果的に為された，というのが現時点での筆者の解釈である．(ただし，同種内であるから，現在の進化論者・生物学学者には受け入れられない議論かもしれない．しかし，ダーウィンやウォーレス[註6]の元々の記述からは，同種の個体間でも適用可能と思われる．) この点でも 7 万粒というかなりの（統計的に意味のある）数を集めたことは，ウイッカムにとって最も重要であった謝金額（彼にとって，アマゾン脱出の旅費も捻出する必要があった）に留まらない，大きな生物学的そして社会的意義を結果的にもたらしたと言えよう．ちなみに，先に挙げた適者生存は，ダーウィンの用語ではなく，彼は「自然淘汰」(natural selection) を用いていた．人間社会では，個体が誕生した段階で社会的な「格差」が付いており，加えていんちき，ペテン，如何様などの策略もあって，決して "natural" ではないから，いわゆる社会ダーウィニズムの優勝劣敗や弱肉強食などは科学理論としての進化論とは無縁のものである．

れはウイッカムの知り得るところではなかった．さらに彼は，ヘベア樹とともにアジアへ派遣してほしいと希望し，ヘベアの栽培に自分は役立つと力説していた．

子フッカーよりは実務面に詳しく，また人を客観的に評価することを心得ていたマーカムは，ウイッカムのプランターとしての経験を認めていた．彼を派遣してヘベアの栽培にも立ち会わせることにも賛成していた．しかし，いったんつむじを曲げたトップというのは難しいものである．マーカムの推薦を拒否し，さらにマーカムが費用はインド省で負担しても良いとまで言っても，頑として聞き入れなかった．キューで訓練され植物学の心得もある庭師達で事足りている，あるいはウイッカムのような素人には任せられないと考えていたのである．マーカムはインド省の役人ではあったが，冒険・探検家でもあって官僚主義者ではなかった．先に述べたように，持ち込まれたゴム種子の購入をその場で決断し，また，実らなかったけれども，それなりの仕事をしていたコリンズについても謝金を出してやるべきだと上司に交渉していた．さらに，この頃帰国したスプルースが経済的に窮しているのを見かねて，キナノキ移植の功績を理由として年金が出るように奔走し成功させている[40]．人情に厚い人柄であったようだ．

不思議なことにウイッカムは，彼の良き先輩・友人としてマーカムこそが頼るべき人であったことを理解せず，また学者であり役人でもあった子フッカーにこれほどまで嫌われているとは露ほども思っていなかった．お金を除いては「自由に」あるいは気ままに生きて来て，マーカムと違って30歳になってもまだ「宮仕え」で鍛えられた（あるいは，痛めつけられた）経験が皆無だった

ために，一時的ではあるがこの時の宮仕えに際しても，「頼るべき上司は誰なのか？」と悩むことが全くなかったのであろう．宮仕えを潔よしとせずに一匹狼を貫いたウイッカムの生涯は，ある意味で「幸せ」だったのかもしれない．

　自分の持ち込んだヘベア種子から育った苗木・若木をアジアまで，自身も付き添って運ぶつもりであったウイッカムはここで最後の踏ん張りを試みた．彼はヘベアについて自分の知るところをレポートにしたのである．ここで彼は次のような主張を展開した[注26]．

(1) ヘベアの栽培に適しているのは，気候の点からマレー半島であり，ここが有望な候補地である．

さらに重要な指摘は，

(2) ゴム樹の発見とそれをよく見かける地は，洪水時に水中に没する地や，河の土手など水浸しになる場所が多かったが，これはヘベア栽培の適地ではなくむしろ水はけの良い低丘陵地が一番の適地である．

注26) このレポートは彼の第2の著作である文献8（1908年発行）に採り入れられている．しかしながら，彼の2番目の指摘はヘベア・プランターの実践的努力があって，19世紀末にやっとその正しさが明らかになった．コリンズレポート[5]の誤った記述（ヘベアがスプルースの言う第3グループの植生と誤解していた）が一般に広がっていた点は後に再度議論する．ここでは，驚くべきことに1955年刊行の文献50（ド巻，339ページ）でも，ヘベアは「河のほとりにしか生育しないが」と記されている事実を指摘しておく．

としている点である．これらは図9に示された，彼が種子を採取した地域の特徴を認めたもので，植物学者コリンズの指摘[7]とは異なって，1890年代のアジアにおけるヘベア栽培の結果を的確に言い当てていた[註24][註25]．もっともヘベア属の種の中でも，*Hevea benthamiana*（序章1節参照）は沼地に多い種だが，アマゾン流域で多く見かける種ではなく，コリンズもこの種について言及しているのではない．（註24を再度参照されたい．）

子フッカーはしかし，素人でしかない彼のこのレポートを読みもしなかったのであろう，無視されて埋もれてしまった．1950年代に再発見されたこの署名なしの手書きレポートの表題下には，"by Robert Cross？"（「ロバート・クロスによるものか？」）と書かれていた[28]．子フッカー以外の誰かが読んで，これだけ優れたレポートを書いたのはクロスではないかと推測し，その価値を認めて保存の手続きだけはとったのである．この時，レポートに書かれたウイッカムの見解を支持する有力な植物学者がいたならば，天然ゴム栽培は世紀末を待つことなく少なくとも10年早くにヘベア・プランテーションが確立した可能性があった[註26]．大英帝国も最盛期を過ぎて下降線に入り始めたのであろうか，ここでは「必要な時であったのに，それなりの人物は現れなかった」のである．しかし，第VI章に述べるように1888年にリドレイがシンガポール植物園長として赴任し，19世紀末から20世紀初頭にはマラヤのゴム・プランテーションは発展に向かった．結果として遅れは約10年に留まった．やはり，「それなりの人物が現れた」と言うべきかもしれない．

5 ヘベア樹，キュー植物園からアジアへ

　キュー植物園でかつてなかった 2700 のヘベアの芽が育ち始めた．熱帯を中心に世界中の植物を収集してきたキューであっても，これだけまとまった数の試料を一度に受け入れたのは初めてのことであったに違いない．事務部も園芸の現場も半ばパニック状態の中で動いていたのであろう，ヘベアのその後についていくつかの混乱があったようで，記録の上でも現在までそれが尾を引いている．

　その1つはヘベア種子の数量である．ほとんどの文献で7万粒となっているが，これは正確に数えた結果なのか？　マーカムの約束は 1000 粒あたり 10 ポンドを支払うであったから，報酬は 700 ポンドになる．ところが子フッカーが実際にウイッカムに支払ったのは 740 ポンドであった[28]．(1876 年の 500 ポンドは 2009 年の3万 4900 ポンドに相当する[56]ので，今でいえば5万 2000 ポンド弱になる．) 几帳面な官僚でもあった子フッカーが 40 ポンドものお手盛りをしたとは考えられないから，庭師が数えて7万 4000 粒ちょうどだったというよりそれを越えて7万 5000 を下回る程度であったに違いない．7万粒はウイッカムがキューに伝え，740 ポンドの報酬を受け取った後も彼が公言していた概数で，それが記録に残ったということである．園長もこれだけの数になるとお金の支払いを正確にすることのみに集中して，数量は7万粒を越えるということで現場の処理は進んでいった，と筆者は推測している．同じことは発芽して苗木となった 2700 本についても言え

る．2700本ピッタリというより2700足らずだったと解釈してよい．（前述のように，2397は少な過ぎるが，2625本であった可能性は高い．無事に発芽し育った苗木は，種子7万粒とちがって正確に数えられたと考えられるからである．その場合でも現場では，2700本として準備や処理が行われたのであろう．）

へベアの若木2700本のその後について述べる前に，第2節に述べたマーカムがウイッカムの件とは別に外務省の支持を得て企画したクロスの派遣について記しておかねばならない．マーカムの企画に従ってクロスはベレン（パラ港）に向けて出発した[14, 27, 28]．1876年6月19日のことであった．ウイッカムのへベアがリバプールに到着した9日後，キューに届いた4日後のことである．誰しもが「なぜ？」と思うだろう．時間的に，クロスはへベア種子の到着とその荷下ろしを目撃していた可能性があるし，マーカムも子フッカーもなぜ「ちょっと待て！」と止めなかったのか？　おそらく，マーカムも子フッカーもクロスの正確な出発日を知らず既に出発したと思っていたし[14]，港で準備に忙殺されていたクロスは，ブラジルからのゴム種子の到着に気がつかなかったのかもしれない．ともあれ彼は7月15日パラ港に着き，アマゾン河口のベレン周辺でゴム種子の収集を開始した．しかし，彼はサンタレンやマナウスなどアマゾンの中・上流へ足を延ばすことはしなかった．初期のパラゴムはもっぱらベレン周辺（河口のデルタ地帯であり湿度が高く，雨季には洪水に浸かる場所が多い）で採集されていたから，その必要性を認めていなかったのであろう．ウイッカムと同じく総領事グリーンの助けも得て税関を通過し[注27]1080のゴム種子と苗木を携えて11月22日にリバ

プールに戻り，23日にはキュー植物園に報告している．

問題はクロスの持ち帰った中身である．そこにはセアラ（学名 *Manihot glaziovii*）が含まれていた．セアラはいまだキュー植物園に登録されておらず，またコリンズレポート[7]にカスティロア（学名 *Castilla elastica*）とともに記載されている中南米の代表的なゴム産出樹の1つであることをクロスは知っていた．しかもセアラはブラジル東北部のパラ州東部とそのさらに東のマラニャン（Maranhao），ピアウイ（Piaui），セアラ（Ceara）各州に多く産出する．彼はセアラのスケッチを残すとともにタッピング法も記載し，その将来性を期待していたのかもしれない．しかし当時すでに，ゴムを扱う人々は程度の差はあれ「ヘベアがベストである」の認識を持っていた．しっかりとした証拠あるいは文献によって判断すべきだと考える「学者」が，世間あるいは現場の事情に疎く，文献の記述の方を信用するのは古今東西当たり前のことなのだろう．

もう1つ主要なものはパラゴムである．「パラ港から出荷されたゴム」の意であるが，少なくとも1860年代に入るまではパラ港周辺あるいはパラ州内でタッピングされたものが比較的多かったはずである．市場で高値のついた Para fine がヘベア種からのゴムと想定されていたことをクロスも知っていたであろうが，その産地は特定されていなかったからパラ周辺で採取された Para fine

---

註27）ウイッカムがそうであったように，クロスも今までと同じく総領事の協力を得て税関を通過している．この点からもウイッカムの言う「密輸」は論外で，あり得ないことである．

が多いと誤解していたのかもしれない．さらにもう1つの大きな問題はコリンズレポートではヘベアが雨季には川水に浸かる低湿地に繁殖すると，誤った記載をしていることである．クロスはこの記載に従って，低湿地面積の大きな河口地域でのヘベア採集がベストと考えたのであろう．クロスはこれらセアラ以外のパラゴムをヘベアとしてキューに持ち込んだと推定できる．逆にコリンズレポートを知らなかったウイッカムは，河岸から数キロ入った丘陵地帯でヘベア種子を集めた（図9）．子フッカーが看破していたように，クロスと違ってウイッカムには植物学の素養は全く無かったから，彼の選択基準は樹と種子の「見栄え」と，直感，カッコよく言えばインスピレーションではなかったろうか．この場合は，見栄えの方が「当たり」であったから，「カッコが大事」というのは本当かもしれない．

6 「クロス対ウイッカム論争」

さて，11月22日以前の話に戻そう．7月には約2700本の苗木が活着し，8月には出荷の準備も整って12日にヘベアの苗木2000本が第一陣としてアジアに向けて送られた．実は，キューからアジアへの苗木の輸送は数回にわたって行われた．Loadman[27]および他の文献からの追加を含めて時間軸に従って記載すると次のようになる（一部の数値は他の資料・文献に基づいて変えてある）．

1876 年

6 月 14 日　　ウイッカムの種子 7 万粒がキューに到着．

7 月　　　　　約 2700 本の苗木が活着．

8 月 12 日　　約 2000 本の苗木がワーディアン・ケースに収められてアジアへ船出．

　　　　　　その内 1919 がセイロンのコロンボ港で，ロンドンとの通信に 3 日間を費やして後，Henaratgoda 植物園[注28]へ搬入・移植された．

　　　　　　50 がシンガポールに送られたが枯死．さらに，おそらく 50 がジャワ島の Buitenzorg（現在のボゴール）に送られた．ボゴール植物園に第 2 世代の樹が 1 本残っている．

8 月頃　　　100 本がシンガポールに送られた．

9 月〜11 月　再び 100 本をセイロンへ送付．

11 月 21 日　クロスの 1080 の種子・苗木がキューに到着．ヘベア（パラゴム）は約 800 で，その半分は民間に払い下げられた．

註28)　Henaratgoda 植物園は，インドからのキナノキの受け入れのために設立されたヌワラ・エリアの Hakgala 植物園と同じく，ペラデニア植物園によって，ヘベアの受け皿としてコロンボ郊外の街 Gampaha に創設された．今も手入れの行き届いた美しい植物園で，街中にあるためか 2 人連れの逢引きに絶好の公園となっている．コロンボ市内からタクシーで 30 分程度の距離だが，「Gampaha の Henaratgoda 植物園へ」と告げてもどこかわかるタクシー・ドライバーは少ない．まず Kandy Road（A-1）を走って Miriswatta junction で左手に折れて Gampaha に向かい，街中で土地の人に聞くのが確実であろう．

1877 年

年初め頃	クロスのヘベアの苗木 100 本をセイロンへ送付.
6 月 11 日	キューから（セイロンからと記す文献もある）シンガポールへ 22 本の苗木が送付され，10 本がシンガポール植物園に植えられた.
9 月頃	約 100 本がセイロンへ.
10 月頃	6 月の 10 本の内 9 本がシンガポール植物園からマレー半島のクアラ・カンサー（Kuala Kangsar）へ移植され，イギリス政府のペラク（Perak）州代表（領事に相当）であったヒュー・ロウ（Sir Hugh Low）が面倒をみていた.

　当時は運賃の先払いではなかったので，コロンボでの 3 日間は，船長が「その場での運賃支払い」を求めて荷の引き渡しを拒否し，コロンボ—ロンドン間の電信連絡に時間を取られたためである．（この 3 日間，マーカムは支払確約の書類を持って庁内の担当デスクを回り，デスク毎に同じような説明を何回となく求められてフラフラになったと，後にこぼしたそうである．）Henaratgoda 植物園ではその後 1880 年時点で 300 本が育っていた．シンガポールではコロンボと異なり受け入れの準備がなされていなかったようで，引き取り人が現れなかったため，倉庫でむなしく枯れてしまった．コロンボの後，あるいはその他の便でもカルカッタに寄港して一定の数が下ろされたとする記述もある（文献 54 の第 1 章）．1788 年に創立されたカルカッタ植物園は，フッカー親子との連絡が密であったから[38]，あっておかしくない寄港だが，その

後の栽培の経過などの記録は残っていない．園長の子フッカーやインド省のマーカムが，インドへの送付をなぜ手配しなかったのか，調査の必要があるだろう．

オランダ領であったジャワにも送られたのは奇妙に感ぜられるが，当時のヨーロッパ諸国の植物園がかなり自由に試料・資料の交換をしていた結果であろう．また，ナポレオンがオランダを占領していた間，ジャワは英国人でイギリス東インド会社のラッフルズ[注29)]の統治下にあったこと[57,58)]も影響している．ボゴール植物園はラッフルズが創設したのである．同じ頃，「念のために」100本がシンガポールに送られたとする説があるが，受け入れ体制が無かったから，事実であったとしても枯れるにまかされたと推測される．1877年初めのクロスの苗木100本のセイロンへの送付については，1911年のキュー関係者の手紙によるが，キューに公式記録は無い．一説では1877年9月の送付分（おそらくクロスのものではない）が，誤解されて伝わったという．

そしてこれらの経過の中での最大の問題点は，1877年6月11日にキューから（あるいはセイロンから）送られた22本の苗木である．シンガポール植物園に植えられたその10本の内の，秋にクアラ・カンサーへ移植された9本は順調に成長し，後述するように，リドレイによってこの9本からのヘベア種子が配布されてマレー半島の巨大なゴム・プランテーションの中核となったとされる．したがってこの9本，つまりは「1877年6月11日に送り出された22本はすべてがウイッカム樹なのか，あるいはセイロンではなくキュー植物園から送り出されたとして，すべてあるいは少なくとも何本かはクロスが持ち帰ったものなのか？」が，長

年の論争の的となった.これは東南アジアの栽培天然ゴムが長く世界のゴム市場を支配してきたから,多くのゴム関係者の興味をそそる論争となった.大勢は「ウィッカム樹」として理解されてきた.事実,ウイッカムはプラント・イントロダクションを成功させて極東のゴム産業に貢献した功績によって1920年ナイトの爵位を授与されて,Sir Henry Alexander Wickham となっている.

註29) ラッフルズ (Thomas Stamford Bingley Raffles, 1781 〜 1826 年) はイギリス東インド会社に就職し,会社のペナン島進出でペナン勤務についていた.ジャワ島バタビアを拠点に,アジア貿易を支配していたオランダの東インド会社 (当時,長崎の出島に常駐したオランダ人は会社の代理人であった) と対抗してペナンを盛り立てた人物である.オランダがナポレオンに屈したのち,イギリス東インド会社は彼をジャワに派遣し,オランダ東インド会社に代わって実権を握り,オランダ会社の政策を現地人の実情に沿った合理的なものとする努力をした.(長崎の出島を通じてオランダ東インド会社が関係していた江戸幕府に対しては,オランダではなくイギリス人が実権を握った事実は伝えられなかった.) ボゴール植物園の設立も彼によるもので,園内にはジャワで亡くなった彼の妻のモニュメントがある.彼はマレー語 (インドネシア語) に堪能であり現地人の受けもよかった.しかし,アダム・スミス (Adam Smith, 1723 〜 1790 年;主著「国富論」によりリカードと並んで資本主義経済学の創始者と目されている) の経済学を独習して「合理性」を優先させたラッフルズのインドネシア統治は,必ずしも成功を収めなかった.ジャワではボロブドール遺跡の調査を行い,また,世界一大きな花として知られるラフレシア (Rafflesia;彼の名による命名である) を最初に報告するなど博物学者として優れた業績を残している.

後に,地政学的観点から,小さな漁村であったシンガポールに目をつけ,ペナンに代わって大英帝国のアジア支配の拠点として確立させる先鞭を付けた.数ある同地のホテルの中で,今もトップブランドの座を維持しているラッフルズホテルはその象徴といえる.最近流行の大学ランキングで日本の大学とアジアのトップの座を競り合っている国立シンガポール大学はラッフルズ学園としてスタートしているし,シンガポール植物園も彼が設置した植物栽培実験所が原形となった.45年足らずの短い生涯ながら,大探検時代に大英帝国の有能な行政官僚として,そしてまた言語・博物学者として,そのアジア支配に大きく貢献した人物である.日本語で読める彼の伝記として文献57が勧められる.

しかし、「22本はすべてクロスによる」とする主張は、意外なことにヘベア種子をマラヤのプランター達に供給し続けたシンガポール植物園長リドレイが、最も精力的に展開したのである。100年を越えて論争が続いたことになる。

今、筆者が天然ゴムに興味を持ち始めてから40年を越え、多年の論争も整理されて少しは見通しがつくようになった。この物語の全般だけではなく、この論争に関連した部分の執筆に当たってSchultes（文献5）、Brockway（文献12）、Coates（文献13）、Dean（文献14）、Loadman（文献27）、Jackson（文献28）の6人の著作を基本的な参考文献とした。先の2人はこの論争について直接には触れていないが、ウイッカムとすることに異議は唱えていない。Coatesはウイッカム派であり、Deanは独自の調査・文献探索を行ってウイッカムに軍配を上げた。LoadmanはDeanの議論を踏まえつつ、彼なりの調査も行ってクロスの樹とするのが妥当であるとした。Jacksonは論争の整理も行い、ウイッカムを押しているようだ[59]。

この結果に加え、他の多数の文献の記述をも考慮に入れて、筆者は3つの点を指摘したい。1つは発端となったリドレイの問題提起は、彼の強烈なウイッカム嫌いによるところが大である点だ。地味な彼とウイッカムとは性格的に合わないのも無理からぬことであるが、その悪感情は、彼を1888年にシンガポール植物園長に推薦した子フッカーのそれを引き継いだ可能性が高い。そして、子フッカーの娘を妻として1885年に第3代のキュー園長となったチーゼルトン－ダイアーも、義父に遠慮してかクロス派であった。「感情」が支配的な状況下では、事実関係が込み入っ

ていたり欠損があったりすると，議論がとんでもない方向に流されるのはよく起こることである．フッカー家の息のかかっていない1905年からの第4代園長プレイン（David Prain）が，1914年に「クロスの苗木だとする記録はキューには全く見出せない」としていること[14,28)]は，ウイッカム説を支持する有力な証拠と言えよう．

　2つ目に，クロスが収集したヘベアである．すでに記したようにクロスはそれらをアマゾン河口周辺の沼地で採取している．現在，南アジアと東南アジアを通じて沼地にはゴム・プランテーションは無く，むしろ水はけの良いゆるやかな丘陵地が経験的に好まれる．クロスのヘベアは生存率も低くまた見栄えもそれほどではなかったと推定される．当時世界で最も有能であったと考えられ，ウイッカムがもたらした「見栄えのする」ヘベア種子から樹の育成にすでに半年間以上従事してきたキューの庭師達が，クロスの持ち込んだヘベアを選んで送り出したとは考えにくい．

　3つ目に，「クロスの持ち込んだヘベアの半数が民間に払い下げられたのはなぜか？」である．すでにウイッカム樹がかなりの数あったからだけではなく，庭師にとっては，ウイッカムが半年前に持ち込んだ種子とそれから育てた苗木にくらべて，クロスが持ち込んだ樹は「見栄え」しなかったのではなかろうか．そして，園長の子フッカーはクロスのヘベア樹の売却に承認印を押した．学者ではない現場の人間は理屈よりも感性で判断する方を好む．そして，案外それが正解なのであり，植物学者である子フッカーはそれを追認したのである．通説に従って「ウイッカムの樹が元祖であった」と結論して良い．

7 ウイッカムによるヘベア樹のプラント・イントロダクション：総括

 ヘベア樹のオデッセイの地球半周が完了した．アマゾン支流のタパジョス河流域で採集されたヘベア種子は南アジア・東南アジアの広大なゴム・プランテーションのゴム樹（歴史的な経過から，しばしばウイッカム樹と呼ばれる）として，太平洋戦争開始後の日本軍によるマレー半島占領まで，大英帝国の天然ゴム独占体制を支えてきた．戦略物質としてゴムを確保[60]しながら，それを全く生かせずゴム園の荒廃を招いた日本軍占領下の軍政の経済政策について一言しておくべきかもしれない[61-63]．表1に日本軍占領前（1935～1941年の平均）と比較して1942年と1944年の天然ゴムの生産量，輸出量を示す[63]．マレー半島占領後の生産量は，日本軍占領前7年間の年平均の4分の1に激減している．

 ゴム資源確保は軍部によって開戦の「口実」に利用されただけで，軍事的な勝利後の軍政下でのゴム園の管理・運営によるゴムの確保について，その準備は不十分でかつ実際の管理・運営が極めてお粗末であったことは明らかである．同じくマラヤの特産物である錫についても，また第I章に述べたジャワ島のキナノキでも，同様な不手際の繰り返しであった．植民地における上からの管理は現地人にとって決して是認できるものではなかったであろうが，イギリス人やオランダ人との管理能力の差はあまりに歴然としており，日本人として言うべき言葉が見つからない．日本軍による支配の結果はゴム園にとどまらず農業全体の荒廃を招き，ヨーロッパ人の植民地支配よりさらに酷い結果をもたらした．す

表1 ●マレー半島における1942年と1944年の天然ゴムの生産量と輸出量（戦前7年間の平均値との比較．単位はトン）*

	1935〜1941年（年平均値）	1942年	1944年
天然ゴム生産量	442,000	109,000	136,500
天然ゴム輸出量	434,384	81,500	15,000

* 文献63のp.227，表8.3より抜粋して作成．

なわち，戦争の末期に起こった東南アジア各地（特に，マレー半島とベトナム）の大飢饉で，多数の餓死者を出したのである．その対策として，いくつかのゴム園が食料生産に転換されるという，その場しのぎとしか言い様のない施策まで行われた．それが食料不足を解消するのに役立ったのならともかく，農園でのゴムから食用植物への転換は1年や2年では困難であることを実証しただけである．農業技術上，これは「実証する」必要もない分かり切ったことであったのに．日本人にとってただ1つの救いは，軍政下にあっても植物園や博物館などでは比較的良好な管理・運営が行われたことである[64,65]．

第1次世界大戦前にドイツ，ロシアで開発が始められた合成ゴムの工業化（これは当初イギリスによるゴムの独占体制を打ち破ろうとするものであった）は，第2次世界大戦中に大きく結実した．日本軍による軍事的制圧は，天然ゴムについても連合国側に打撃を与えるものとはならなかったのである．アメリカ，ドイツ，ソ連において合成ゴムの開発が成功し，その他の国々を含めて合成ゴムが工業的に大量生産され，戦争初期を除いて十分なゴムが軍事用に供給された．日本の軍部は開戦前に，このような展開を全

く予想できなかったのだろうか？

そしてここで強調すべきことは，戦略物質であるゴムの現在も続く重要性，そして100年におよぶ多種多様な合成ゴムの工業化にもかかわらず，天然ゴムの完全な化学合成はいまだ成らず，天然ゴムは40％を越えるマーケット・シェアを保持し続けていることである[16]．染料，繊維，プラスチックス，電子部品，建材，医薬品，食品成分など，19世紀後半から20世紀を通じて合成化学者は赫々たる成果を上げてきたが，「天然ゴムの化学合成」はいまだ合成化学者にとって攻略対象であり，非生物学的な100％の完全化学合成はまだまだ先のこと，あるいは「不可能ではないか？」との弱気な発言も出かねないのが現状である．

これらの歴史的な展開については次章以降にさらに記述することとして，天然ゴムについての本章のまとめに成沢氏の言葉を引用しよう[3]．

> 「プラント・イントロダクションの歴史の中で，また人類と天然資源の関わりの中で，不滅の光芒を放つ the Wickham Seeds は，世界のひとびとによっていつまでも語りつがれてゆくことだろう.」

第 V 章 | *Chapter V*

ウイッカム，失敗に魅入られたプランター

1 はじめに

　ウイッカムによってアマゾン流域で採取されたヘベア種子は，大西洋を渡ってキュー植物園で発芽し，ワーディアン・ケースに収められた苗木がセイロンそしてマレー半島へ運ばれてそれらの地で活着した．セイロンではコロンボ郊外の Henaratgoda 植物園が，マラヤ[註30]ではシンガポール植物園から移植されたペラク州の州都クアラ・カンサーの領事官邸の庭がその受け皿であった．これらヘベア樹はしばしば「ウイッカム樹」と呼ばれている．本章でもこれら特定のヘベア樹については，ヘベア樹一般と区別してウイッカム樹を用いる．

　さてその当事者であるウイッカムは，その後何をしていたの

註30) 当時，英領海峡植民地と呼ばれていた．しかし，マレー半島のサルタン治下のいくつかの州は英国の保護下で連邦を形成し植民地ではなかったので，海峡植民地とマラヤ連邦を合わせて「マラヤ」と称する．現在の「マレーシア」はシンガポールを含まず，半島の州（形式上はサルタンが州の最高権力者であり，12人のサルタンが順番にマレーシアの国王を務める）すべてが連邦を形成している．

か？　ウイッカム樹のアジアへの輸送に随伴することを強く希望したが，子フッカーが頑として受け入れなかったことをすでに述べた．熱帯植物について「専門家」を自認していたウイッカムにとって，決して愉快なことではなかったはずであるが，役人の世界に何のつながりも無い彼には手の打ち様が無かった．ヘベア後の彼については，ゴム関係者であっても 20 世紀に入ってイングランドに帰ってからのことを小耳に挟むぐらいで，ウイッカムがその後の約 30 年間どこで何をしていたのかを知る人は少ない．妻ヴィオレットの日誌は出版されていないので，ウイッカムの後半生をたどるには今のところ Jackson の著書[28]を読むのが最も確実な方法であり，第 II 章と同じく本章もこの書に負うところが大きい．

　キュー植物園との関係が自分の思うようには動きそうにないことを悟ったウイッカムは，それでもプランターとしての能力に自信を持っていたのであろう，次の行き先を探し始めた．サンタレンでの数種の熱帯作物栽培の経験がすべて失敗だったとは，彼は総括していなかった．他の誰も出来なかったヘベアの移植を成功させたのだ！　その自信に加えて「サンタレンでの経験もある」と，彼なりに次に期するものがあったのであろう．おそらく熟慮の末にということではなく，当時，新たなそして広大な植民地としてポピュラーになりつつあったオーストラリアが，彼の選んだ次の目的地であった．

2 ヘベア後のウイッカム，クイーンズランドへ

　キュー植物園からの連絡が 8 月末になっても無く，ヘベア栽培に意欲を燃やしていたウイッカムはもう待ちくたびれたのであろう．彼が受け取った報酬は 730 ポンドであった．そこからサンタレンからリバプールの船賃と今回のオーストラリアへの船賃 2 人分を支払った後の残金（手元にいくら残っただろうか？　おそらく 400 ポンドを切っていたにちがいない）を手にして，1876 年 9 月 20 日にイングランドを離れた．船はオーストラリア移民のための便で，ウイッカム夫妻は 12 月中旬に北クイーンズランドのタウンズ・ヴィル (Townsville) に到着した．ウイッカムはキューの庭師達から餞別として贈られたリベリアコーヒーの他に，アマゾンからのタバコの苗木を持参していた[28]．彼のオーストラリア移住計画の中心課題は，タバコ・プランテーションの確立とその経営であったようだ．例によって，コーヒーもタバコもサンタレンで試みて決して成功していなかったにもかかわらず，「失敗の経験を広くそして深く総括して，次の成功の為の教訓を得る」努力の不十分さは彼の変わらぬ弱点であった．

　1877 年 7 月 6 日には約 150 キロメートル北にあるカードウェル (Cardwell) 近くに 160 エーカーの農地を 20 ポンドで購入した．1 エーカーは約 4047 平方メートルである．4 か月後にはさらに 596 エーカーを 149 ポンドで，1881 年には 225 ポンドで 300 エーカーを買い足した．4 年間で彼の農地は合計 1056 エーカーとなった．一見，プランテーションが順調に発展したかのような拡大ぶりで

ある．しかし，160エーカーの農地の整備には，法に定められた囲い塀（柵）の設置など少なくとも150ポンドの費用が必要であった[28]．持参した資金では足りず彼は「高利貸し」から（もっとも当時のオーストラリアに，高利貸しではない一般人相手の金貸しがいたとは思えないが）当初は1000ポンドを下らない，そしてその後4年間の合計ではそれをはるかに上回る額の融資を受けたはずである．当時こうした貸付の一般的な利息は年35％であった．この単純とも言える金銭勘定が経済学的に意味するところを，もしウイッカムが分かっていなかったとしたら，その結末はスタート時点から見えていたと言うべきかもしれない．

彼が土地購入に先立って行ったタバコ栽培の試行は，当地の一商人から「このレベルの品質なら，取扱いの対象になる」との評価を得ていた．一方，近隣のプランター達は10年近い悪戦苦闘の結果として，サトウキビ栽培で一応の成果を収めて生活費をまかなうようになっていた．その現実を知っていたにもかかわらず，この1回のトライアルの結果から，彼は当初の予定を変更することなくタバコ栽培を開始した．サトウキビ栽培でその土地での経験を数年，少なくとも1年間積んでから，新たにタバコを並行して試みるなど，農・水産業など一次産業従事者に必要な「計画性」，そして「用心深さ」は彼の持ち合わせない資質であったようだ．

果たせるかな，トラブルの始まりは彼の建てた家，キャビンであった．アマゾンでの経験によって建てた彼のキャビンは，ここでは粗末な仮小屋であった．妻ヴィオレットと違って彼は近隣の農園の家々と比べた粗末さを全く気にしなかった．これは彼の長

所であったかもしれない．しかし，建てた場所は風下に位置し，開墾のために火を放った際に2度にわたってキャビンは簡単に灰燼に帰してしまった．そして3度目は火ではなく，水であった．1881年5月，ウイッカムは数週間留守にしていてヴィオレットが1人で農作業に励んでいるときに，1週間を越えて激しい雨と風が続いた．1870年以来という激しい風雨がピークに達した夜，彼女が1人まんじりともせず過ごした明け方，屋根は吹き飛びキャビンは倒れてしまった．

彼女にとってクイーンズランドはアマゾンと同様に「恐ろしい」土地であった．蚊，ハエ，ムカデ，サソリはプランテーションの至るところに，そして沼地近くにはワニがいた．しかし，最も恐ろしいのは付近が「ヘビの天国」であったことであろう．ニワトリがヘビの好餌食になっただけではない．粗末なキャビンの中にまでヘビ，サソリ，その他昆虫類が遠慮なく入り込んで来たし，小川で水浴びをしていたヴィオレットはある時，毒ヘビを認めて取るものもとりあえずそこを離れて逃げ帰ったこともある．なぜか出歩くことの多かったウイッカムと違って，彼女はそんなキャビンに住みながら農婦として働きかつ主婦として農家の管理にも意を尽くした．たくましく成長した彼女は1人で馬を駆って街へ買い物に出かけたし，人々の噂を気にせず，用件があればつき合いのある農場を1人で訪問もしていた．2人の間の溝が深くなりつつあったのではないかと想像したくなる状況であった．

一方，ウイッカムはオーストラリア北部で唯一のタバコ栽培者であった．彼は1884年に，「北クイーンズランドにおけるタバコ栽培について」と題する4ページのパンフレットを執筆し，それ

を州政府が配布していた．クイーンズランドのタバコ栽培のプロモーターと自分で位置付けていたのであろう．そんな彼ではあったが，肝心なタバコ農場の経営は火の車であった．1880年から1885年にかけて彼のパートナーであったハミック（Mr. Hammick）は提携の解消を考えていたのであろう．ある日，ある金持ちのプランターの息子が同氏を譲ってくれるようにウイッカムに依頼してきた．ここでウイッカムはミスをした．一刻も早くウイッカムから離れたかったハミックは銀行のローンによる彼の取り分の支払いを求めた．その息子からの譲渡金で十分に返済できると考えたウイッカムはそれに応じてしまったのである．ところがその後に来たのは，例の息子からの「父が反対したので譲渡の件は無かったことに」の連絡であった．この時代すでに，ビジネス上の約束に際して契約文書を交換するのが当たり前であった．口約束だけでビジネスを進めたウイッカムのミスであり，ローンと借金の返済のために彼はすべての農場の売却を余儀なくされてしまった．売却金によって借金の返済を済ませた後の残金は，かろうじてロンドンへの2人分の船賃をまかなう額であった．こうしてウイッカムは1886年春クイーンズランドを離れ，3か月後ロンドンに帰って来た．ヘベア後の10年間の2人しての奮闘むなしく「文無し」になっての帰国に終わった．ヴィオレットが日誌に，「彼がこれほど「ビジネスに不向き（unbusinesslike）」だったとは……」と嘆いている[28]のもうなずける．

3 ビクトリア王朝の最盛期,ウイッカムは英領ホンジュラスに

　ウイッカムはすでに見たように,科学的な総括,あるいはもっと一般的には「反省すること」と無縁であった.「性懲りもなく」と言うべきであろう,帰国後まもなくして新たに英領ホンジュラス(中・南米で最後の英国植民地であった.1981年に独立してベリーズとなった)への渡航を考え始めた.妻ヴィオレットの父親,ニカラグアでの船長ヒル,オリノコでのマザー・サイディやロハス・ヒル夫妻,パラ総領事だったヘイ,インド省のマーカムなど,今まで彼を支援する人々に恵まれたのはなぜだろう? 計画性の欠如や,全く持たなかったと言うべきビジネスの才覚に代わる「何か」を,おそらく何らかの人間的魅力を,彼が持っていたと考えるほかは無い.今回もそんな支援者が現れたのであろうか,1886年11月12日彼はイングランドを離れて英領ホンジュラスの首都ベリーズに向かった[28].

　この時ヴィオレットは初めてウイッカムに同行しなかった.久しぶりのロンドンで,旧友,親族らとの再会に忙しく,また発展を遂げつつあった国際都市ロンドンを見て回るのに夢中であった.ロンドン娘のはずだった彼女が知っているのはもう過去のことで,彼女は「時代に遅れてしまった」ことを実感していた.当時,ロンドンは人口330万の世界最大の都市であった.彼女がクイーンズランドへ出発した後に,街中のストリートには明るい街灯(ガス灯)がともり,熱帯での長い暗い夜(しかも度々1人であった)に慣れてしまっていた彼女には,まさに天国にいる想い

がしたことだろう。もし谷崎潤一郎がヴィオレットのように熱帯で暗黒の長い夜を経験していたら、『陰翳礼讃』で主張したような薄暗さを日本文化の特徴として礼賛することは無かったかもしれない。

「パクス・ブリタニカ（Pax Britannica）」（イギリスの（力による）平和の意で、ローマ帝国時代におけるパクス・ローマーナにならった表現）と呼ばれる世界秩序を確立したこのビクトリア女王時代は、現在も進行中の「交通化」と「情報化」がスタートを切った時である。1840年5月1日に発売された切手「ペニー・ブラック」によって、全国的な郵便制度が始まった。ビクトリア女王の横顔を描いた1ペニー切手によって、それまでは貴族や資産家のものでしかなかった手紙・書簡のやりとりが普通の人にも可能になった。遠距離通信の先駆けとなった電信（テレグラフ）も女王とともに始まった。1844年、ウインザー宮での女王の第2子誕生の知らせは電信によりロンドンに伝えられ、1856年には国内の大都市のすべてが電信線で結ばれた。国内だけではない、1851年ドーバー海峡に海底ケーブルが敷設され、1858年8月16日、大西洋横断ケーブルを通じて女王は米国大統領と交信している。今も外電を供給する通信会社ロイターは1851年創業で、すでに第IV章に記したように、1876年にはロンドン－コロンボ間の電信が通じていたので、ロンドンにいたマーカムの奔走によって、ヘベアの若木を無事コロンボ港で荷下ろしできたのである。

交通機関の大衆化もこの時代のロンドンで始まった。いわゆる「タクシー」の元祖はハンサム・キャブと呼ばれた2人乗りの馬車で、1マイルにつき6ペンスの料金で、朝から深夜まで街を流

していた[66]．1850年当時ロンドンだけで5700台が街中を走り，1900年頃でも7500台を越えていたという．ハンサム・キャブが廃れたのは，1907年以後にタックスメータキャブ（今日言うところのタクシー）が走るようになってからである．昔からあったステージコーチ（駅馬車）とは別に，パリで1820年初めに公共交通機関としてオムニバス（voiture omnibus；voitureは「馬車」，omnibusは「万人のための」の意で，ここでは乗合馬車）が走り，これが1828年にはロンドンに導入されて一般化した[66]．特に1851年の世界博覧会に際して，約3000台の馬が曳くオムニバスが大活躍した．1860年代には後にロンドンのトレード・マークとなる2階建てオムニバスが現れた．ロンドンの地下鉄は，驚くなかれ日本の江戸時代の末期にあたる1863年，運行を開始していた．1890年前後と思われるロンドン中心部を走っていたハンサム・キャブ，オムニバス，荷馬車の混雑ぶりを図16に示す[67]．日本とは違って，自動車が実用化される以前に馬車が大衆化しており，馬車を自動車とみれば現在とさして変わらない交通状況であった．そしてロンドン名物の2階建てオムニバス（もちろん今は馬車ではないが）は150年を越える歴史を有することも分かる．

　国際的な都市の繁栄にはもちろんマイナス面も避けることはできない．インドなどアジアの地域病であったコレラは，19世紀に入ってヨーロッパにまで拡がり始めて，1830年代にはロンドンでの流行が確認されるようになった．（第II章2節のニカラグアでのコレラ流行は，ヨーロッパ人が新大陸に持ち込んだものである．ヘベアとは逆方向のコレラのオデッセイであった．）その最大のものが1854年夏の大流行である．この大流行における英国人，特に

図16 ●馬車と歩行者が縦横に行きかい活気あふれるロンドンの街角（ハンサム・キャブ，荷馬車，2階建てオムニバスによる中心街の交通状況が窺える）（写真提供：ユニフォトプレス）

ロンドン市当局の努力と奮闘は，「偉大な」と形容すべき歴史的意義を持った[68]．1つは「疫学」の有効性が明確になったことである．疫学の方法[69]は臨床医学の役割とされて来たいわゆる病気治療法ではない．ロンドンの詳細な地図上にコレラによる死者を点で記していくと，街中のいくつかの井戸の周辺に点が集中的に集まった．なぜ？ コレラ菌の発見以前のことであるから，根本

的な原因は分からない．しかし，原因が不明であっても，その井戸を閉じて井戸水の使用を禁止することによってその地域の死者は激減した．医学，農学そして工学など技術学の役割は因果関係を明らかにすること（もちろん，これが科学の最終目標である）だけではなく，原因が不明であっても現実の，ある場合には眼前の問題に立ち向かってその解決に有効な策を示すことである．患者にとって，原因をこと細かに説明してくれる医者よりも，早く痛みを止めてくれる医者の方が有り難いのは当然のことであろう．

さらに，このコレラとの戦いの経験から，上下水道の完備が都市計画の緊急かつ最重要課題として浮かびあがってきたことも注目に値する[注31]．ロンドンで上下水道の整備が進み，水洗トイレが一般家庭にまで普及したのはビクトリア女王時代も後期のことであった．ちなみに，先に触れた 1851 年の大博覧会に際して，1 回につき 1 ペニーの有料トイレが多数設置された．約 83 万人の延べ入場者の 7 人に 1 人が 1 ペニーを支払ったが，利用者の多く

注31) 都市計画の点でもロンドン市はヨーロッパの先進であった．マルクス (Karl Heinrich Marx, 1818 ～ 1883 年) は『資本論』の有名な一節 (第 1 部第 24 章第 7 節) において，「土地の計画的利用」を社会主義への 1 つの因子として挙げている．「都市計画」の先駆的な提案と解釈することもできるが，当時ロンドンに住んでいた彼は市当局の施策に注目していたのであろう．『資本論』のド書きとも言うべき「経済学批判」にはこれに相当する記述は見られない．ちなみに，この節「資本主義的蓄積の歴史的傾向」が有名なのは，『資本論』全体の重要な結論の 1 つが記述されているからだけではなく，その議論の結びの文章，「資本主義的私有の最後を告げる鐘が鳴る．収奪者が収奪される」が非常に印象的な名文だからでもあるだろう．全体として，味わい深い「名文」と言ってよい．しかし資本主義の終末が，実際に「最後を告げる鐘が鳴る」と描写されるようなドラマチックなものになるかどうかは，また別の問題である．

は婦人であった．当時のロンドンの婦人にとって外出時の最大の問題は生理的欲求の処理であったことが窺える．博覧会後，ロンドン娘は"I am going to spend a penny.（ちょっと1ペニー使ってきます．）"とことわってから席を立って手洗いに向かうのがエチケットとなったそうである．

また，市街鉄道と世界で初めて花のロンドンに（部分的に）開通していた地下鉄（1863年）がさらに延長されて市民の足になりつつあった．いまだニューヨーク（人口120万人）を全く寄せつけず，大英帝国の首都として，また世界一の大都市として君臨していたと言える．翌1887年6月にはビクトリア女王即位50周年祭を迎えようとしていたから，ロンドンはその準備の真只中で活気に満ちあふれていたと想像される．

ビクトリア女王時代の話が長くなった．ヴィオレットに戻ろう．彼女はしかし，決してウイッカムに愛想を尽かしていたのではなかった．翌年4月にはベリーズの彼に合流した．この頃まで英領ホンジュラスで実権を握って来たのはプラントクラシー（plantocracy）と呼ばれた大地主・プランターとロンドンの大商人の連合体であった．ところが1884年から知事であったゴールドワージイ卿（Sir Roger Tuckfield Goldworthy）はプラントクラシーを毛嫌いし大改革を断行中であった．彼はインドのセポイの反乱鎮圧の英雄であり，そしてウイッカムがクイーンズランドにいた時には西オーストラリア担当の知事であった．「タバコ栽培の権威」であったウイッカムは彼を見知っていた．性格的にも合っていたのか，2人は旧交を温める格好で親しい友人となった．両人共に大英帝国の熱烈な支持者である点でも意気投合したことであろ

う．ここでヴィオレットがウイッカムに合流したことが大きな意味を持つことになった．彼女は現地で親しくなった政府要人の妻に勧められたのか，ウイッカムに政府のポストにつくよう熱心に説得したのである．知事との個人的な関係から彼にとっても悪くはない話である．結局，1887年5月から1888年12月まで南部トレド地方の役人を務め，1888年12月から1889年5月はユカタンとの国境沿い地域で治安判事に任命された．その後，果物検査官としてバナナ輸出業者の不正取引を監視し，1890年には森林検査官となって，マホガニー材の不正伐採の取り締まりを担当した．

役人としての経験を全く持たなかったにもかかわらず，彼の働きは悪くはなかった．1888年4月のジャングルに囲まれた最高峰ビクトリア・ピークの頂上を極めた資源探索のための探検の成功に大きく貢献し，一時期不穏な動きを見せていた国境地域のサンタ・クルツ族との平和的な決着に重要な役割を果たしている．1つには彼が現地人であるインディオやクレオールなどに偏見を持たず接したことが成功の要因だった．しかし何と言っても，いくつかの仕事の成功に知事の友人だったことが大きな効果を示したこともあったろう．この期間はヴィオレットにとって「心安らかな，生涯で最もうれしい時」であった．政府関係者家族の多くと親しく交際し，知事主催その他の公的あるいは私的パーティに参加し，熱帯の花を愛で，市場での買い物を楽しむ余裕もあった．ウイッカムに「尽くし尽くして来た」彼女にとって，ささやかながらも束の間の幸せなひと時であったにちがいない．

しかし，このヴィオレットの幸せは長くは続かなかった．宮仕

えに飽いて「土」への愛着がよみがえって来たのであろうか，彼は検査官として各地を巡回する間に目をつけた南部の 2500 エーカーの土地でゴム，ココア，バナナの栽培に乗り出した．1890 年 1 月 1 日，彼は 10 年間 500 ポンドでリース地 No. 22 の契約を結んだ．この地がマホガニーを扱うあるプラントクラシーの所有地に隣接していることにウイッカムは全く注意を払わなかった．彼は猛烈な勢いで農作業を開始したが，またしても悪い前兆が現れた．1889 ～ 1890 年に熱病の大流行がベリーズを襲い，ウイッカムも病に倒れたのである．医者が来る（大流行のさなかに，首都からこの国境近くに医者が来るだろうか？）前に，教会牧師が持ち込んだキニーネのお蔭で，彼は一命をとりとめた．40 歳を過ぎて「人生，何を為すべきか？」を意識したのであろうか，十分な回復を待つことなく彼は働き始めた．このリース地は栽培適地であることを信じていたのである．

1891 年 12 月には彼は家屋を完成させ，40 エーカーの地にバナナ，カカオ，マンゴ，そして数は少ないがゴムの樹としてカスティロア（Castilloa）を植え付けた．彼の十八番のウイッカム樹（ヘベア）を用いなかったのは，この地ではカスティロアが最もポピュラーであることを考慮したのであろう．これは彼には珍しく合理的な判断であった．（ヘベアがアマゾン河本流以南でよく繁殖することを彼は熟知していたから，当然のことではあったのだが．）彼の働きぶりは目覚ましく政府の検査官も「最上の仕事」と評価した．しかし金銭勘定はまた別の話である．月々の収入は 13 ～ 48 ポンドの範囲で，生活費を最低まで切り詰めたとしても，2 年毎の 100 ポンドのリース料の支払いには不足していた．彼は 2 年

毎の支払いを10年間に全額返済で可とするよう政府に申請した。盟友が知事であったなら認可されたかもしれないこの申請は、1891年初めに着任した新知事によって拒絶され、2年毎の支払いが無ければリース契約を解消するという事態に追い込まれてしまった。

悪いことは重なるものである。リース契約の付記条項をタテに、隣接する土地の所有者クレーマー社 (Messrs. Cramer Co.) が、リースされた2500エーカーの内1470エーカーは当社のものだと訴訟をおこした。同社はマホガニーを扱う会社であったから、森林検査官としてそれなりの働きをしたウイッカムは以前から目をつけられていたのであろう。政治に疎い彼にとってそれは関係の無い話だったが、会社にとっては死活問題であったかもしれない。挟み撃ちに会った格好のウイッカムは1892年春、ビクトリア女王へ直訴した。しかし、「ヘベア移植のウイッカム」もまだプランターの間で知られていただけであり、女王を動かすような政治力があるはずもない。1893年5月4日、ウイッカムのリースは解消され、9月7日には解消に伴う損害補償として1万4500ポンドが支払われた。この額はしかし、彼が農場につぎ込んだ金銭をカバーするには程遠いものであった。

1893年春、ウイッカムはまたしても「一文無し」でロンドンに帰って来た。さすがの彼も今回の経験に少しは懲りたのか、一時的に弱気な状態が続いた。しかし「プランテーションの確立」が彼にとって一種の強迫観念になっていたからであろう、2年足らずのロンドン滞在後、今度はパプア・ニューギニアに向かってヴィオレットを連れずに1人で船出した[28]。

4 ウイッカム最後(?)のオデッセイはパプア・ニューギニアでの離別

　パプア・ニューギニアはニューギニア島の東半分を占める（西は旧オランダ領で現在インドネシアの一部）旧英領で周辺の島嶼を含んでいる．1975年に独立国となったが今も大英連邦の一員である．ここは1888年に英国領となり英国政府もその開発に向けて策を講じつつあった．ニューギニア島はすでに多くの開拓者・企業家のターゲットとなっていたからウイッカムの好むところではなかった．彼が英領ニューギニア知事マックグレーガー卿（Sir William Macgregor）の手に成る『英領ニューギニアへの植民希望者ハンドブック』を読んでいたことはもちろんだが、ニカラグアで世話になった船長ヒルの南太平洋の島々を訪れた時の「牧歌的な」昔話を思い出したのかもしれない．彼が目をつけたのはニューギニア島のさらに東のルイジアード（Louisiades）諸島の中で、サンゴ礁に囲まれた23の小島から成るコンフリクト群島（Conflict Groups）であった[70]．この群島はニューギニア島の東端から約160キロ、オーストラリア北部の東海岸ケアンズ（Cairns）から約1000キロメートル東にあって、もちろん、定期的な船便のサービスなど考えられもしない地であった．

　1895年3月5日、彼はこの群島を、年1ポンドのリース料で25年間借用する契約を結んだ．彼は群島の23の島の中で最も大きい島ではなく、そのほぼ中央にある6エーカーの広さのイタマリナ（Itamarina）島に居を定め粗末なバラック小屋を建てた．さらに、現地人であるカナカ（Kanaka）族の若者を使用人として雇

い，西隣のパナセサ（Panasesa）島にココナッツを植え始めた．ここでまた彼の不用意さが危うい事態を招いた．契約の付記条項に「リースされた島に作物の植え付けが無い場合，そこは島々を巡回している現地の人々も権利を有する」とあるのを見逃していたのである．たまたま日常品の販売に島を訪れた親切な貿易商人が，雑談の中で彼にこの条項のことを告げ，さらに知事のヨットメリーイングランド（Merrie England）号がこちらに向かっていると知らせた．ウイッカムと使用人はカヌーに飛び乗ってパナセサ島のココナッツ・プランテーションに行き，ココナッツの種子を積んでイタマリナ島に戻って，夜を徹してココナッツを植えた．翌日の早朝にはヨットが到着し，検査官はココナッツが植えられていることを確認した．貿易商人の話を聞いて直ちに行動し，徹夜の植付け作業によって彼は間一髪で検査に間に合って救われたのである．

　翌 1896 年 4 月には知事本人が視察に訪れ，かなりの数のココナッツが植えられていることを報告している．報告書にはウイッカムの家族についての記載が無いので，その時ヴィオレットはロンドンにいたと推察される．しかし彼女はまだウイッカムを見限ったのではなかった．数か月後，彼女がニューギニアにやって来たのである．ウイッカムは恐縮したが，アマゾンの仮小屋やクイーンズランドの粗末なキャビンよりさらに粗末な，現地島民のものと何ら変わらぬバラックを見ても彼女は驚いた様子を見せなかった．あっぱれな妻と言うべきであろう．この時ヴィオレットは 46 歳，ウイッカムは 50 歳であった．30 年の間に何度もジャングルに挑み，その度に跳ね返されてきたが不屈であった彼，目

焼けが地の肌色になった彼は、まるでいくら使い占しても弾性を失わないゴムボールのようであった。ロンドンで彼のことを話す度に彼女の友人たちは笑い転げたが、彼女は首をかしげてその笑いに付合うしかなかったであろう。

アイデアマンの一面を持っていたウイッカムは、群島の島とサンゴ礁で次から次へと多種の栽培と漁業を精力的に展開した。ココナッツ、パパヤ、カーダモン（スパイスの一種）などの栽培、そしてナマコ、タイマイ（べっ甲が採れる）などの狩猟、さらに真珠の養殖と、リストは増えていくばかりであった。それに連れて「リストの失敗欄記載」も増えていった。最後に記した真珠貝について言えば、後にこの話を聞いた真珠の専門家が、「コンフリクト群島の環礁は海流が強すぎて適地ではなく、小さな真珠しかできない」と述べている。彼の熱心さを認めそれに同様な熱心さで対応していたヴィオレットであるが、どこかで付き合いきれなくなるのも目に見えていた。これらの失敗は、彼によれば慢性的な「事業資金」の不足によるものであった。出資者を募って、彼は妻を1人置いてロンドンへ出かけたこともあった。しかし、1万ポンド単位の出資者がそう簡単に見つかるわけではもちろんない。

1899年初め、ヴィオレットはとうとう彼に最後通牒を突きつけた。「私を採るのか、それともこの土地を採るのか？」30年近くにわたって、ヴィオレットは彼にとっての「唯一」の友人であった。そして彼はそんな彼女を愛してもいたはずである。しかし、彼はいまだに「この土地でいくらでもやることがある」という自分の考えが「幻想」だとは思えなかった。ヴィオレットは静

第V章　ウイッカム，失敗に魅入られたプランター

かに去ってゆき，彼を二度と見ることは無かった．

妻が去ってしばらくして，さすがのウイッカムも彼女無しでプランテーションの運営は1人では不可能であることを認め，ロンドンに帰って新しいパートナーのリクルートに走りまわった．信じられないことだが，「彼女のような忍耐強いパートナーなんて，金輪際見つかるはずもない」ことが彼には全く分かっていなかったのである．ロンドン中を4か月間走り回った末にさすがの彼もパートナー探しを諦め，サックス社（L. F. Sachs Co.）への権利その他の売却に，彼が現地マネージャーを務めることを条件に，同意した．会社が指名した漁業の専門家ジェームソン博士（Dr. Jameson）とともにコンフリクト群島に戻った．しかし，ウイッカムと「専門家」が共同で仕事をするなど，成功するはずのないことであった．ジェームソン博士は愛想をつかしてロンドンに帰り，会社には「あれではダメだ」と報告した．契約は破棄され，彼は再びバイヤーを探し始めた．1年後，ようやくにして新しい候補者を見つけたが結果は同じであった．リース期間中の年300ポンドの受け取りと引き換えにすべての権利を放棄し，1902年夏を最後に彼が群島に戻ることは無かった．

それでもウイッカムのオデッセイは終わらなかった[28]．パプア・ニューギニア東北部のフィカス・エラスティカ（学名 *Ficus elastica*）が自生する土地を購入し，なんとヘベアの栽培を始めたのである．その頃にはウイッカム樹がセイロン，マラヤで広く栽培されるようになりプランターの間で流行となり始めていたから，彼も「負けてはならじ」と流行に乗ったのかもしれない．しかし，この遅すぎた試みも失敗に終わって，1912年には大きな

損失を伴って売却した．その後も，昔サンタレンで試みたピキア (piquia；学名 *Caryocar villosum*) を油脂原料として，また英領ホンジュラス，ブラジルの一部で繊維用植物として知られていたアーガム (argham；学名 *Bromelia magdalemae*) を強力繊維材料として売り込み，両植物は一時期有望とされてそれぞれに栽培・販売会社も設立された．しかし，後者の会社は 1924 年に，前者の会社は 1929 年（ウイッカムの死の 1 年後）に倒産した．

　物の怪に憑かれたようなこのプランテーションへの執念，あのヴィオレットですら付いてゆくことのできなかった恐ろしいまでのプランター根性の結果はどうであったか？　個々のアイデアはおそらくナンセンスとまで言えないものがあったであろうに，ヘベア樹プラント・イントロダクションの第一歩を成功させた後，おそらく 100 を越えたであろう彼の新事業はそのほとんどが失敗に終わった．彼の情熱や努力が足りなかったわけでは決して無いのだが．

5 晩年のウイッカム

　前節の最後に，彼の執念深い事業が死後も続いた例に触れたが，晩年になって彼にも別の世界が開けたことを述べよう[13, 27, 28, 47]．この別世界とは，「ゴム産業の父」と尊敬され，栄光につつまれたウイッカムの晩年である．この伝説の始まりは 1905 年にシンガポールからの帰路，彼がセイロンに立ち寄り Henaratgoda 植物園を訪問した時である．1876 年の植え付け後に成長したウ

イッカム樹の横に立った彼の有名な写真（例えば文献 28 の 144 ページの右上の写真，文献 47 の図 10 などがある．文献 27 の 98 ページにも似た写真があるが，これは 1911 年のものと記されている．また，多くの天然ゴム関係のウェブサイトでどちらかの写真を見ることができる）はこの時のものである．さらに 72 年後，1977 年に筆者が訪問した時の 101 歳となったウイッカム樹の写真を図 17 と図 18 に示す．ウイッカムのマネをして樹の横に立つ図 17 の某東洋人は無視していただきたい．また，図 18 に示す樹の高さから，プランテーションで見られるヘベア樹と異なりジャングルにおけると同じように大木に成長していることが分かる．プランテーションでは最大の収量を確保するため，タッピングを始めて 30 〜 35 年後には若木に植え替えられるので，普通はジャングルの中でないとヘベアのこのような大木は見られない．残念なことに，このウイッカム樹は 1988 年に激しい落雷によって倒れて現存せず，跡地が記念のために保存されている．

　ウイッカムはおそらくここで翌年にセイロンでゴムの国際会議が開催されることを知ったであろう．あるいはその場で招待されたのかもしれない．そして 1906 年ペラデニヤ植物園（Peradeniya Botanic Gardens）で開催された第 1 回ゴム会議に，セイロンそしてマラヤでヘベア栽培によって成功を収めつつあったプランターが，彼を正式に招待したのである．そこでの彼の講演は，登り坂を駆け上がりつつあったプランター達に大いに「受ける」話であった．学者・研究者の難しい，しかもクソ面白くもない話とは違う．ちょうど 30 年前の 1876 年，アマゾナス号に乗りブラジル当局の厳重な監視の目をまんまと欺いて 7 万粒のヘベア種子を持

図17 ● 1977年101歳になったコロンボ郊外 Henaratgoda 植物園のウイッカム樹（1876年アマゾンで種子が採集され，同年7月にキュー植物園で発芽し，同年9月にセイロンへ移植されたもの．掲示板は前年の100年記念祭に設置されたもので，木製の板にペンキで，100年樹であることがシンハリ語と英語で記されている．）

ち出し，ビクトリア女王下の大英帝国にもたらした血沸き肉躍る冒険談であった．

　この講演を元にしながら真面目に技術的な側面をも重視して，彼は第2の著書を執筆し，それが1908年に出版された[8]．この書は"To My Fellow Planters and Foresters, and To All Interested in the Development of British Equatorial Regions"と「大英帝国の熱帯植民地の発展に貢献するプランターたち」に献じられている．この本

第Ⅴ章　ウイッカム，失敗に魅入られたプランター　145

図 18 ● 101 歳となったウイッカム樹の全体を示す写真（駐車している車と樹の右横の人物から，その高さが分かる．）

の出版は 1928 年の死亡に至るまでの 20 年間，彼のプランターの集まりでの何回かの講演とともに，「ウイッカム伝説」が持続し成長するのを支えるものであった．彼の著書は 2 冊に過ぎないが，1 冊目は子フッカーの目に止まることによって，彼のヘベア樹プラント・イントロダクションへの参画に道を開き，2 冊目は，講演から生まれたウイッカム伝説を世界的に彼の死後も語り継がれるものとする，よすがとなった．視点を変えれば，2 冊の著書は，彼の 100 件を越えるビジネスの失敗を償って余りあるのかもしれない．学者肌では全くなかった彼が，本を 2 冊も執筆し

た努力と，その出版の絶妙のタイミングとは高く評価すべきであろう．後効果の大きさは，彼が意図したものでも仕掛けたものではないとしても．

1911年には，英国ゴム生産者協会およびセイロンとマラヤのプランターの会から1000ポンドの小切手がウイッカムに贈られているが，金銭的にはその後も変わらず貧乏であった．1920年6月3日，彼は "for services in connexion with the rubber plantation industry in the Far East" すなわち「極東でのゴム・プランテーション産業に関する功績」によってナイトの称号を授与され，ウイッカム卿（Sir Henry Wickham）となった．Sirと呼ばれようになって，彼の冒険談はますます「面白い」ものになった．まわりがそれを求めたこともあるだろう．1922年時点で，大英帝国は全世界の面積5565万平方マイルの内1373万平方マイルを占め，全世界人口16億4600万人の内4億5375万人がその臣民であった[71]．大英帝国のピーク最終期においてSirがどれほどの権威を持っていたかは，我々の想像を超えるものがあり，伝説と真実の境界線を多くの人が気にしなかったのである．

"Sir" はお金にはならなかったが，彼の金銭的な不如意を知った奇特なアメリカ人デービス氏（Mr. Edgar Byrum Davis）が，1926年に5000ポンドを贈与し，続けてもう1人別の米人が1000ポンドを贈った．これが刺激になったのかどうかは不明だが，海峡植民地政府とマレー州連邦政府は，彼の功績に対して8000ポンドを贈った．まるでウイッカムが80歳になるのを待っていたかのような大盤振る舞いであった．彼にとっては生まれて初めての「金持ち」気分であったろう．しかしそれも長くは続かなかった．

1928年9月24日彼は突然病に倒れ,わずか3日後に亡くなった.長年の盟友であったヴィオレットもこの時ロンドンにいた.しかし2人は出会うことも無く,彼女もウイッカムが倒れた1か月後に病を得て逝ってしまった.あれほど愛し合っていた2人だったのに,運命のいたずらと言うべきなのだろうか,2人ともが孤独の中で死んで行った.

第Ⅵ章 | *Chapter Ⅵ*

ゴム・プランテーションの確立とリドレイ

1 はじめに

　プラント・イントロダクションされた野生のヘベア苗木の栽培化（domestication of *Hevea*）と成長したウイッカム樹からのラテックス採取のスタートは，セイロンでもマラヤでも必ずしも順調ではなかった．いくつかの理由がある．しかし，ウイッカムが排除されたことが原因ではなかった，と筆者は考えている．子フッカーの頑固さはそれとして，ウイッカムについての彼の評価は決して見当はずれではなかった．ウイッカム本人は全く意識していなかったであろうが，農学・植物学の理解は言わずもがな，結果的にプランターとしての彼の冴えは「タパジョス河左岸のボイン（Boim）後背地に見栄えの良いヘベア樹を見出し，そこで7万粒のヘベア種子を集めて注意深くイングランドにもたらした」点に尽きていたと言って良い．1876年のプラント・イントロダクションのスタート後，ウイッカムがセイロンあるいはマラヤでウイッカム樹の世話をしたと仮定しても，10年後にゴム・プランテーションが順調に発展していったとはとうてい思えないくら

い，多種・多様な問題点が克服されなければならなかった．

そもそもが，アマゾンで野生していたヘベアを，いくら気候などが似ているとは言えアジアに移植しただけで簡単に育ってゆく，と考える方がおかしいのである．「生物は，その本来の原産地で一番よく育つ」は，おそらく誰もが同意する見解であろう．事実，野生の植物・動物の多くは原産地でドメスティケーション (domestication, 栽培化と家畜化) され，多くの植物はその後にプラント・イントロダクション (移植) されたのである．(第1章に記した小麦の栽培化は，農業「革命」の表現が与える印象と異なり，栽培化の完成まで約 3000 年を要したとされる．) ヘベアの場合には，原産地アマゾンの野生のヘベア樹からの種子が採集されて，プラント・イントロダクションによってキュー植物園を経てアジアに運ばれて後に栽培化が試みられた．これは農業の長い歴史の中でも，珍しい，あるいは初めてのことである．この野心的な試みが，すんなりと進むなどはあり得ないことであった．

この停滞を打ち破った人的・技術的条件の中で特筆すべきは，英国人リドレイのアジア移住であった．子フッカーの差配もあって，シンガポール植物園の園長に任命されたリドレイが 1888 年に赴任し，彼が情熱を持ってヘベア樹を扱い始めてから数年後マレー半島を中心に事態は動きだした[13]．20 世紀に入って野生天然ゴムから栽培天然ゴムへの転換がはじまり，1920 年には野生ゴムは世界ゴム市場でマイナーな存在となり，アジアの栽培ゴムが天然ゴムの価格を支配するようになった．大英帝国による世界的な天然ゴム独占体制の確立である．それを可能とした内部因子の1つは，リドレイの抜群と言うべき植物園長としての働きであ

る．本章ではどのような社会的・経済的背景の下で，リドレイの働きがマレー半島を中心にアジアのゴム・プランテーションの確立に貢献したかを述べる．

内部条件が熟していてもそれを受け入れる，あるいはそれを生かす外部因子が有効に作用しなければ，優れた製品も，画期的な技術も，ユニークな企画も社会に出てゆくことは無い．それでは，栽培をめぐってゴムを必要としたような外的条件，具体的にはリドレイらの努力によってヘベア・プランテーションが軌道に乗り，栽培ゴムが市場に現れた19世紀末期から20世紀初頭にゴムを必要とする何があったか？ 次章でフォードに登場願う前に，この問いに答えておくべきであろう．

2 アジアにおけるウイッカム樹の成長は？

1876年から1877年にかけてアジアにもたらされたウイッカム樹のその後に話を戻そう．ヘベア樹は芽を出して順調に成長すれば6，7年後にはタッピング（切り付け）によりラテックスを採取することが実用的に可能となる．樹皮下の脈管内でラテックスはもっと早くに生産されているが，継続的な採取を行って最大の収穫を可能とするためには7年後が標準である．もちろん，栽培地の気候，土質，天候の年次変化，タッピング方法そしてクローン[注32]によって2～3年の幅がある．そして幸運なことにセイロンへの2000本近いヘベア樹の移植は正解であった．セイロンのヘベアは，数十本から百本程度が順調に育ち，栽培化が成功した

のである.（この成功をもたらした初期の栽培の詳細は知られていない．農学史上の画期的な成果であり，その解明が待たれる．）しかし，種子が得られるようになっても，それを購入して栽培しようというプランターがすぐには現れなかった．当初は「何年後に収穫が可能か」の質問に正確には答えられなかったし，後に明らかになった最初の収穫まで6，7年間も待たなければならない事実が，多くのプランターにウイッカム樹ではなくコーヒーその他の作物を選択させた主な理由だった．投資の回収はせいぜい数年以内で，7年も待てないのが普通である．別の見方をすれば，十分な投資さえあれば7年後には収穫が可能となり，10年後すなわち1886，1887年頃には定常状態に達して，40～50年後まで毎年一定量のゴムの収穫が期待できる状況となる．つまり，アジアでウイッカム樹のゴム・プランテーションが世紀末を待たずに確立してもおかしくなかったはずである．しかし，現実にはそう都合良くは行かなかった．（栽培法が確立し，品種改良が活発に行われるようになってからは，30～35年後に高収量の新交配種に植え代えられることが多くなった．前章の図17，18に示されているように，ヘベア樹の寿命そのものは優に100年を越える．）

　その理由の1つは，すでに述べたように初めての収穫までの7年という期間の長さである．財政的に余裕などあるはずもない小

註32)　クローンとは1個体から無性生殖によって増殖した個体群のことである．ここでは元の遺伝的に同質なヘベア（ウイッカム樹）から性質の優れたものを選んで芽つぎ，挿木，接木などにより増殖された一群の個体をいう．ヘベアのクローンについてのまとまった解説は意外に少ない．文献54の第5，6章を参照されたい．日本では，桜のソメイヨシノが最もよく知られたクローンである．

規模自作農（small holder, スモール・ホルダー）の場合，一番普通の作物はコーヒーであった．コーヒーでも植え付けてから収穫できるのは 3, 4 年後であるが，コーヒーはすでに農家の庭先にも育っていたなじみの作物であったし，4 年と 7 年の差は無視できないからである．しかし，コーヒーにも次の 2 つの問題があった．

(1) 古くからの作物であるコーヒーの天敵とも言うべき疫病が世界的に拡散しつつあり，不規則ではあっても何年かに一度の病気の大流行を避けることは極めて困難であったこと．
(2) コーヒーについてはすでに世界的な市場が形成されており，資本主義経済に特有の恐慌による価格の高騰・暴落が避けられなかったことである．

従って，彼らプランターがゴム栽培に目を向けたのは，疫病の流行と価格の大暴落の後だけであった．つまり，プランターにとって新入りであるウイッカム樹の栽培が受け入れられるためは，そうしたタイミングを待たなければならなかった．後にも述べるセイロンでは，1869 年に始まったアフリカコーヒーサビ病（病原菌の学名 *Hemileia vastatrix*）の大流行[32]が，プランターにコーヒーからの作物転換をうながしつつあった．数年間のコーヒーサビ病との戦いは成功せず，コーヒーから茶栽培へと雪崩を打って切り替わりつつあった時に，ヘベアが移植された（1876 年）．セイロンでヘベアはコーヒーからバトンを受け継ぐタイミングに出会ったと言える．

2つ目の理由は、ゴムに関心を持ったプランターも、7年より早くにラテックスの採取が可能なカスティロアあるいはセアラを選んだことである。しかし、結果的には両ラテックスともその収量は少なく、しかもラテックス中のゴム含量が低いため、栽培種としては残らなかった。コリンズやクロスなど慎重な植物学者が、はっきりとヘベアをベストとして推奨せず、カスティロアやセアラをも栽培種として有望視していたことの誤りが、実践的に証明されるのに10年を必要とした。これらの知見を実証したのは、アジアの多くのプランターたちのたゆみないトライアルの結果であり、セイロンで1899年に発行されたJ. Fergusonの書[72]にまとめられている。しかし、ゴムの含量だけではなく、品質も重要である。幸いなことに、その後の研究成果によってウイッカム樹から採取された天然ゴムが化学的・物理的性質の点でも最も高性能で、カスティロアあるいはセアラなどからのゴムより優れていることも明らかにされた。

当時の実験結果として、参考までにH. Wrightの著書[73]から各種ゴムの分析値を表2に示す。これら分析値の比較から、現在の目で見てもパラゴムすなわちヘベアからのゴムが優れた化学的、物理的性質を示したであろうことは推定される。ただし、この表のパラゴムはHenaratgoda植物園からの栽培ゴムで、アマゾンからの野生ゴムの結果も欲しいところである。しかしこの栽培ヘベアはウイッカム樹の第1世代（品種改良などは行われていない）であり、野生ヘベアとこの栽培ヘベアの差は表2に示されているヘベア以外のゴムとの差よりもかなり小さいと推定して良い。従って、市場に出回っていた野生ゴムの中で、高品質とされ最も高価

表2 ● パラ（ヘベア）ゴムと他種ゴムの分析値（重量%）の比較*

ゴム種	ゴム分	樹脂分	不溶性非ゴム成分	水分***
Para (*Hevea*)	94.60	2.66	1.89	0.85
Ceara	76.25	10.04	10.51	3.20
Castilloa	86.19	12.42	1.07	0.32
Ficus elastica	84.3	11.8	3.9	0.8
Landolphia (Kirkii)**	80.1	6.9	5.3	7.7
Landolphia (Watsoniana)**	67.2	11.9	9.3	12.9

* 文献73の第15章より抜粋して作成.
** *Landolphia* はアフリカ産の天然ゴムで、括弧内は産地名と思われる.
*** ここで水分は種の差よりもむしろ、樹脂を含めて非ゴム成分中の親水性成分含量、各地での精製法と運搬方法などに依存していると推定される.

であった Para fine は、やはりヘベア樹から採取された可能性が高いことも支持される.

3つ目に、同じく植物学者たちがゴム樹の栽培地として湿度の高い低地や沼地を推奨していたことである. 学者だけではない、普通にアマゾンを旅すると移動は船に頼らざるを得ないために、そうした場所つまり岸辺で「あれがヘベアだ」あるいは「これがゴムの樹だ」とガイドから説明を受ける機会が多い. そのために、こうした常識的な知見・判断が一般化されてしまったと筆者は推測している. "Seeing is believing（百聞は一見に如かず）" を盲信してはならない. 小船を離れて実際にジャングルの内部を歩かなければならないのだ. この点でウイッカムの、水辺ではなく低丘陵地の平坦部あるいはゆるやかな斜面などの水はけの良い地が最適とする判断の鋭さは、ここでも強調しておく価値がある. アジアにおけるヘベア栽培の経験から、この第3点の誤りが一般的

に認識されたのは1890年代になってからである.

4つ目に挙げなければならないのはアマゾン流域との気候の差である. 熱帯性の多雨地帯とはいえ, やはり違いがある. 特に降雨に着目すると, セイロン島は一般に年間降雨量がアマゾンより多く, かつ激しいシャワー (いわゆる土砂降り) になることが多々ある. 樹の成長への影響のみならず, これはタッピングによってカップに受けたラテックスの流失を招くことになる. スリランカのゴム研究所 (Rubber Research Institute of Sri Lanka, RRISL；独立前はセイロンだったので1970年頃までRRICが略称であった) では, ゴム樹幹のタッピング・パネル (tapping panel；切り付け面) と流出したラテックスを保護するため, ポリエチレン製のレイン・ガード (rain-guard；プリーツの付いたスカート状) を幹に (ゴム粘着剤を用いて) 固定することをプランターに勧めている[74].
一方, マレー半島は降雨量がセイロンよりも少なく, ドライシーズン (乾季) が少し長い. このマレー半島の条件は, 第3点の結果から推察されるようにアマゾンの湿地よりむしろウイッカム樹に好都合なものであった. もちろん, 年による気候変動は避けられないが, こうした平均的な気候差が初代植物の成長と成熟に影響することになる. この点は, 最終的にはその土地での品種改良を待たねばならなかった.

以上4つの自然的条件に加えて社会的あるいは政治的状況を考察しなければならない. 人間一般, 中でも農民は保守的であって (第V章に記したように, 保守的で良いのである), 新しいことへの挑戦には何かインセンティブ (incentive) つまり助けとなる「動機あるいは奨励するもの」が必要である. この時代には, 政府そ

の他の公的農業関係機関から，ウイッカム樹の栽培に補助金が出るということは無かった．こうした政府関係機関の経済問題への積極的介入が資本主義社会で一般的になったのは，イギリスの経済学者ケインズ（John Maynard Keynes, 1883～1946年）の考え方が世界的な影響力を持つようになってからである．実際上，大恐慌時代に米国大統領 F. D. ルーズベルト（Franklin Delano Roosevelt, 1882～1945年；在任は1933～1945年）がニュー・ディール政策（1933～1939年）に取り入れて後，各国の経済政策として重要になったのは第2次世界大戦終了後のことである．当然のことながら，それはキュー植物園の仕事ではない．インド省のマーカムであればそうした努力を惜しまなかったかもしれない．しかし，彼はすでにインド省を離れていた．役人嫌いのウイッカムにそれを求めてもお門違いである．

これらの問題点を越えるための試みとして，1880年代前半にオランダ人研究者がヘベアを入手して栽培したと文献[75]に記載されている．しかし，これが事実かどうかは極めて疑わしいのでの件については無視しよう[註33]．1880年代も後半になってから，

註33）文献75に，1883年の「クラカトア火山の大爆発直後，ドイツの貨物船ベルビス号が，ブラジルからバイテンゾルフ（ボゴール）植物園へのパラゴムノキの苗木5株を運搬中で，船長ローガンの奮闘によって大荒れのスンダ海峡を無事に通過しボゴールに苗木を届けた．そして，その子孫が今日では世界でも経済的に極めて重要なゴムのプランテーションになっている．」とする記述がある（文献75の172ページおよび254～256ページを参照）．これが事実とすれば1883年にオランダ人がパラゴムノキ，つまりはヘベアを入手し，そのドメスティケーションを開始したことになる．引用文献は示されていないが，その可能性は否定できない．しかし，第IV章に述べたように1876年にキューからウイッカム樹の苗木がボゴールに送られ，その第2代目

内的および外的な2つのものがほぼ同じ時期に動き出した．ヘベア栽培を促進した内的条件としてリドレイ[11,76,77)]に登場願おう．

3 若きリドレイ，アジアへ

リドレイの生・没年（1855～1956年）を知って誰もが驚くのは，「おお，100歳を越えて生き抜いた！」であろう．死の前年，1955年には100歳の誕生日を祝う催し「リドレイ百年祭（Ridley Centenary 1855-1955)」がキュー植物園近くの彼の自宅で開催された．親戚や古くからの友人に加えて，王立協会（The Royal Society of London for the Promotion of Natural Knowledge）など各種団体の要人が参加し，マラヤ連邦政府の経済担当相は次のように述べた[77)]：

"His gargantuan contribution to our knowledge in most branches of natural science in Malaya and his application of it to economic problems and crop production is as astonishing as his longevity. Had

---

とされる（ボゴールのインドネシアゴム研究所による）樹が残っている．さらに，引用後段のベルビス号の5本の苗木がその後のゴム・プランテーションの起源になっているとする記述は，事実ではない．オランダの研究者は20世紀に入っても，ヘベアよりアジア原産のフィカス・エラスティカの方が優れていると考えてそれにこだわったために，天然ゴムではキナノキの場合のような逆転劇は成らなかった．イギリスのヘベア栽培が順調に進んでいないと見たオランダ人ゴム研究者（所長に相当する責任者であったかもしれない）が，新たにヘベアの再入手を手配したのかもしれない．しかし，例えば当該者が転任してオランダへ帰国したというようなことがあって，この時点でボゴールではヘベアの栽培研究は開始されなかったと考えられる．

Ridley commercialised his knowledge, he could have made a fortune. Others made the fortunes because of his work, but his scientific studies and his discoveries were more important to him than riches."
「マラヤにおける自然科学の多くの分野での,そしてその経済問題と作物の栽培への彼の巨大な貢献は,彼の長寿とともに驚くべきものである.もしリドレイ氏自身がその商品化を行っていたならば,彼は大きな財産を築いたことであろう.彼の研究によって財を成したのは他の人々であったが,彼の科学的研究と彼の発見は彼にとって財産よりもっと大切なものであった.」(筆者による和訳)

また,12月10日の彼の誕生日から1週間,シンガポール植物園では特別な催しが行われ,音楽会に加えて展示会は夜間のライトアップでにぎわったという.学者・研究者冥利に尽きる誕生日であったろう.

さて,リドレイも例に漏れず幼少時から生き物に興味を持ち,また熱帯にも憧れていたという[76].1877年には科学の第2席でエクスター大学(Exeter College)を卒業し,特別奨学金(地質学)を得て学業を続けた.1880年には大英博物館の植物学部門に採用され,1887年王立協会からエルナンド・ディ・ノロニャ島(Fernando de Noronha,ブラジル沖の大西洋上にある)探検調査隊の一員に選ばれ,初めて熱帯への旅を経験した.この島はブラジル領で,濁水を押し出しているアマゾン河口から約800キロ西にあり,ここまで来ると大西洋の水も澄みきっていて現在は世界遺産となっている.帰国後にこの探検の成果として動・植物学,地質

学の論文各1編を執筆し，後に出版されている．

1888年，キュー植物園長の子フッカーの推薦を受けて，33歳にして海峡植民地のシンガポール植物園へ初代園長として赴任することになった．この植物園が正式に海峡植民地政府の管轄下に入って，政府の役人ポストとして園長職が設けられたのである（他にマラヤの森林管理局の仕事も担うことになっていて，兼任が条件であった）．元々熱帯に興味を持っていたことに加えて，前年のエルナンド・ディ・ノロニャ島での経験があったからか，遠くアジアの果てまで行くことに心理的な抵抗は無かったのかもしれない．（ビクトリア女王時代にあっても一般のイギリス人にとっては，まさに「極東（far east）」であった．）マーカムやウイッカムと同じく，リドレイもまたビクトリア時代の子であった．

子フッカーの助言もあって，彼はシンガポールへの途上セイロンに立ち寄った．というよりコロンボは重要な寄港地であったから，数日あるいは数週間の停泊中は毎日上陸して時間を過ごすのが普通の船客である．彼がセイロンでどのような活動をしたのかを示す記録は残っていない．子フッカーの指示があったとしても，ゴムについての調査のように具体的なものではなく，むしろ「植物園のありかたや管理・運営などについて学んで来るのも有益だろう」の程度であったと思われる．しかし，ヘベアの種子1万1500粒（かなりの量である）を贈与され[14]，シンガポール到着後直ちにゴム栽培への取り組みを開始していることから，当時最大のヘベア種子供給元であったコロンボ郊外の Henaratgoda 植物園[注28]に滞在する，あるいはコロンボ港に停泊中の船から連日通うかして，植物園のスタッフや庭師などと懇談を重ねてヘベア栽

表3 ● セイロンのパラゴム（ヘベア）単価，輸出額とヘベア植え付け面積の変化*

年	1ポンドあたり価格 (シリング　ペンス)		輸出額 (Rs, セイロンルピー)	ヘベア植え付け面積 (エーカー)
1887	3	2	110	—
1890	3	6	1,067	300
1895	3	2	1,290	500
1900	4	0	12,883	1,750
1905	6	8	557,945	40,000
1906	6	3	1,527,539	100,000
1907	5	8	2,932,119	150,000

＊文献73の4ページより抜粋して作成

培に関して多くの質問をし，十分な時間を討論に充てたと推測できる．なにしろヘベア，ヘベアと口うるさく，ポケットにはヘベア種子を持ち歩き，出会ったプランターには必ず種子を渡して「これを栽培すれば必ず成功する！」と説いて回り，"Mad Ridley"あるいは"Rubber Ridley"と呼ばれた後年の彼の姿から想像して，ここでの経験はよほど刺激的なものであったに違いない．

シンガポールのリドレイに話を移す前に，1876年キュー植物園からウィッカム樹を最初にしかも大量に受け入れた Henaratgoda 植物園とセイロンの様子を見ておこう[73]．ここでは5年後1881年に最初の開花があり，翌年には36粒の種子が得られた．1883年には260粒，1884年は1000粒を越えた．同じ年，少量ではあるがタッピングによりゴムが得られ，1ポンドあたり2シリング8ペンスで販売された．その後のセイロン全体でのヘベアの展開を表3に示す．19世紀の間の増加はゆるやかであるが，20

表 4 ● 20 世紀初頭アジアにおけるヘベア作付面積(エーカー)の増加(文献 73 の 5 ページより作成)

地域	1905 年	1906〜07 年	1907〜08 年
セイロン	40,000	100,000	150,000
マラヤ	38,000	90,000	147,300
ボルネオ	1,500	3,500	10,500
ジャワとスマトラ	6,000	20,000	74,000
インドとビルマ	8,000	20,000	25,000
合計	93,500	233,500	406,800

世紀に入って加速のついた変化を示している.

さらに,アジア全体で見ても,表4に示すヘベア作付面積の増加から分かるように20世紀初頭の急速な増加が明らかである.ここで1908年までは,セイロンがアジアで先頭にあったことも示されている.

4 リドレイとマレー半島のゴム・プランテーション

リドレイは1888年11月シンガポール植物園に着任し,1912年2月に定年で引退するまで23年あまりを第1代園長として勤め,この植物園をペラデニヤと並びキューに次ぐと言って差し支えない世界的レベルに引き上げた.正真正銘,抜群の働きと言って良いだろう.この園のはじまりはあのボゴール植物園を創設したラッフルズ[57,58] 注29)の努力である[78].ナポレオンの没落後インドネシアはオランダ東インド会社に返還された.ラッフルズは地政学的観点から,大英帝国のアジアにおける新たな拠点としてペナ

第Ⅵ章　ゴム・プランテーションの確立とリドレイ　163

ンに代わってシンガポールに目をつけて、その整備に乗り出していた（1819年）．博物学者でもあった彼は官舎近くに土地を手配し、1822年には植物栽培の実験所をスタートさせた．しかし、彼の帰国後は面倒をみる人がおらず、シンガポール園芸協会が1859年に現在の地に移転して再開させた．しかしこの協会も財政難に陥り、1875年には園を政府に任せることになった[78]．1876年にキュー植物園から送られたヘベア樹の受け取りがスムーズに行かなかったのは、政府への移管手続き中であったことによるのかもしれない．10年後に海峡植民地政府は植物園の充実とその活用のための責任者としての園長の設置を決定した．合わせてマラヤの森林の管理と整備を担当する人材を求め、キュー植物園の子フッカーにも声をかけていた．そこで白羽の矢がリドレイに立ち、彼が初代園長としてアジアに移住して来ることとなった．

　リドレイの赴任に先立って、1877年6月、22本のウイッカム樹が到着して10本がシンガポール植物園に植えられ、10月にはその内の9本がペラク州クアラ・カンサー（Kuara Kangsar）のヒュー卿（Sir Hugh Low, 1824〜1905年）の元に送られたことを第Ⅳ章に述べた．ヒュー卿はボルネオやペラク州などで現地のスルタン（sultan, アラビア語で「権威」の意で、トルコ、マラヤ、ブルネイなどでイスラム王朝の君主の称号）との友好な関係を維持して統治に当たった有能な官僚であり[61]、同時に博物・植物学者としても洞察力に富む人物であった[13]．彼はペラク州にヘベア栽培を普及させようとしたが、セイロンと同じくここでもプランターたちはセアラを選択した．ヒュー卿をラッフルズに並ぶと評価していたリドレイは、後年に打ち捨てられているセアラを見て、彼

図19 ● 1900年頃に執務中のリドレイの写真（文献64より転載）

らプランター達はヘベアとの違いも明確に認識できないで「ゴムはダメだと考えている」と嘆いている．同様に，ヘベアを沼地で栽培したプランターも多く，樹を植物園に返してくる例も後を絶たなかったようである．それでもリドレイが着任したころには，マラヤでも多数のヘベア樹がすでにタッピング可能な樹齢に達していた．図19に執務中のリドレイの写真を示した[64]．鋭い眼つきが印象的で，1900年頃に撮影されたものだが実際の年齢以上の貫録がある．

ここでリドレイが最初に手掛けたのは，それまで各地で，いろんなやり方で経験的に行われてきたタッピング技術の科学的確立である[13,54,55,79]．ナイフで樹幹表面にナイフで切り付けるだけという一見単純なその手法は，影響するパラメータがあまりに多岐にわたるため，残念ながらその技術的詳細をここで説明するスペースはない．肝心な点は，樹皮直下のラテックスを生産してい

る脈管の壁にナイフで小さな切り付け傷をつけてラテックスを流出させるのではあるが，その際に脈管以外の組織には傷を与えず，また脈管壁の傷はそのすみやかな再生を妨げるような深いものにならないよう，十分な注意を払わなければならないことである．その工夫によって，長期的に「ヘベア樹を傷めずに最大の収量をいかに確保するか」が重要である．リドレイはこの大原則を踏まえて数多くの試行を重ね，またその結果の合理的な解釈を追及して改良点を見出す，それらのステップを忍耐強く繰り返した．そうした帰納的な科学方法論の「王道」を歩んで，現在まで実行されている連続タッピング法（1日おきの早朝に，樹幹の左上から右下へ半周の切り付けをするのが標準的）の本質的な考え方と，単純で実行可能な作業手順の基礎をほぼ確立したのである．この業績だけでも彼は「天然ゴム産業の母」と呼ぶに値する．図20にゴム・プランテーションのヘベア樹と，リドレイの方法によるタッピング・パネル（樹幹の半周切り付け面）を示した．早朝にタッピングが行われ，流出したラテックスはタッピング・パネルの右下のカップに受けられている．

　同時に彼は，プランター達に倦まずたゆまず「ヘベア栽培」を説き続けた．そのあまりの熱心さの故に，彼が"Mad Ridley"と呼ばれていたことはすでに述べた．彼は「マレー半島におけるゴム・プランテーションの父」でもあった．このような彼の努力が効果を表したのは1890年代半ばである．1895年11月，ロナルドとダグラス（Ronald & Douglas）兄弟から，そして1896年4月にはそれを上回る規模のヘベア植え付け依頼を中国系プランターであるタン氏（Tan Chay Yan, 1871～1916年；若くして植物学を熱心に勉

図20 ●ゴム・プランテーションのヘベア樹と連続タッピング法で切り付けられた樹幹のパネル,および流出したラテックスを受けるカップ

強したマラヤでのゴム栽培の功労者である)から受けた[13]. 図21に1900年頃の彼のマラッカ近郊にあったゴム園の写真を示す[64]. リドレイの連続タッピング法はまだ完成しておらず,図20とは異なって従来の魚骨形のタッピング・パネルが見られる.

マラッカのタンのプランテーションへのヘベア作付後,シンガポール植物園には注文が相次ぎ,その年度内はヘベアの苗木を2万本,翌年には3万2000本を販売した.マラヤでの世紀前後のヘベアの流行に拍車を掛けたのはコーヒー価格の暴落であった.その一因はブラジルでのコーヒー栽培が大成功を収めて,その輸

第Ⅵ章　ゴム・プランテーションの確立とリドレイ　167

図21 ●マラッカ近郊のタン氏のゴム園（1900年頃の写真）（文献64より転載）

出量が急速に増大したことである．サンパウロの外港であるサントスがコーヒー輸出の主な窓口であったので，「サントスコーヒー」とも呼ばれたブラジルコーヒーの世界制覇が始まった．ブラジルにおけるコーヒー栽培の成功は，アジアにおけるヘベア・プランテーションに匹敵する農業技術（モノカルチャー）の成功例であった．その代償と言うべきなのか，歴史の皮肉あるいはバランスなのか，ブラジルから「密輸」されたヘベア栽培がセイロン（2節に記したように，セイロンではアフリカコーヒーサビ病の流行があって，コーヒーからヘベアへの転換はより早くにスタートしていた）とマレー半島で急速に拡大しゴムが輸出されるようになった．ゴムとコーヒーの交換とは不思議な（?）組み合わせになったものだ．そのことを如実に示すのが表5である．ここには20世紀前後におけるインドとセイロン・マレーから英国への農業輸出品の変化が示されている．セイロンとマラヤからのコーヒー輸

出の激減と天然ゴムの増加が明らかである．19世紀末の茶の増加はほとんどがセイロンからのもので，ここからはコーヒーに紅茶とゴムが取って代わったことを示している．イングランドではビクトリア女王時代でも紅茶とコーヒーは共存していたが，セイロンとインドから紅茶が輸入されるようになってから紅茶がコーヒーを圧倒するようになり，現在に至っている．つまり，イギリスが紅茶王国となったのは20世紀前後からで，それほど古くからのことではない．

インドでは事情が少し異なり，天然の藍から採れる染料インジゴの輸出が激減し，紅茶がそれに代わった．天然染料インジゴの没落の理由は何か？ 19世紀半ば化学者ホフマン（A. W. von Hofmann, 1818～1892年：彼はリービッヒ門下の秀才であり若くしてロンドンに招聘された）の元から新しい時代の息吹を感じ取った優れた化学者が育っていった[80,81]．例えばドイツ人グリース（Peter Griess, 1829～1888年）はロンドン到着後直ちにホフマンに面会し，ロンドン見物をすることも無く着いたその日から実験を開始し，馬車馬の如き働きぶりでジアゾ化合物の合成に日曜日も無く打ち込んだという[80]．彼が確立したジアゾ化合物の化学は，その後の合成アゾ染料の輩出につながるものであった．イギリス人パーキン（William Henry Perkin, 1838～1907年）は当初，マラリア治療薬キニーネを目的に化学合成を開始した．昼も夜もない合成実験を続けて，1856年弱冠18歳にして偶然に，そして幸運にもアニリン染料モーブ（mauveあるいはmauveine；藤紫色の染料）の合成に成功した．その茜（あかね）色はウールでも絹でも見事な鮮やかさを示し，パリで大流行したそうである[81]．

表5 ● 20世紀前後のインド,セイロン・マレーから英国への農業輸出品額*の変化**

年	1876	1900	1913
インド			
インジゴ	1809	457	48
茶	2429	5576	7839
セイロン・マレー			
コーヒー	2681	45	2
ゴム	—	188	11138
茶	7	4097	4179

*金額の単位は1000ポンド.
**文献12,第2章,表2.2より抜粋して作成.

　こうして始まった合成染料化学の波はドイツでさらに加速されてヨーロッパを越えて世界を席巻した.世界的にその嚆矢となったのがバイヤー(Adolf von Baeyer, 1835～1917年)によるインジゴの化学合成であった[80-83].インジゴ合成はチュリッヒ大学のホイマン(Karl Heumann, 1851～1894年)によってさらに工業化プロセスが工夫され,バデッシュ・アニリン・ソーダ会社によって企業化された[82].合成インジゴは工業的な生産によって天然の藍に比べて安価で,しかも純度が高いため色も鮮やかであったから,瞬く間に市場を独占するようになった.インドからの輸出の激減はその結果である.

　20世紀はアメリカ・ヨーロッパの先進工業国で低価格でしかも純度が高い化学合成品が大量に出回り,天然品を市場から駆逐してゆく時代となった.表5のインジゴ(藍)はその幕開けを示唆しているように思われる.第I章に記した米国でのキニーネに代わるクロロキンもその例であった.合成品の大量生産による低

価格の実現は、日常生活における「便利さ」を武器として中産階級と称される多数の人々の心をとらえ、歴史上 20 世紀を「大衆化」が進行して支配的となる時代の幕開けと特徴付ける基盤となった[84]. その圧倒的な風潮の中での栽培化天然ゴムの健闘は、天然の側から一矢を報いている珍しい例なのかもしれない. そして、農学の立場からするとゴム栽培はコーヒーとともに、いわゆるモノカルチャー（monoculture, 単一栽培または単作）の成功例として評価されることが多い[85,86]. プランテーション方式によるモノカルチャーは農業技術分野での一種の大量生産法であり功罪半ばするが、天然ゴムの例は 21 世紀に向けての農業のありかたを考える上でさらに多方面からの検討が為されるべきであろう.

こうしてヘベア・プランテーションが確立しつつあった 1912 年、リドレイは定年により退職し、イングランドに帰ってキュー植物園の近くに住んだ. 彼のゴムとゴム栽培への科学的・技術的貢献は、1925 年に設立されたマラヤゴム研究所（Rubber Research Institute of Malaya；独立後はマレーシア（Malaysia）ゴム研究所. いずれも略称 RRIM として世界中のゴム関係者に知られていた）によって引き継がれ、さらに発展を遂げたと言って良い[61]. 先に引用したマラヤ経済担当相の「リドレイ百年祭」でのスピーチが、それを明確に伝えている. リドレイの貢献は天然ゴム関係に留まらない. 多忙な行政上の活動の中で植物学・農学の論文を多数執筆したことはもちろんであるが、"*Spices*"（1912）、さらに退職後全 5 巻の "*Flora of the Malay Peninsula*"（1922–25）、"*The Dispersal of Plants Throughout the World*"（1930）などの貴重な書を出版している.

順調なあるいは順風に従った穏やかな人生とも見えるが、リド

レイ自身はそうは思っていなかったかもしれない．1つは第IV章に述べたクロス対ウイッカム論争である．彼のウイッカム評はかなり厳しいもので，個人的な怨恨すら感じさせる場合もあったようだ[13]．しかし，仕事人間の彼にとってより大問題だったのは上司であったろう．彼は植物園長として海峡植民地政府の役人であった．当然のことながら，彼の上には行政長官がいて政治的には（「公的には」あるいは「形式的には」）上司スウェッテンハム卿（Sir Swettenham）が責任者であった[13,61]．当時は錫の採鉱がマラヤの最重要産業であった．ゴムを毛嫌いしていた上司にゴム栽培の企画を提案する度に嫌味を言われて，ゴム産業の育成に全力を尽くしていたリドレイの日常的な心労は，実際に経験した者にしか分からない厳しいものがあったろう．現代風に言えば「絶えずストレスの下に在った」，いや端的に言えば「日常的にパワハラを受けていた」のではないだろうか．ロンドンに帰ってからも海峡植民地政府，マラヤ連邦政府，そしてプランターなど産業人の公的な集まりがある毎に，スウェッテンハム卿はゴム産業を発展させた功労者としてスポットライトを浴びたが，同席していたリドレイにそのライトが当てられることは無かった[13]．100歳まで生きぬいて最後に「リドレイ百年祭」の場で参加者みんなから祝福されるまでは．

5 自転車，自動車産業の勃興

もう1つ，外的因子とも言うべきゴムを必要とした条件に話を

移そう.それは誰もが知っている,19世紀後半から20世紀に至る自転車と自動車の発明とその発展がゴムにもたらしたものである.これはウイッカムも子フッカーも全く予期していなかった事態であり,マーカムでさえここに焦点を当てていたとは考えられない.地震予知とは違うので「いつ?」を問わないことにすれば,この事態を予測した人はもちろんいるはずである.ここではゴム・タイヤ関連で4人の名を挙げて説明する.

まず1人目は発明家として「不遇の天才」と言うべきトムソン (Robert W. Thomson, 1822〜1873年) である[15, 87].彼は牧師にという両親の願いを聞かず,機械工学を独習して町の発明家となった.10歳代で早くもリボン鋸(のこぎり)や万年筆の設計を行い,ロータリー・エンジンのアイデアを出すなどの多才振りを発揮した.さらに,多くの化学実験も行って,爆薬を電気的に起爆させる方法を発明した.この間,度重なる爆発に恐れをなした父親は,彼の実験室を居宅から離したという逸話がある.この発明は世に認められ,彼はドーバー近郊で500人近い労働者が働く爆破作業の現場監督者を依頼されたりした.しかし,彼の最も重要な発明はニューマチック・タイヤ (pneumatic tire),すなわち空気圧入タイヤである.

タイヤとは「車輪の外周部に装着されたバンド」を意味している.鉄道車両の鉄製車輪の外周部には鋼鉄製の環がはめられていて,これはソリッド・タイヤである.しかし,ソリッド・タイヤを装着していた馬車がどんな乗り心地だったかは,快適な乗り心地に慣れてしまった我々の想像を超えるものであったろう.東ローマ帝国のコンスタンティウスII大帝 (Constantius II, 337〜

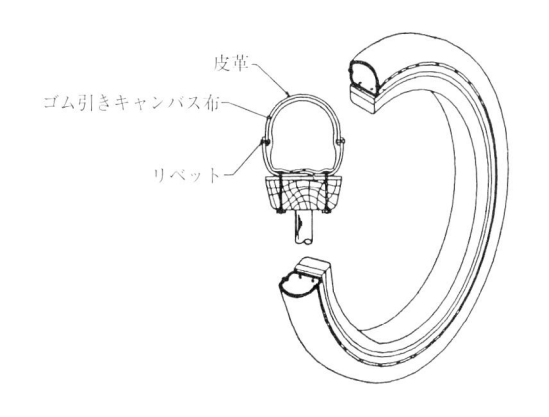

第Ⅵ章　ゴム・プランテーションの確立とリドレイ　173

図22 ● トムソンが1845年に特許出願した "an aerial wheel（空気の入った車輪）"（文献87をもとに作成）

361年；皇帝在位337～361年）は侵入してきたペルシャ軍との戦闘中に熱病に罹り，コンスタンチノープル（現在のイスタンブール）へ戻る際，振動と騒音防止のために車輪を厚い布で覆い全速力で馬車を走らせたという[88]．19世紀になっても，あのビクトリア女王でさえ固形ゴムを巻きつけたソリッド・タイヤで「我慢」していたのである．

1845年12月10日に出願されたこのニューマチック・タイヤの特許で，トムソンはこの新しいタイヤを "an aerial wheel（空気の入った車輪）" と名付けている．図22にトムソンのタイヤを示す[87]．ここでトムソンが空気圧入容器に用いたのは，パラゴムを塗付したキャンバス布であった．ニューマチック・タイヤにとってゴムが必須の材料であることを，トムソンはすでに認識していたのである．こうして今に至るゴムとニューマチック・タイヤの

切っても切れない関係が始まった.

この革命的とも言える発明の実用化は彼の死後であった.しかし,トムソンはその将来について極めて鋭い洞察を持って決して確信を失うこと無く,その死に至るまでタイヤに関して工夫をこらし続けた.彼の提案には,タイヤトレッドへの金属鋲の取り付け,パンク時にも走行可能(いわゆる,ランフラット・タイヤ)とするための多重チューブや内部隔壁のアイデアなど,時代を先取りして現在も生き続けているものが多くある.彼はまた,1846年8月発行の"*Mechanics Magazine*"誌への寄稿論文で次のように述べている:ロンドン市内の路上での実験から,当時最も一般的であった鉄製のソリッド・タイヤと比べて,"aerial wheels"の使用によって馬車では平滑な路面で60%,デコボコ道ではさらに大きな牽引力の減少が可能である,と.しかし,彼は確信を持っていたその発明の実用化も,自動車の時代の到来も目にすることなく,1873年に52歳でこの世を去ってしまった.ニューマチック・タイヤの早すぎた発明者であるトムソンは,本書の第IX章で議論する20〜21世紀の自動車を中心とした「交通化社会」をすでに構想していたのかもしれない,と想像したくなる.「不遇の天才」とは彼のための言葉のように思われてならない.

2番目の2人の人物は,ゴム関係者がよく知るハンコックと加硫の発明者[註4]グッドイヤー(Charles Goodyear,1800〜1860年)である.まず年長のハンコックから始めよう.ヘベア樹のプラント・イントロダクションについてハンコックは提言を行っただけで,メイン・プレイヤーではなかった.しかし,彼がゴムに関して当代随一のエキスパートであることは誰しもが認めていた.そ

の彼がタイヤを構想しなかったはずはない．事実，彼の著書[48]には自動車は現れないものの，荷車や鉄道車両用として空気圧入タイヤと解釈される図が示されている．ちなみに，上記のトムソンがタイヤに用いたゴム引き布はマッキントッシュの発明になるもので，彼はハンコックと共同でゴム引き布製のレインコートを製造・販売して大流行を招いていた（序章2節を参照）．ハンコックはゴムの加工について深い理解を持ってはいたが，彼の視野は当面の実用化とビジネスに向かっていたと思われる．彼もまたビク

註34） 一部に「加硫の発明者はハンコックではないか？」と疑問を持たれる向きがあるかもしれない．事実，加硫についての最初の特許はハンコックによるものである．事情は複雑だが要約すると次のような事情があった：グッドイヤーは特許申請費用にも事欠いて，加硫ゴムサンプルを友人に渡して支援者を募っていた．そのサンプルがハンコックの手に渡り，彼は表面にブルームしたかすかな硫黄粉を目ざとく見つけて，直ちに実験を繰り返してグッドイヤーより数日早くにイギリス特許を申請し認可された（1847年6月30日発効，No.12,007）．1839年にすでに発明していたグッドイヤーは確かな証拠と証人を持っており，イギリスで無効の請求を行ったが十分な裁判費用が捻出できなかったために，ハンコックのイギリス特許が成立してしまった．先行した特許のみに基づいて彼を発明者とすることにはかなりの無理がある．当時の特許制度が現在のように十分には整備されておらず，手続きや審査基準などが確立していなかった点も一因かもしれない．貧困の中でグッドイヤーは米国での特許でも信じられない苦労を重ねていた．結果として，それらの心労が彼の死を早めたことは間違いない．

バンバリー等を用いて機械的にゴム練りを行っている現在のゴム技術者には信じられないであろうが，ハンコックのようにゴム練りのための機械を持たなかった彼は，長年にわたる加硫の実験に際して，各種の試薬とゴムとの混合を自分の指と木槌やまな板を用いて腕力によって行っていた．それ故に，鉛化合物などによる中毒症状が彼の死因だとする説も有力である．彼のゴム実験室は，実は家の台所であった．だからこそ妻が調理中のコンロの傍にゴムが転がって行って加熱されたため，グッドイヤーの「加硫の発見」があったとする逸話はあまりに有名である．それはともかく，直接的な死因が鉛中毒であったとしても，特許に関する激しい心労が彼の死の加速要因になったことは否定できないであろう．

トリア時代イギリス人の典型的な1つのタイプであったろう．ハンコックについて説明したら，「なぜグッドイヤーを挙げないのだ？」の声が上がるかもしれない．実は，彼の生涯の仕事のまとめとも言える文献[89]には，"wheel-barrow tire（一輪手押し車のタイヤ）"が騒音防止用として挙げられているだけである（第2巻，279ページ）．「一輪手押し車のタイヤ」が意味するのは，おそらくソリッド・タイヤであって，彼は「ニューマチック」の概念を認識していなかったと考えられる．応用面に関心がなかったのではなく，トムソンの特許などを調査してゴム製品への応用について考える，そんな余裕を彼は精神的にも，また物質面でも全く持たなかった．飢餓すれすれの貧困生活の中で，自分のアイデアを何よりも大切にして，物の怪に憑かれたように「加硫」に取り組んだグッドイヤーの生涯は，ウイッカムのそれと共通点がある．

第3番目は有名なダンロップ（John Boyd Dunlop, 1840～1921年）である．いまだに多くの人がタイヤの発明者としてダンロップを挙げ，そう記されたウェブサイトも多いが，上に述べたように発明者はトムソンである．ダンロップはトムソンと同じスコットランド生まれで，エジンバラ大学を卒業して獣医となった．医療用器具などの制作経験から，ゴムについても知識を持っていたようだ．トムソンの特許を知らず独立に空気圧入タイヤのアイデアを持って，10歳の息子の三輪車用タイヤの開発をすすめ，1888年6月特許を申請した．トムソンの時代と異なり，この特許は社会的に大きな影響を持った[87]．それはひとえに，自転車そして自動車の発明とのタイミングの一致によっている．トムソンの特許は早すぎたのである．

1880年代後半には自転車がヨーロッパと北米で普及し，特にニューマチック・タイヤの採用によってサイクリングの流行を見るまでになっていた[90]．アクロンが「ゴムの街」として隆盛に向かい始めたのもこの頃であり，ソリッド・タイヤ用に天然ゴムの消費量が増加の一途をたどりさらにニューマチック・タイヤがそれを加速し始めた．初期の自動車が蒸気機関に執着して失敗した後に，1885年ドイツのダイムラー（Gottlieb Daimler, 1834～1900年）はガソリン自動車を走らせた[91]註35）．ガソリン自動車の工業的生産はフランスのPanhard et Levassor社（1889年）に始まり，続いてプジョー（1891年），ルノー（1898年）などが生産に乗り出し，1903年までフランスは世界一の自動車生産国であった．史上初の自動車競技は1894年のルーアン―パリ間126キロメートル走行の信頼性を競うトライアルであった．

ダンロップの発明がこのような時代背景の中で多数の注目を集めたことは当然である．しかし，「落とし穴」があった．1890年に彼の特許は成立しないことが明らかになった．すでにトムソンの特許があったのだから当然の話である．かくして新たに多くの技術者そして実業家がニューマチック・タイヤに熱い目を注ぎ始めた．ニューマチック・タイヤが自動車用タイヤとして将来性が

註35） ガソリンエンジン車に至るまでには，蒸気自動車（1855年のパリの万国博覧会で，会場への交通に使用された．蒸気機関車かと見間違う巨大な自動車であったそうだ）のほか電気自動車も有力候補であった．文献91では電気自動車の解説に1つの章が割り当てられている．また，フランスのコンピエーヌにある自動車博物館には，ミッシュランのニューマチック・タイヤを装着した1899年製の電気自動車ラ・ジャメ・コンタント（La Jamais Contente）号が展示され，当時の世界最高速度105km/hを記録したとある．

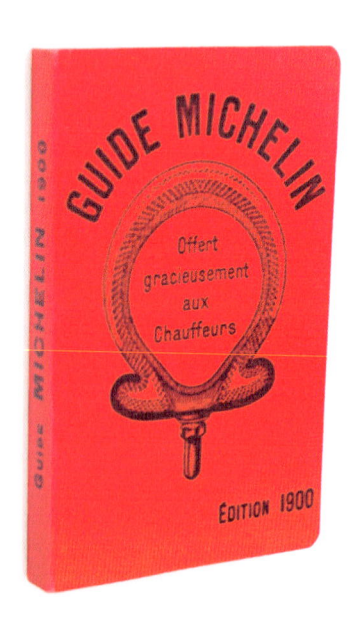

図23 ● 1900年に発行されたミッシュランのガイドブックの表紙（表紙のデザインは当時のタイヤの構造を示す）

高いことを看破し，実用化への先鞭をつけたのはミッシュラン兄弟（Edouard および Andre Michelin）であった．彼らは1895年ボルドー―パリ間のレースをニューマチック・タイヤを装着した自動車で完走した[87,92]．順位は完走した9台中の最下位であったから，「ニューマチック・タイヤが自動車用に受け入れられる可能性は低い」と優勝者を含めた多くの人が予測したが，ミッシュラン兄弟はこれに屈することなく自動車用タイヤの生産に乗り出し

た[註36]．蛇足ながら，食通のグルメたちはミッシュランをタイヤと関係無くレストランやホテルの格付け会社として知っている．ミッシュランのガイドは1900年に発行された[15, 92-94]．このガイドブックは，元々はパンク時のタイヤ交換マニュアルとして配布されていたものであった[註36]．図23に1900年に発行されたミッシュランのガイドブックの表紙を示す．図23の表紙に描かれたタイヤの模式図と図22を比較して，トムソンのタイヤの原型 "aerial wheel" が，実際の自動車用としてどう発展したかを検討するのも興味深い．このガイドブックではタイヤの概説とタイヤ交換のためのマニュアルの後に，各地の自動車関係の店（タイヤ常備店や機械修理工場など）とともに，レストランやホテルがリストされている．現在のミッシュランガイド（グリーンブック）ではマニュアルが無くなって，観光案内とレストラン・ホテル（星数による格付けがされている）のリストだけになっている．

　ミッシュランに続いてイギリスではダンロップ（これは「発明者」ダンロップが参加した会社が特許問題で解散後，別会社として組織されたものでダンロップ自身は加わっていない），そしてアメリカではグッドリッチ（B. F. Goodrich）がタイヤ生産に参入しタイヤ

註36）ミッシュランは1831年にゴムボールの製造を開始し，1891年には自転車用ニューマチック・タイヤを販売し，パリーブレストーパリの自転車競技で優勝していた[92]．1900年発行の文献93の最初のパートはニューマチック・タイヤの交換法の解説であり，街の自動車修理工場もリストされている．レストランとホテルのリスト[15]はドライブを促進しタイヤの売り上げを伸ばすための経営戦略によって始まった．また，文献93のタイトルにある "Velocipedistes" は「自転車乗り」の意で，当時 "velo" が自転車の意味で用いられていた．1900年頃のタイヤ会社にとって，自動車と同等に自転車用タイヤも重要であった．

産業が誕生し、自動車産業とともに成長していった．日本では1913年に、ダンロップ護謨(極東)株式会社(神戸市)が国産第1号の自動車タイヤを製造した．その現品は重要科学技術史資料(未来技術遺産)第94号に指定されている．自動車の普及に伴ってタイヤ工業が、そして栽培ゴムの消費量が拡大してゆく経済的連鎖が確立し、この関係は1890年代後半から20世紀初頭に始まり、多くの合成ゴムが工業化された現在も継続している．筆者はこれを「自動車時代」、さらにその発展としての大衆的「交通化社会」の始まりとして把握しており、この点は第IX章でさらに議論したい．

第Ⅶ章 | *Chapter VII*

ブラジルへ里帰りしたヘベア樹
―― フォードとフォードランディア

1 はじめに

　前章に栽培樹からのゴム産出量が野生ゴムのそれを追い越し，自動車時代幕開け時のタイヤ用ゴム需要を支えたことを述べた．プラント・イントロダクションの第2段階と言うべき移植の直後にもたついていたヘベアの栽培は，自動車の発展に歩調を合わせたかのようにジャストインタイム（just in time）でアジアにおけるゴム・プランテーションを軌道に乗せることに成功した．その後も天然ゴム生産量は驚異的な伸びを示して価格競争を制し，野生ゴムを圧倒してしまった．結果としてそれまでのゴム王国ブラジルに代わって，1911年から10年足らずの間に大英帝国によるゴムの世界的な独占体制が確立された．栽培ゴム産出量の拡大ペースは自動車産業のそれを上回っていたから，1920年代にはスチーブンソン委員会によるゴム栽培の生産調整（減作）が強行されるほどであった．歴史的に見ると，経済的な関係において農業生産（原料供給）の伸びが工業製品生産（原料需要）のペースを上回った数少ない実例の1つ（あるいは唯一の例ではないか，と筆

者は推定している)であり，農業技術における野生植物の栽培化 (domestication,) とプランテーション (plantation) 方式によるモノカルチャー (monoculture) の威力を見せ付けた見事なドラマだったと言える．しかもヘベアの場合，栽培化がプラント・イントロダクションによってその原産地を離れた地で，初めて成功したこと(そして，その原産地ブラジルでは栽培化に成功していないこと)も特筆すべきことであろう．

　自動車王フォード (Henry Ford, 1863～1947年) がゴムの話に登場して何もおかしくないことは，読者にはもう自明のことかもしれない．しかしゴムとの関係で言えば，彼は他の自動車会社の経営者とはレベルが全く違っていた．フォード社がブラジルでゴム栽培に乗り出したからである[13, 14, 28, 95-97]．言い換えると，彼はそれと意識しないままにイギリス人ウイッカムとは逆のこと，すなわちアマゾンからヘベアを持ち出すのではなく，アマゾンにヘベア・プランテーションを作り上げることを企画したのである．同社が莫大な資金をつぎ込んで経営に当たったフォードランディア (Fordlandia) は巨大なゴム・プランテーションであり，名目上は，自社がタイヤ用に消費する天然ゴムをまかなう予定であった．言い換えると，ウイッカムが口火を切って1920年頃には確立したイギリスによる天然ゴム価格の支配を，少なくともフォード社に限っては排除することが目的であった．世界的な天然ゴム独占体制に対する挑戦であり，もしフォードランディアが実現し本格的に稼働すれば，フォード社に留まらない波及効果を持つであろうことは明白であった．経済学的に資本主義の枠内で不可能な事業とは言えないが，天然ゴム・プランテーションについての当時の

農学・植物学的技術水準からみて予想を超えてユニークな，そして経済学的にみても（おそらく）収支の検討も無いままに強行された「無謀な」事業であった．

ここではフォードがこの事業を「なぜ，どのように発想したのか？」，また，「その実際あるいは現実はどうであったのか？」を，米国が生んだ「最もアメリカ人らしいアメリカ人の１人」とも言われる人間フォードに焦点を当てて考えてみたい[98-101]．彼は良くも悪くも中西部のアメリカ人で，東部，特にニューヨークなど「国際的」大都市を好まなかった．西部劇の主人公であるカウボーイが，我々にとって彼に一番近いイメージかもしれない．慎重さとは無縁で，「集団的な科学的討論を経て物事を決定すること」は考えもしなかった．フォードランディアは，そうした彼だからこそスタートさせ得た事業であり，またその故に最終的には失敗せざるを得なかったのかもしれない．

2 イギリスの天然ゴム独占体制

前章に20世紀初頭のヘベア・プランテーションのセイロンとマラヤでの急成長を見た．この勢いは衰えることなく，1920年頃まで続いた．2つのインセンティブ（incentives, 鼓舞するもの）の前者，リドレイらゴム関係者の奮闘はゴム栽培のための人的・技術的努力でありゴムにとって内的因子であったが，後者，すなわち自動車産業の隆盛によるタイヤ用ゴムの急速な需要拡大は外的要因であった．それは栽培ゴムの急激な増加をもたらしたにも

表6 ● 1905〜1922年における野生ゴムと栽培ゴムの生産高割合（%）とゴムのポンドあたりの価格（米ドル）*

年	野生ゴム	栽培ゴム	ゴム価格
1905	99.7	0.3	1.33
1910	91.0	9.0	3.06
1911	82.6	17.4	1.74
1912	71.0	29.0	1.38
1913	55.0	45.0	1.09
1915	32.4	67.6	0.99
1920	10.7	89.3	0.55
1921	8.0	92.0	0.21
1922	6.9	93.1	0.295

* 文献28, p.305とp.307の表から抜粋して作成した

かかわらず，野生ゴムの市場シェアを支えることは無かった．表6に1905年から1922年までの野生ゴムと栽培ゴムの生産高を両者の割合（%）で示す[28]．20世紀になって栽培ゴムのシェアは増加の速度を増し，1911年に10%を越えてからは加速度がついて1921年には90%を越えた．1921年以後，天然ゴムにおける野生ゴムのシェアは10%を越えなかった．

いまだに一部で誤解されているが，この野生ゴムの凋落は「乱獲によってアマゾン流域で野生ゴム資源が枯渇したから」では決してない．第1次世界大戦の効果（軍関係のゴム需要の増加）をさらに上回って一般自動車用タイヤの需要が拡大したから，需要と供給の経済的関係からすれば野生ゴムにとっても好都合な条件であった．それにもかかわらず，労働力豊富なアジアにおける栽培ゴムのより急速な拡大再生産がゴム価格の下落を可能とし，熱帯

ジャングルのアマゾンでの初期資本主義的なセリンゲイルの低賃金をもってしても「経済的に」太刀打ち出来なかったのである.(野生ゴムであれ栽培ゴムであれ,もちろん,ゴムとしての評価によって同等の品質のものは同じ価格で取引された.) 事実,アマゾンの野生ゴムは 1938 年のレヴィ・ストロースの調査時も[50],そしてブラジルが天然ゴムの輸入国となった 1951 年から後も現在に至るまで,1910 年と同じレベルの年産 2 万から 3 万トンの採取が続いている(文献 14, Appendix の Table 2 を参照). 従って,年産 3 万トン程度の野生ヘベア樹からのゴム採取は現状で可能であり,アマゾンのジャングルに点在するヘベア樹は今なお潜在的に貴重な資源と見なすことができる.

もっともブラジル政府の主導(1962 年,アマゾン開発庁設立)もあってアマゾン横断ハイ・ウェイを軸として展開された 1970 年代以後の急速な開発は熱帯雨林の減少をもたらし,その傾向は加速こそすれ減速の気配はない[44, 102-104]. このアマゾン開発がサステイナブル・ディベロップメント (sustainable development) と言えるものでないことは,疑問の余地がない. しかし,現実にブラジルの経済的発展は,この開発に依存しており,先進国の反対論は往々に自国の原始林を破壊した者のエゴに過ぎないと反論される. いわゆる「南北問題」がここにも顔を出している. とまれ,巨大な熱帯雨林破壊の影響は大きく,地球環境保全の危機とも関連して[105-107]天然ゴム採取源としての野生ゴム樹はもう期待できないのかもしれない.

こうして 1920 年代初期には大英帝国の世界的なゴム独占体制がほぼ完成した. オランダ領東インド(インドネシア)のシェア

も決して小さくはなく，オランダがいつもイギリスの言いなりだったわけでもないが，太平洋戦争が始まって，マラヤとインドネシアが日本軍の占領下に入るまで，イギリスの独占は続いた．第1章に述べたキニーネのオランダによる独占体制と同じである．先に，需要の伸びにもかかわらずゴム価格が下落したと記した．経済学的にあり得ないことだと思うだろうが表6をもう一度見ていただきたい．1905年に1.33ドルだったのが，需要の伸びによって1910年には3.06ドルの最高値をつけた．しかし，その後もタイヤ用として需要は拡大を続けたにもかかわらず価格は下落の一途であった．アジアにおける急速な栽培ゴム生産の伸びが，野生ゴムを圧倒しただけではなく，価格まで押し下げたのである．自主的な生産制限に失敗したセイロンとマラヤのプランター達はイギリス政府に「生産調整」を求め，スチーブンソン委員会が実施案を取りまとめた[11,12]．この時の政府側の立役者は，後に2度にわたって首相をつとめたチャーチル（Winston Churchill, 1874～1965年；首相在任は1940～1945年と1951～1955年の2回，また1953年のノーベル文学賞の受賞者）であった．オランダはこの規制に参加はしなかったが，それでも実質的な効果はあったとされている．実にこのスチーブンソン規制が，フォードをアマゾンでのゴム栽培に誘い込んだ．さあ，フォードの出番である．

3 機械工ヘンリー・フォード

フォードは父ウイリアム（William Ford），母メリー（Mary Ford；

旧姓Litogot）の2番目の男子であったが、長男が早くに死亡したため実質上は長男であった。父は1847年に、すでにアイルランドから移住（1832年）していた兄を頼って、アメリカにやって来た。この頃、アイルランドは数年にわたるジャガイモの不作による飢饉のために飢餓状態が広がり、大量のアイルランド人が移民として北アメリカを目指した。フォード一族も多くが移民としてヨーロッパを離れた[98]。（スペイン人は太平洋を越えてマニラ経由でアジアにもジャガイモを持ち込み、日本ではジャワ島から渡来したとしてこの名がついた。ヘベアとは反対方向への移植であった。）現代人は、ジャガイモを荒地でも簡単に栽培できると誤解しているが、野生のものはやっかいな毒性成分を含んでいる。アンデスのインディオがその栽培と毒抜きのために長年大変な苦労をしたのは、ヨーロッパ人が来る前のことであった[108]。残念なことに、アンデス高地住民の教訓「食糧をジャガイモだけに頼ってはならない」が、生かされなかった。つまり、アイルランドではジャガイモが代用食ではなく主食となってそれ以外の代わりになるもの（alternative）を持たなかったのである。飢饉の直接的な主因は1845年に検出されていたジャガイモの疫病の大流行であった[108]。ちなみに、任期中にテキサス州ダラスで暗殺されたケネディ元大統領（John Fitzgerald Kennedy, 1917～1963年；大統領在任は1961～1963年、著作「勇気ある人々」によりピューリツァー賞を受賞）の祖先も1848年の大飢饉の時のアイルランドからの移民であった。

　ヘンリー・フォードの名の男子は親戚に他に3名いて、フォード家について調べる時には注意しなければならない。もう1つ、彼が「おじいさん（Grand father）」と呼んで、後年その親戚・友

人に会いたいとアイルランドまで出かけるほど慕っていた人物，母の父は Ahern 姓であった．実は，母親メリーは早くに両親を亡くし，Ahern 夫妻に育てられた子だった[98]．彼は6人兄弟の長男で，父よりも母になついていたこと[99]を示唆している．家は農家であったが幼少時から機械いじりが好きで，15歳の頃には隣近所の家々の時計の修理を引き受け，「時計修理工」のあだ名をつけられていた．1879年にはデトロイトへ出て見習い工として働き，携帯型の蒸気エンジンに興味を持ってウェスティングハウス (Westinghouse) 社に就職し蒸気エンジンを担当した．

1891年にはエジソン社に技師として入り，1893年に主任技師となって余裕も持てたのであろう，内燃機関としてのガソリン・エンジン開発に打ち込み，1896年には「フォード四輪 (Ford Quadricycle)」と名付けた自動車（当時，自動車は一般的には "a self-propelled vehicle" と呼ばれていた）の開発に成功した．会社役員との会議でエジソンに紹介されており，生涯続いた2人の友情の第一歩であった．1898年にはエジソン社を辞職して，自動車開発に専念し1902年10月の自動車レースで彼の80馬力エンジン車 "999" が優勝したことを受けて，Ford & Malcomson, Ltd. が設立され，1903年6月にはフォードが独立し Ford Motor Company（以下，フォード社）がスタートした．機械工から自動車王への道が開けたのである．

4 自動車王ヘンリー・フォード

　フォードは自動車レースで優勝した"999"をさらに改良し，氷結した湖上で毎時 91.3 マイル（147.0km/h）の当時の最高速度を記録した．レース・ドライバーのオールドフィールド（B. Oldfield）はこの車を駆って全国を行脚し，「フォード」のブランド名が一躍全米に知られることになった．A 型から始まっていくつかの試行を経て市販されて好評を得た車種もあったが，極めつけは 1908 年 10 月 1 日市場に現れた，"Model T"（T 型車）であった[97-101, 109]．T 型車はエンジンと変速機構がカバーで覆われ 4 気筒が鋳造で一体化されていて，メンテナンスや修理が容易，そして動きは軽快で何よりも運転が難しくなかった．機械，特にエンジンに興味を持たれる読者であれば，20 世紀の初めにこのエンジンを設計し製造させた機械工フォードの並みならぬセンスと，彼のもとに集まった技師の優秀さが想像できるであろう．そうした優れた技師たちを率いたフォードの統率力もまたカリスマ的なものであったにちがいない．

　フォード社は北アメリカの都市の多くに販売店を置くとともに，フォードの好みもあって農民への売り込みに熱心であった．それまで農家の車は馬車であったから，フォード社販売店の担当者の中には，馬と馬車を引き取りその転売によってさらに利益を得る者もあったという．（自動車はその普及前には馬車（horse carriages）と区別するために「馬無し車」，つまり"horseless carriages"と呼ばれていた．）なによりも当初の販売価格 825 ドルは，金持ち向

けの車はもちろんのこと,同様な装備の他社の車に比べても安く,しかも年毎に価格は下がっていった.販売台数は1914年に25万台を越え,1916年には47万2000台を記録し価格は360ドルであった.(工業生産だからこそ達成可能な低価格化であると普通には解釈されている註37).しかし,前述した農業生産におけるヘベア栽培の例もある.)1921年にはアメリカの全自動車の実に50%がフォードのT型車であった.1927年の打ち切りまで19年間に生産された台数は1500万7034台を数え,この記録は半世紀近く破られなかった.

T型車の普及とともにアメリカ自動車クラブ(American Automobile Association, AAA)が各地に組織されてやがて全国的組織となり,車を中心とした「アメリカンライフ」の定着に一役買った.当時の雰囲気をよく伝えていて,ハリウッド映画になってもおかしくない話がある[98].ヘンリー・フォードの父親のいとこにあたるアジソン(Addison Ford)は元々ヘンリーとも気が合い,農業をしっかりと営みつつ機械いじりへの興味も持っていた.1910年彼はデトロイト周辺地区の販売店を任されて息子のクライド(Clyde)とともにT型車の販売をスタートさせた.クライドは

註37) 商品の価格は需要と供給の関係によって変動する.しかし,その変動の平均値あるいは変動を貫いてある値に回帰しようとする傾向がある.ある商品の生産に必要としたすべてがその商品に含まれているとして「価値」と呼び,この価値が価格の変動を貫く回帰値とされる.これが,アダム・スミスに始まりマルクスが資本主義分析の基礎とした労働価値説である.しかし,大工業における過去に無かった低価格化は,18世紀後半からの限界効用学派(オーストリア学派がその中心であった)の,生産よりも消費に着目した理論でより明解に説明されるとするのが現在の傾向であるようだ.農業における栽培天然ゴムのような例は,経済学的にはどう説明されるのだろうか?

セールスマンとして農家まわりを担当し，1915年のある日一軒の農家を訪問した．その農家で馬の面倒もよくみていた働き者で素朴な田舎娘カミーラ（Camilla）は，訪問販売にやって来た背広姿のきちんとした身なりの若いセールスマンと優雅なT型車の両方にぞっこん惚れ込んでしまった．もちろん，T型車の販売は即成功し，翌年に若い2人は結婚した．クライドはT型車の売り上げを伸ばし，父の店をさらに発展させてフォード社を支え続けた．後には，市長を務めるなど2人して街の世話役として大きな力を発揮し地域の発展に貢献した．フロンティアをめざして西へ西へと拡大を続けていた時代，18，19世紀の「アメリカン・ドリーム」の，20世紀における大衆化版とも言うべき微笑ましい「アメリカンライフ」の典型的な例であったろう．もしハリウッドで映画化されていたとしたら，さしずめクライドはジェームズ・スチュアート（1908〜1997年），カミーラはジューン・アリスン（1917〜2006年）あたりが演じたのではなかったろうか．

T型車の大成功はフォードを「自動車王」に押し上げた．しかしその意味するところは我々の予想をはるかに超えている．19世紀から20世紀にかけての技術の成果は我々の日常生活を大きく変化させ，すでに100年を越えて今なお大局的には最新技術に依存した「アメリカ型の生活」がグローバリゼーションの過程にある．言い換えると，ビクトリア女王時代をピークとしたパクス・ブリタニカ（Pax Britannica）は，いつの間にか，おそらく20世紀の半ばを過ぎて後，パクス・アメリカーナ（Pax Americana）に衣替えをしていたのである．世界に先駆けてアメリカで実現したモダン・ライフは多くの技術的成果に依存しているが，フォー

ドTに象徴される自家用車がその重要な因子の1つであることは多くの人が認めるところであろう．では，T型車成功の技術的基礎は何であったか？ 現在ではその答えは簡単である．曰く「フォーディズム（Fordism）」．

フォーディズムについて詳細に論じるのはこの物語の範囲を越えるので，文献[84, 100, 101, 110]を挙げておく．その中心の1つはもちろんマス・プロダクション（mass production；大量生産は一般的な意味なので，ここでは「マスプロ」を用いる）である．しかし，技術の歴史から見てフォードがマスプロの創始者ではない．アメリカだけを見ても，

(1) コルトのピストル生産方式は，早くも1851年のロンドン世界博覧会において注目を集め[110]それまでの手工業的な武器製造法変革への狼煙を上げた．
(2) 日本でも年配の人々にはおなじみのシンガーミシンはマスプロと言って良い製造ラインを1880年頃には確立していた．

さらに，

(3) 自動車が現れる直前の1890年代の自転車ブームを支えたのはWestern Wheel Works of Chicago社の製造ラインで，1896年には品質的にも一級品を7万台販売している．

などの例を挙げることができる．

従って，ここではひとまずフォード自身の定義を挙げてお

く[84, 110].

> 「マスプロはたんなる量産ではありません．（中略）また，たんなる機械生産でもありません．（中略）マスプロは，馬力，精確さ，経済性，体系性，継続性，そしてスピード，といった諸原理を製造計画に集中させたものなのです」

　これを厳密な意味での定義とは「厳密な」学者は認めないかもしれないが，役に立つ，つまり何よりも実際的に有効な判断を絶えず要求される技術者は認めるであろう．個々には既知であっても，それらを「集中させた」ことがここで最も重要な点である．それによって，単なる寄せ集めでは得られない効果が認められるとき，それはオリジナリティ（originality，独創性）を持つと認定される．フォードの場合がまさしくそれである．フォーディズムは過去のものでは決してなく，デザインの概念と合わせたその発展は21世紀にも重要ではないかと筆者は考えているが，主題のフォードランディアへ先を急ごう．

5 | フォード社のアマゾン進出：天然ゴムの独占体制打破へ？

　T型車の生産と販売は1920年になっても衰えを見せなかった．フォードの単一品種大量生産の方針に対する固い信念は10年を越える好調な販売によって，増々固まったのであろう．彼は生産工場をジャーナリズムに公開し，それが何よりも有効な宣伝と

なってフォード社は宣伝費を必要としないと噂された．見学者の
ほとんどが目を見張り，現代の驚異として製造ラインの様子を伝
えたからである．固い信念をストレートに表現する彼の持ち味
は，意外なことに，彼のマスコミを「上手にもてなす術」となっ
た．この間に，彼の元の勤め先のエジソン，そしてT型車用タ
イヤの納入者であるファイヤーストーン（Harvey Samuel Firestone,
1868～1938年；Firestone Tire & Rubber を1910年に設立．同社は1988
年ブリヂストンによって買収された）と意気投合する仲となり，定
期的に昼食会を持って懇談していた．

　その頃ファイヤーストーンは，イギリスのスチーブンソン委員
会による栽培ゴム生産規制に対抗するため，いくつかの策を練り
実行に移しつつあった．その1つはリベリアでのゴム・プラン
テーション経営であった．リベリアはアメリカの奴隷解放後，西
アフリカに帰った黒人が創始した共和国で，1847年に独立して
いた．元々ダンロップが経営していたプランテーションを買い
取ったのである[28]．彼はまた，政府とゴム・タイヤ関連会社に働
きかけてイギリスの独占体制に一矢報いようと，活発な運動を組
織しつつあった．しかし，ファイヤーストーンの努力は，米国政
府でも，ゴム関連企業でもかなり冷淡な扱いを受けていて，昼食
会で憤懣やるかたない表情を露わにすることもあったようだ．

　エジソンはかなり以前からゴムに興味を持っていたようであ
る．アメリカ合衆国が必要とした場合に，「ヘベア樹以外の国内
にある植物から，より簡便にゴムを得られないか」と考えて調査
を重ね，ゴールデンロッド（日本語ではアキノキリンソウ．セイタ
カアワダチソウはこの一種）など米国で生育する1万種以上の植物

からのゴム採取を精力的に研究した[111]のも，ファイヤーストーンの影響であった．一般にエジソンは電燈の発明者としてあまりにも有名で，彼が化学実験を好み，また実験の名手であったことが化学者にもそれほど知られていないのは残念なことである．この時のエジソンの研究と本質的には変わらないレベルの論文が，バイオ流行に便乗して散見される．もちろん，最新の機器による実験結果とその解釈が報告されておれば「新しさ」があるのかもしれない．しかし，学問的研究にとって本質的なアイデアなり研究の筋道の「新しさ」を評価点とする時，科学の世界での「流行」はかなり厄介なものと言うべきであろう．流行に便乗した亜流の評価は慎重であるべきかもしれない．実は，エジソンのこの研究をフォードは開始段階から陰でサポートしていた．

第1次世界大戦の経験から戦略物質としてゴムの重要性を認識していた連邦政府側でも農務省，商務省などが1920年代には調査活動を始めていた．しかし，農務省の担当主任がヘベアよりもカスティロアの方が良いと主張して，中米でのカスティロア栽培を提案するなど，準備不足の状態は後々まで克服されなかった．パンフレットは数種発行されたが，ゴムに関する情報収集のまとまった成果の出版は1940年になってからである[112]．業界の方はさらに動きが鈍く，ファイヤーストーンは昼食会の席上でも強い調子でしゃべることが増々多くなった．農家に生まれ，自分は農業を継がなかったとはいえフォード自身は農業にずっと関心を持っていた．1925年7月の昼食会の後，フォードは秘書を呼んで「ゴムの樹栽培の適地を探せ！」と耳打ちしたのである．

もちろん，優れた事務能力の持ち主であった秘書は関係する資

料を徹底的に調べ上げ、自身熱心に目を通した．そして、下した結論は「植物はその原産地で育てよ」であった．つまりはアマゾンが適地という結論である．秘書の判断に最も影響したのは、元大統領セオドア・ルーズベルト (Theodore Roosevelt) 親子の 1913 〜 1914 年のアマゾン探検記であった．このような場合に、複数の専門家を含めて調査委員会を編成して検討を進め、委員会の最終あるいは少なくとも中間報告を待って結論を下すのが企業での常法であろう．しかし、フォード社ではそれは全く無かった．すべてはトップ・ダウンで、フォードの決断に懸かっていたのである．もっとも、筆者は当時の植物学・農学の専門家（特に、大学の研究者）が調査委員会で議論したとしても、この時点では「同じ結論（アマゾンで栽培）になったのではないか」と疑ってはいるのであるが．

1926 〜 1927 年はフォードにとって苦しい時期であった．その最大のものは T 型車問題である．1920 年代に入って T 型フォードを追撃する他社の車が勢いを増してきた．中でもジェネラル・モーターズ (GM) 社は T 型車に対抗して数種のシボレー乗用車を店頭に並べ、「好みに合わせてお選びください」と、黒色の箱型・一本槍のフォードと全く異なり、デザインの多様性を持ったやり方でじりじりと追い上げてきた．同じマスプロであっても、多品種少量生産を可能とするフレキシブルな製造ラインと、消費者の好みや動向に合わせたスタイルやデザインの情報を集めて、製造ラインにフィードバックする最新の手法を GM 社は確立しつつあった[84,101]．T 型車で 10 年程度の運転歴を持つドライバーが大挙してシボレー車に流れていったのは、ある意味で「必然」で

あった.しかし,フォードはそれをなかなか理解できなかった.息子エドセル(Edsel Bryant Ford, 1893〜1943年)は早くからT型車一本槍の方針に批判的であったから,(彼は1919年から社長ではあったのだが)粘り強く父を説得して,ようやく父の黙認のもとで新車のデザインを開始した.完成した新車はフォードA型と名付けられて,1927年に市場に現れた.同年秋にはT型車の製造ラインが停止し,長かったT型の時代の終わりがようやく始まった.

フォードには毛嫌いしているものが3つあった.戦争,ユダヤ人,そして労働組合である[97].彼は第1次大戦への米国の参戦に強烈に反対していた.そして,彼らしく平和(「アメリカの」と形容詞をつけるべきか?)をアピールするための船をチャーターして大西洋横断の船旅を敢行したのである.「売名だ」「子供のお遊びだ」などマスコミの評価は散々であった.しかし,アメリカでの厭戦気分を代弁するところがあったのか,評判はそれほど悪いものではなかった.しかし,次の「ユダヤ人嫌い」は大問題であった.彼は,この国を牛耳っている東部のエリートたち,特に金融界の多くがユダヤ人で,アメリカを足場に世界制覇を目論んでいる云々と,1920年に買収したデトロイトの新聞"*Dearborn Independent*"紙("Dearborn"はデトロイト市に隣接するフォード社の所在地名)に毎号のように記事を書かせた.これは裁判沙汰にまで発展し,またフォード車不買運動も起こって,1927年には沈黙を余儀なくされた.一方で彼は有能なユダヤ人を雇用もして信頼して使っていたのに,である.「毛嫌い」というのは元々がそうした身勝手なものなのであろうか.しかし後に,T型車と

"Heinrich" Ford（ドイツ語のハインリッヒ Heinrich は、英語ではヘンリー Henry）はヒットラーのお気に入りとなり、彼は勲章を受け、ドイツにフォード工場建設の話さえあった。さらに、フォルクスワーゲン（国民車）のアイデアの元はT型車であった、など心理的共感には留まらない共通項があったのかもしれない。

　こうした事情もあって、フォードのアマゾン進出のスタートは1927年になった。同年9月30日、フォード社へのブラジルのパラ州タパジョス河右岸、ボア・ビスタ（Boa Vista、「良い眺め」の意）村の250万エーカーの土地譲渡が合意された。これはほぼコネチカット州の広さである。世界一の自動車会社フォードが未開地アマゾンへ進出した。ブラジルだけではなく世界中が注目したことは言うまでもない。そして、この大取引の陰には、アメリカ人、ブラジル人を問わず怪しげな人物が何十人も、いやひょっとすれば何百人も足繁くうごめいていたことも容易に想像できるが、それはビジネスの世界での話である。もし興味があればGrandinの書を紐解くに如くは無い[97]。

6 フォードランディアの悪戦苦闘

　1928年はウイッカムが亡くなった年であり、そしてその7月27日（フォードの65歳の誕生日の3日前であった）、フォード社の2隻の船、Lake Ormoc（オルモック湖）と Lake Farge（ファージ湖）は新しく建設されるプランテーションのための積荷を満載して出港した[97]。Lake Ormoc号は世界大戦時の輸送船で、放置されて

いたものを，フォードの伝説的な技術者ソレンセン（Charles Sorensen）がチーフとなって再生したものであった．フォードはリサイクルに異常なほど熱心であり，1920年代のフォード社のリサイクル技術はおそらく世界一であった．この出発日のすこし前，フォード自身はA型車売り込みのためイギリスにいた．フォード工場近くのゴミ焼却場が1000年の歴史あるものと知って，彼は焼却熱を発電に利用して工場の電力をまかなう計画を提案していたのである．彼の技術者としての，先を読む感覚の鋭さは認めなければならない．後のことになるが，他にもフォードは今日言うところの「プラスチック・カー」を大豆から合成された樹脂によって製作するアイデアを持っていて，実際に大豆製の自動車を作らせたのである．これは，農業と工業の調和のシンボルとしてかなりお気に入りのプロジェクトであったようだ．技術者として，彼は生涯を通じて農業と工業の両立に関心を持ち続け，そうと意識しないでサステイナブル・ディベロップメントに近い概念が彼の信念の一角を占めていた，と筆者には思える．

　Lake Ormoc号は解体同然の大工事により新しいディーゼルエンジンを備え，工作室，そして飲料用とボイラー用の蒸留水製造プラントを持ち，また，「旗艦」たるべく病院・手術室，化学実験室，図書室，巨大な製氷機と冷蔵庫，洗濯場，そして映画用スクリーン付きの娯楽室をそなえていた．Lake Fargeの方は強力なエンジンを備えて曳船用として使えるように改装されていた．そして7月には，発電機，シャベルカー，トラクター，道路建設用車，破砕機，そして大量の冷凍ビーフを含めた食糧品が連日のように積み込まれていき，両船は7月27日に出港した．

しかし、出発日7月27日は次に述べるトラブルのもとになったので、出発日がどう決定されたのかが問題である．とにかく可能な限り急いだのか？　あるいは「社長の誕生日（7月30日）までに出発せよ！」の指示があったのだろうか？　両船のアマゾン河口パラ港到着は9月初め、そして中旬にはサンタレンに錨を下ろした．しかし、ここで2隻は錨を揚げることが出来なかった．アマゾンでは7月から12月は乾季で、タパジョス河の水量からして大型船の航行はせいぜいアベイロ（Aveiro）までで、さらに上流のボア・ビスタ村（フォードランディアの建設予定地）までは運行できないのだ．この情報は技術部門トップのソレンセンには伝えられていなかった．時代を超えた優れたリサイクル技術があっても、それに対応できる適切な情報「管理」が行われなければ技術も生きてはこない．当然すぎるほど当然のことではあるが、トップ・ダウンで決定されてしまう組織の弱点がこんなところにも現れたと言える．

雨季が始まる1月までじっとしている訳には行かない．2隻の船から荷を下ろし小船に積み替える作業が始まった．それを見たサンタレンのある船会社が輸送の請負を持ちかけた．見積りをとると、その料金は信じられない安さであった．しかし、フォード側は乗らなかった．アマゾンでの相場を全く知らなかったから、「この見積りは安すぎて、何か裏があるはずだ．これは危ない！」と考えたのであろうか．デトロイトの物価が判断の基準では、成立すべきはずの願ってもない話が承認されなかった．事前調査が決定的に足りないまま現地に来て、アメリカ流ですべてのことが進むはずだ、あるいはアメリカ流でないとフォード社の方針（要

第Ⅶ章　ブラジルへ里帰りしたヘベア樹　201

するに，フォードの独断かもしれないのだが）としては認められない，で押し通したのである．そんな発想ではアマゾンでやっていけるはずがないのにと思ってしまうが，そういえばウイッカムの熱帯への旅とどこか似ているようにも見える．結局，フォードランディア建設予定地にすべての荷が到着したのは，雨季が始まって 1929 年 1 月末であった．そして，雨季を待って 3 か月を無駄にしたどころではない，この大事業の「本当の」トラブルはここから始まった．

1929 年 8 月には，第 1 期に予定された 1440 エーカーのジャングルが機械力を存分に活用したアメリカ流のやり方で平坦化され，早速にヘベア樹の苗木が 6 インチ間隔で移植された．（これらヘベア樹がボイン（Boim）後背地の，ウイッカムが種子を集めた土地からのものとしている文献[28]があるが，フォード社の記録はないようだ．）しかし，これらの苗木は 9 月にはすべて枯れてしまった．あの恐ろしい南アメリカ枯葉病（SALB）のせいではない．多少とも栄養分を含んだ土地の表面層はトラクターで掘り返されて散失し，さらに苗木は直射日光に連日さらされて瀕死の状態であった．ジャングルに育つ植物の多くは，苗木や若木の時に直射日光にさらされることは無い．日陰で育って，大きくなってやっと陽の光を見るのである．熱帯のジャングルであれば「当たり前」ではないかと思えるこんなことが，つまずきの原因となった．

フォード社は急ぎマラヤでウイッカム樹の種子の購入を手配し，直ちにアマゾンに配送させた．アマゾンからキュー，そしてアジアに旅したウイッカム樹が 60 年後に再びアマゾンに帰って来た．「ヘベアの世界一周オデッセイ」達成！である．フォード

関係者が「ヘベア樹」についてどのような調査を行っていたのか不明であるが、ゴムの専門家はいなくとも、「ウイッカム樹」を入手して栽培しようと計画していたことは確かで、タパジョス河流域を中心にアマゾン流域でヘベア種子を買い占めていたようだ．あるいは、現地で採用された旧南軍兵士の子息がウイッカム樹を勧めていたのかもしれない．ウイッカムを bio-pirate と見なしていたブラジルにとっても喜び半分のこと、のはずであった．

しかし、帰って来たウイッカム樹はもう故郷を忘れてしまったのであろうか、折角の樹がアマゾンでは枯れていったのである．主な原因は病気ではなかった．アジアとアマゾンの気候の時間差の無視によるものと筆者は推定している．つまり、ヘベアの種子採取時期は、アマゾンでは第 IV 章に記したように 2～4 月であり、アジアでは 7～9 月である（いずれも雨季）．植物にとって種子の発芽は生存競争の要(かなめ)となるもので、雨季にあっても個々の樹の種子生成期間は約 3 週間に限られ、その数週間がいつになるかは地域の土質・土壌とそこでのローカルな天候に依存する．また、雨季の合間に晴れた日が無いとさやのカタパルト機構（第 IV 章 2 節を参照）は働かない、言い換えると種子は蒔かれないのである[113]．雨季にあっても晴れ間があるような降雨パターンの重要性が明らかであろう．アマゾンとアジアの半年の差は種子が発芽し若木に成長する上で極めて重要である．アジアで雨季に採取された種子や苗木は、乾季のアマゾンに持ってきた時、人工的に雨季の環境下においてやらないと育たない．当然すぎる話である．そもそも「子育て」は難しいものなのだ．

> 「野生のゴムの樹が育つアマゾンでは，今まで誰もヘベア栽培に成功してはいなかった」

　この単純な事実をフォード社が明確に認識していたかどうかは，極めて疑わしい．というより当時，内外の植物学者・農学者がフォード社以上の明確な認識を持っていなかったのだから当然のことであった．フォードは専門家嫌いで知られていた．実はこの計画の初めにフォードはミシガン大学の植物学教授ラリュ（Carl D. LaRue）に事前調査を依頼していた．大学人にとっては破格の謝金が前もって支払われたことはもちろんである．ラリュは商務省が組織した1923年のアマゾン探索隊の一員であり，野生ゴム採取地を広範囲にまわり，報告書にはゴム栽培に有望な土地数か所に言及もしていた．しかし，前回と違って今回彼は自身の興味あることを調べに出かけただけで，フォード社の要望には十分に応えなかった．というより，私見であるが，与えられた課題は彼にとって「調査」の必要もない自明のことでしかない，と考えていたのではないだろうか．

　レポートでラリュが推薦したのは1か所，すでにブラジル側がフォードに提示していたボア・ビスタだけであった．さらに直後に，「彼はブラジル側の怪しい男の手先だった」（要するに，多額の賄賂を受け取っていた）との噂が乱れ飛んで，フォードは彼を全く信用しなくなった．「やっぱり専門家は信用できない」がフォードの結論になったのであろう．イギリス側がフォードの動きをどの程度まで把握し評価していたかは不明で，たとえ試みたとしても実現の可能性は低かったであろうが，種子とともにマラ

図24 ●船上から見たタパジョス河右岸のフォードランディア

ヤからゴム栽培の専門家，たとえばリドレイ（すでにイギリスに帰国していた）ではなくともその薫陶をうけたマラヤゴム研究所（RRIM）の研究者をブラジルに招待してその指導を受けておれば，少しは違った結果になったかもしれない．少なくとも技術面ではそれがベストの策ではあったろう．もっとも今の筆者には，そのベストの策をもってしても，怪しい専門家とは全く異なった有効な策が打ち出せたとも思えないのだが．

　肝心のゴム栽培がもたついている間にも，フォード自身が一番関心を寄せていた新しい街作りは進行していた．図24は船上か

第Ⅶ章　ブラジルへ里帰りしたヘベア樹　205

図 25 ●フォードランデイアに建設されたフォード社員用の住宅

ら見たタパジョス河右岸のフォードランディアである．そのシンボルとなった給水塔が立ち，機械工場がその手前に見えている．荒れ果てた工場内にはミシガンから搬入された当時の最新の機械が，今も放置されている．

　給水塔は今も現役で，真新しい最新のゴム工場，波止場からの舗装道路，そして滞在米人用のモダンで瀟洒な家（図 25），食堂，病院などが並び始めた．図 25 のような建物が並んだ街の景観はフォード好みのアメリカ中西部の小さな町のそれであり，訪れた新聞記者は「アマゾンのジャングルに米国の街が現れた！」と感嘆の声を上げた．「アメリカン・ドリーム」のアマゾン版の

実現であった．不思議なことに，「ゴムはいつ頃出荷出来るのか？」という本来の目的に沿ったフォード社からの「矢のような催促」の記録は報告されていない．この頃フォード自身はエジソンの白熱電球50年祭（1929年10月，迫りつつあった大恐慌開始の前兆となった株式市場の大暴落の直前であった）に全力投球していた．この50年祭はアメリカを挙げてのお祭りとなり，式典にはマリー・キューリーが招待され，アインシュタインのドイツからのお祝いのメッセージがラジオの全国放送で流された．10月21日夜には全国で電気が止められ，照明，電話，映画などがいったん消されてしばしの間をおいて後，一斉に明かりが灯されるという，印象的なイベントが催された．

街が出来上がってゆくとともに，プランテーション労働者の雇用も進められていった．ブラジルでは考えられない高賃金であったから，アマゾン流域の野生ゴムのタッパー（セリンゲイル）だけではなく，東北部の貧しい農村地帯その他外国からも（パナマ運河で働いた経験を持つ労働者など）多数の人々がサンタレンや建設中のフォードランディア周辺に群がった．しかし，フォード好みのアメリカン・スタンダードと清教徒的な厳格さの押し付けは多くの労働者には受け入れ難いもので，3000人の内の約2000人が2年以内に解雇されるか逃亡する事態となった．ただ逃亡者の中には賃金を貯めてさっさと他所へ移っていった者もいた．（お金を貯めてもアマゾンでは買うものが何も無いのだから！）張り切って仕事にとりかかったジャングルの野生ゴム樹の元タッパー達にとって，植えてもすぐに枯れてしまうゴムの樹を見ることは何よりも元気を失わせるものだったろう．1930年にはとうとう園内

で暴動が勃発した．それも2回である．

　第1回目のそれは意外なことにカフェテリアでの昼食時に起こった．朝6時から午後3時までの労働時間中の昼食を，能率良く進めるためのカフェテリア方式だった．しかし，職長，部下を問わず現地人にとって，食事のためにお盆を持って列に並ぶのは屈辱的なこととしか思えなかった．また，用意された中西部アメリカ風の食事に全員がなじまなかった．フォードは健康のために食事が非常に大切だ，と考えていた．彼の食生活はおそらく医学的にも優等生のそれであった．今も流行の「健康食」である．しかしである，魚や肉を月に何度も食べられない中で働かざるを得なかった，そんな食生活に慣れてしまった人々に，「健康食」は健康をもたらすだろうか？　暴動に走った多数の労働者の叫んだ言葉は，「ホウレンソウはもうたくさん」だった．「我々はポパイじゃない！」と言いたかったのだろう．騒ぎはブラジル政府軍の部隊が到着してやっと収まった．年末のそれは規模からしてさらにひどいものであった．これ以上の詳細については文献[97]を参照されたい．

　こうした中でもフォード社から派遣されてきた多くのアメリカ人は，黙々と働き続けた．元南軍兵士の子孫で農業に携わっていた人々が現地採用となって，派遣社員に協力したことも大きな力になったであろう．しかし，ゴム栽培が軌道に乗るかに思われた頃，樹が成長しつつあって1年後にはタッピングを試みようかというそんな時に，「来るべきもの」がやって来た．南アメリカ枯葉病（SALB）の蔓延である．園にきちんと植えられたヘベア樹が揃いも揃ってみじめな姿をさらした時の，人々の情け無さはい

かばかりであったろうか．ありったけの知識を絞って SALB 対策を試みたが，すべての対策が効果を上げなかった．

「なぜ，専門家を呼ばなかったのだ？」と思われる方は第 IV 章註 24 を再読いただきたい．第一，そんな専門家はどこにもいなかったのである．アジアのゴム栽培国でプランテーションの技術指導に当たっていた植物病理学の研究者がその任に一番近いが，アジアでは検疫によって SALB の流行は食い止められていたから，重点はその地での SALB 以外のヘベア樹の病気対策に置かれていた．ブラジルの農業研究所には少数ながら SALB の研究者がいたが，ジャングルに孤立して存在するヘベア樹の SALB が対象であったから，基本的には枯れ木の伐採が簡単かつ確実な対策であった．「数万本におよぶ規模のヘベア樹が一挙に全滅状態になる」，そんな惨めな光景の出現はここフォードランディアが歴史的に世界最初であった．

1975 年にグッドイヤー社（Goodyear Tire and Rubber Co.）から「ブラジルにおけるプランテーション規模での南アメリカ枯葉病の制御（Control of south American leaf blight on a plantation scale in Brazil）」と題する論文が発表された[114]．ベレン近くのプランテーションで SALB 対策として，飛行機による薬剤散布が数回にわたって実施され，効果が認められたという．ただし，その効果は定量的に評価されたものではなく，その費用についても述べられていない．SALB 対策について今なお決定打は無く，1930 年代のフォードランディアでの悲劇的ではあるが，貴重な経験を今一度総括してさらに検討すべき課題として残されている．

7 フォードランディアの終焉

 こうしてフォードランディアでのヘベア栽培が行き詰まる中で，移転の話が持ち上がって来た．1931年後半からマネージャーを務めていたジョンストン（A. Johnston）はおそらく歴代の責任者の中で管理能力に最も優れた人物であった．その彼が奮闘して十分な成果を収められなかったのであるから，結果としてこれは適切な判断であったかもしれない．直ちに撤退とならなかったのは，フォードにとってフォードランディアはマスコミへの宣伝用としていまだに使えたからである[97]．当時，「フォードTはアマゾンの奥地を走れるか？」「フォードTはマチュ・ピチュをどこまで登れるか？」などを下敷きにした宣伝用の探検・冒険映画がフォード社によって作製され，マスコミに受けていた．フォードTが走れるのなら，探検家でなくとも誰でもT型車に乗って行けることになる．つまりは過去の探検家の時代が終わって，人々の「冒険心」をくすぐる大衆化ツーリズム時代の到来を告げたのが，これらフォード社の宣伝映画であった．最近の世界的流行であるエコツーリズムも，大局的にはこの流れの上にあることは明らかであろう．フォードは保守的に見えて，時代の先端とその先をも見据えていたことが，こんなところにも表れていた．ちなみに，ディズニーランドの原形の1つはフォードランディアだそうである．ディズニーは1941年にフォードランディアを訪問している．

 さて，実はこのフォードランディアの移転話は，息子エドセル

がスマトラのグッドイヤーのゴム農園から植物病理学者ウイアー (J. R. Weir) を招聘したことに始まる. 父フォードが毛嫌いしていた専門家の登用であった. 管理責任者ジョンストンは, 1933 年にウイアーの訪問を受けて彼に強烈な印象を受け, 自分で植物学の勉強を始めた. ジョンストンはやはりフォード学校の優等生であった. この訪問後ウイアーはジョンストンを差し置いて, エーデルに移転を勧めたのだった. 父フォードもこれを認めてパラ州との交渉によって移転が決まった.

移転先はタパジョス河のアマゾン本流への合流点近くのベルテーラ (Belterra) で, サンタレンから 40 キロにある平坦地であった. 1934 年, フォードランディアの 3 分の 1 と交換にこの地を得て, 2 度目のプランテーション建設である. 苦労の末にフォードランディアの整備をほぼ完了近くまで推進し, また移転についても考えないわけではなかったジョンストンにとって自分の頭越しに決定されたこの話は, 内心では面白いことではなかったろう. しかし, 彼は挫けなかった. 丘陵地であったボア・ビスタとは違って工事は容易で, 1937 年までに 1 万 2000 エーカーが整地されて, 220 万本のヘベア樹が植えられていた. ベルテーラへの移転とそこでの初期の取り組みが順調だったのは, ジョンストンの能力と熱意によるところが大きい.

ウイアーはその後もスマトラから「SALB 耐性が高い」と称するヘベア種子を送り, ベルテーラではそれを受けて栽培も行われた. ウイッカム樹の 2 度目の里帰りであった. しかし, 第 2 次世界大戦中の 1942 年になってもゴムの収量は 750 トンで, その年のブラジルでの野生ゴムの年間 2 万トンにはおよびもつかなかっ

た．アジアの例から推定して，200万本以上と推定されるヘベア樹の2％程度の樹からの収量に過ぎなかった．朝霧の発生しやすいフォードランディアと違って，ここではSALBの被害が少ないと予想する向きもあったが（ウイアーもその1人[97]），結局それは無かった．1942年秋，ブラジル北部農業試験所のカマルゴ (Felisberto Cardoso de Camargo) は100万本を越えるヘベア樹の立ち枯れを目撃し，その悲惨さを後に綴っている[14]．このようなSALBの惨状と毛虫・芋虫の大量発生を目のあたりにして，さすがのジョンストンも観念したのではなかろうか．

エドセルが慎重な調査の上で採用した植物学・農学の専門家であったが，ウイアーもやはり役には立たなかった．学者・研究者は，金銭面で破格の扱いをしたのに，結局，役立たずに終わった．少なくともヘベア・プランテーションについての実績から言えば，フォードが「専門家」を嫌っていたのには彼なりの根拠，あるいは直感的に否定的な閃きがあったのかもしれない，と考えられるような結果が連続して起ったことになる．これらの経過から，「天然ゴムの素人であっても，有能で管理能力抜群にして働き者のジョンストンが先頭に立って指揮を執ったから，フォードランディアはあそこまで前進したのであって，いわゆる専門家集団では彼の到達したレベルにはおよばなかった可能性がある」とする結論を，ゴム専門家の一員である筆者も認めざるを得ない．

1943年エドセルが亡くなりフォードが社長に復帰したが，社内の労働組合との敵対関係や戦時体制の下での連邦政府とのギクシャクした関係などを引きずって，会社全体の混乱は深まるばかりであった．たまりかねたクララとエレノア（それぞれフォード

とエドセルの妻）が連邦政府の支持のもとで奔走して，1945年9月21日，エドセルの息子ヘンリー・フォード2世（Henry Ford II）が社長に就任した．11月5日にはボア・ビスタとベルテーラがブラジル政府に25万ドルで売却された．これはその時点での資産額の30分の1程度，フォード社のそれまでの全投資額からすれば全く微々たるものだったろう．しかしながら，フォード社内の組織の混乱はひどいもので，当時の社内組織の中ではジョンストンが率いていたフォードランディアが一番ましであったと言われていたほどである[97]．そうした中でフォード2世の決断は迅速であった．彼はフォード社中興の祖と評価されている．ともあれ，アマゾンを舞台にした，フォードのいささか個人的とも言うべき「アメリカン・ドリーム」は，こうして幕をドろしたのである．

第Ⅷ章 | Chapter VIII

天然ゴムに魅せられた人々
――この奇妙な植物資源の科学

1 はじめに

　合成ゴムが現れて後,「天然ゴム」と呼ばれるようになったゴムが多くの人々に日常的なものとなったのは, 歴史的に見ると第2次世界大戦終了までの約100年間のことである. 大戦中に軍需用を主目的に量産された合成ゴムが戦後は民需用を含めて工業生産されて, 天然ゴムに加えて「合成ゴム」製品も日常生活にもなじみのゴムとなった. 合成ゴムは, まず自動車, 特に一般乗用車・軽自動車用のタイヤとして広く普及した. それは1950年代からのことである. そんなゴムの歴史の中で, 本書では天然ゴムについての一断面をマーカム, ウイッカム, リドレイそして自動車王フォードを配して, たどってきたことになる.

　この期間は大航海時代の最終末期に始まり, 大探検時代の末期と水力から蒸気機関への飛躍で始まった産業革命[17,115,116]の後半から, 科学の諸分野が近代的・現代的な科学として再編成され確立していった時代, そして産業革命の後を受けて現代技術が展開していく時代であった[17]. それまでの王族, 貴族, 軍人（武士）

に代わって，資本家と数の上では多数を占める農民と労働者が歴史の表面に現れて，社会の多くの分野で「大衆化」が始まった時期でもある．この大衆化は，経済的・技術的にはフォーディズムの第1要因であるマス・プロダクション（マスプロ）によって市場に現れた低価格の商品の普及によって，格段に前進し支えられて来た．この意味で，プランテーションで大量に栽培された天然ゴムは，タイヤとして大衆車に装着されて舗装道路を走り，大衆的な交通化の時代を先駆けた．こう考えると，天然ゴムのプランテーション方式によるモノカルチャー栽培は，農業におけるマスプロと言えるだろう．しかし，その影響は農業に限らず天然資源に恵まれた開発途上国にとって「諸刃の剣」でもあること[117]にも注意を払う必要がある．

ともあれ資本主義経済の下で始まったこの「大衆化」の影響は，人類すべてを巻き込み（グローバリゼーション）かつ社会のあらゆる側面におよんでいる[84,118]．もちろん，芸術もその例外ではあり得ない[119,120]．例えば，現代デザインの父とも呼ばれるウイリアム・モリス（William Morris, 1834〜1896年）はファンタジーの生みの親でもあり，少数者のためでなく万人のための芸術を標榜した[121]．直接的にではないが，身体障害者として36年の短い生涯に絵画の世界でユニークな新局面を切り開いたトゥルーズ－ロートレック（Henri de Toulouse-Lautrec, 1864〜1901年），19世紀末にフランスから起こった国際的な美術運動であるアール・ヌーヴォ（art nouveau），そしてヴァイマール時代（第1次世界大戦の敗戦後）のドイツに起こったバウハウス（Bauhaus）学校（1933年ナチスによって廃校とされ，元校長らはアメリカに移住した）はモ

リスの思想の継承者とも言え、それらのデザイン（芸術の分野のみならず技術学の核となる概念である）への影響は 21 世紀の今におよんでいる．

　この歴史物語が提起したいくつかの問題に必ずしも解があるとは限らないが、この章ではゴム材料の 1 つとしてリニューアブル（再生可能）な材料である天然ゴム[122]の基礎的事項を再確認した上で、アマゾンでの天然ゴムの栽培をめぐって、また自らは全く意識せずに大衆の「交通化社会」の創出に貢献した実に個性的な 2 人、ウイッカムとフォードについてまとめの考察を試みよう．

2 ゴム弾性：そのユニークな特性

　「ゴムは奇妙な物質である」とは、さる著名な物理学者の言である[123]．ゴム風船や輪ゴムで遊んだ子供の頃の記憶を思い出せば、うなずける命題であろう[124]．この「奇妙さ」、すなわち子供の小さな力でも大きく伸ばすことが可能で、力をはずせば瞬時に元のサイズに戻る、この性質は「ゴム弾性」のユニークな特徴であることは言うまでもない．科学を敬遠しない読者なら、日本ゴム協会発行の入門書[125]を一読後、筆者らの編集に成る事典[16]の該当する部分を参照した上で、英文（残念なことに、訳本は出版されていない）であるがゴム弾性のバイブル[126]を学習することが勧められる．ここまで来れば興味も湧いてきて、筆者の歴史を踏まえたゴム弾性論のガイド[127]によって古典的な論文をいくつか読みたくなるかもしれない．久保理論[123]もそれらの後に一読の値

打ちがある．

　現象的にユニークで，理論的にも興味深い「ゴム弾性」の特徴は，ゴム以外の多くの物質の弾性がエネルギー変化に基づくのに対して，ゴム弾性はエントロピーに基づくことによっている．つまり，髪の毛，布，紙，皮革，木，金属，陶器など身のまわりのほとんどの物が示すエネルギー弾性は，普通に自然な状態はエネルギー的により安定な，つまりはエネルギーの低い状態に向かう，とする熱力学的傾向に基づいている．一方，ゴム弾性はエントロピー弾性とも呼ばれ，エネルギーとは逆に自然界はエントロピーが増加する方向に向かうとする熱力学の第2法則に従っている[128,129]．従ってゴムを学習することによって，熱力学のテキストを何度読んでも分かったようで結局は分からなかったエントロピーが分かってくる，というおみやげがついてくる．この第2法則によれば，読者の部屋が読みかけの雑誌や本，残り茶の入った湯呑みと急須，帰宅後放り出したかばん，脱ぎ捨てた外出用のシャツとズボンなどで混乱状態になっているのは熱力学的には「自然な」状態なのだ．これを整理して秩序だった（エントロピーの少ない）部屋にするためには毎週か，せめて月に1度は掃除（これを熱力学的には「仕事」という）をしなければならない．輪ゴムを引き伸ばして（仕事をして）保持するとゴムはエントロピーの小さい状態におかれる．引き伸ばしていること（仕事）をやめれば，輪ゴムは第2法則に従ってエントロピーの大きい元の自然な状態に戻る．

　さらに，マクロ（我々を取り囲んでいる大きさ）な熱力学量であるエントロピーはボルツマン（Ludwig Eduard Boltzmann, 1844〜

1. クラウジウスによる熱力学的エントロピー

$$\Delta S = \Delta Q / T$$

2. ボルツマンによる統計熱力学的エントロピー

$$S = k\ log\ W$$

3. シャノンによる情報工学的エントロピー

$$S = -\sum Pi\ log\ Pi / log\ 2$$

図26 ●熱力学,統計熱力学,情報工学におけるエントロピー

1906年)の式によってミクロな(分子論的)世界と結ばれているので、エントロピーのボルツマンの式による理解を通じて、知らぬ間に統計熱力学への入門が出来てしまい、カオス(混沌)の科学的なイメージが持てるという2つ目のおみやげまである。ゴム弾性の学習は熱力学量エントロピーの統計熱力学的理解への近道という訳だ。量子力学におけるシュレーディンガーの波動方程式で有名なシュレーディンガー(Erwin Schroedinger, 1887〜1961年)は学生時代にウイーン大学でボルツマンの講義を受け、後年に「生命とはなにか?」に興味を持って生命は「負のエントロピー」を食べて生きていると喝破した[130]。生物学にもエントロピーの理解が必要である。エントロピーの第3の定義はシャノン(Claude Elwood Shannon, 1916〜2001年)による「情報」に関するもので、情報処理の原理と手法をエントロピーによって考察することができる。エントロピーのまとめを式の形で示しておこう。図26を参照いただきたい。まず、1. はクラウジウス(Rudolf

Julius Emmanuel Clausius, 1822〜1888年) による古典熱力学的なエントロピーで、ここで、Sはエントロピー、ギリシャ文字Δ (デルタ) は小さな変化量、Qは熱量の変化、Tは絶対温度である。ある温度で、吸熱があった時には、吸熱量Qをその時の絶対温度Tで割った量だけSが増加する。逆に発熱であれば、Sは減少する。ボルツマンの式は2.に示される。ここで、kはボルツマン定数、logは自然対数を意味し、Wは可能な状態や場合の数である。Sが大きいのはWが大きく可能な状態がたくさんある、つまり規則性の小さい乱れた状態である。自然は、何らかの仕事をしてやらない限り、より乱れた方向（混沌、カオス）に向かうという、怠け者に都合良さそうなのが第2法則の意味である。怠け者にならないためには、しんどいが努力（仕事を）しなければならない、これが真理というものであろう。3番目のシャノンのエントロピーは、例えば3.に示される。ここでギリシャ文字Σ（シグマ）は和（加算）の意味で、P_iはi番目の状態が起こる確率である。

　熱力学あるいは統計熱力学と全く異なる分野に見える情報工学で、「なぜエントロピーが現れるのか、同じ言葉だが両者は全く無関係ではないのか？」そんな疑問を持たれた読者も少なくないだろう。ここでその詳細を説明できないが、熱力学のエントロピーはある状態・場合の出現しやすさ（エントロピーの大きな乱れた状態は出現しやすい）を示しており、シャノンのそれはある情報の不確からしさを評価するパラメータである。如何様が無ければ、サイコロ振り（確率論[131, 132]ではベルヌーイ過程あるいは0次マルコフ過程と呼ばれるランダム・プロセス）では結果を知らなけれ

ば不確からしさ（情報のエントロピー）は最大で，「偶数の目が出た」という情報があればエントロピーは減少する．「3の目が出た」ことを知れば決定的で，エントロピーは最小（ゼロ）となる．

　文章中であれ，おしゃべりの中であれ，単語はその位置によってエントロピーが変化する．いわゆる決まり文句の中では，次に出てくる単語は読む前に，あるいは聞く前に予測できる．これはエントロピーの低い状態である．「足乳根の」と枕詞があれば，その後には「母」が続く確率が非常に高いことはすでに国語科で勉強した．齋藤茂吉の次の絶唱は多くの国語教科書に載っている．

　　「のど赤き玄鳥ふたつ屋梁にゐて足乳根の母は死にたまふなり」
　　　　　　　　　　　　　　　　　　　　　　（歌集『赤光』）

　　「足乳根の母に連れられ川越えし田越えしこともありにけむもの」
　　　　　　　　　　　　　　　　　　　　　　（歌集『あらたま』）

この考え方は，シャノンが第2次世界大戦中に暗号解析に従事したこと，あるいは後に，チェスに興味を持って専用のコンピュータ・ソフトの作製に貢献したことなどと関連しており，彼の情報理論の中核となるのがエントロピーである．

　数学の立場からすると，歴史的な経過とは逆に，情報のエントロピーが根本的で，統計熱力学的エントロピーはそこから導き出され，さらにクラウジウスのそれも出てくるという．（シャノンはノーベル賞を受賞しなかった．最近まで，彼の理論は工学分野の狭

い範囲のものと解釈されていた．科学理論の一般的成果として，彼の情報理論を超えるものはそうは無いのに．）もっとも，「散逸構造論」のプリゴジン（Ilya Romanovich Prigogine, 1917〜2003年；非平衡熱力学，特に散逸構造の研究で1977年ノーベル化学賞を受賞）の後継者が提唱した「新第2法則」に対して，「新第2法則は存在するか？」[133]の問題提起があり，さらに情報のエントロピーを出発点として，『エントロピーよ，さようなら！』の主張にまで行く議論もある[134]．学生時代に「増えようと減ろうと，減ろうと増えようと，勝手にしやがれエントロピー！」を体験した者にとっては，何とも愉快な話である．

　いずれにせよ「ゴム弾性」の学習は，この世界のミクロな（分子のレベルでの）理解と最新の情報工学の理解に有益な，実に魅力的な課題であることが想像できるだろう．20世紀はエネルギーの時代であったが，21世紀は「エントロピーの時代」になりそうである．エネルギー問題はもちろん今世紀の深刻な課題であるが，その解決策はエネルギーの量よりも，むしろその質についての学習を必要としている．エネルギーの「質」を考察するためには，エントロピーの検討が欠かせないからだ．現今のエネルギー危機の議論は，エントロピーによる質の考察を欠いている点で，極めて不十分である．エネルギー問題の解決に向けて

　　　「若者よ，エントロピーを勉強しておこう！」

　高分子科学の視点から見ると，ゴム弾性は高分子（ポリマーも同義語であり，ゴムは高分子の一種）にとって一般的な非結晶状態

（アモルファスと呼ばれる）で発揮されるユニークな性質である．結晶は規則的な秩序性の高い状態であるが，アモルファスは無定形とも呼ばれ不規則で秩序の無い状態，すなわちエントロピーの高い状態である．したがって，21世紀は「アモルファスの時代」でもある．

「若者よ，アモルファスも勉強しておこう！」

ポリマーにとってアモルファスは自然な状態でその結晶化度は低く，結晶化させるためには工夫が必要である．そして，固体あるいは液体状態でゴム弾性を示すためにはポリマーであることが必要条件である[135, 136]．気体はその分子運動によってエントロピー弾性を示す，つまり気体の圧力もゴム弾性と同じくエントロピー起源である．ゴムは「人間が生存している条件下で」エントロピー変化を可視化して見せてくれるユニークな高分子材料と言える．

高分子は，結晶性，半結晶性，非結晶性に対応して，材料としては繊維，プラスチックス，ゴム（エラストマーもほぼ同義語）[137]として用いられる．繊維とプラスチックスの示す弾性は一般的なエネルギー弾性であり，ゴムの特異性はその非結晶性によることが明らかである．すなわち，ゴムはアモルファス（非結晶，無定形）材料の一種で，この点で無機のガラスあるいはアモルファス・メタルと同じである．しかし，後2者と異なり分子運動（ミクロ・ブラウン運動）が活発であって，例えばマイナス60度以上（ゴムによってこの温度，ガラス転移温度という，は異なる）であれ

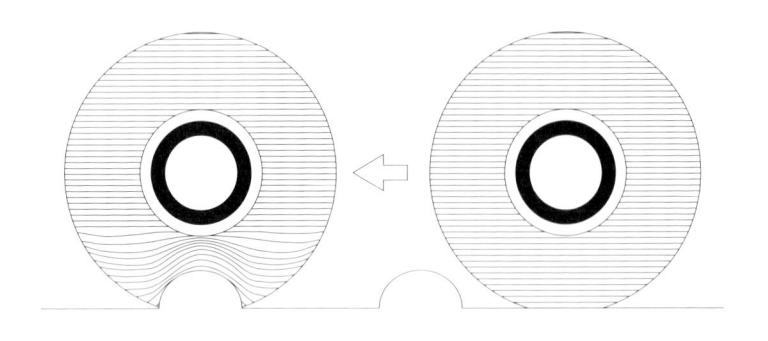

図27 ●自動車に装着されたニューマチック（空気圧入）ゴムタイヤの役割（文献87をもとに作成）

ば低温でも，固体ではなくむしろ粘性の高い液体の挙動を示す．冬のシベリアでも使用可能なゴムタイヤがあるのは，この点を利用した例である．

　以上の説明から明らかなように，ユニークなエントロピー弾性を生かした技術的成果の最大のものの1つが，ニューマチック（pneumatic，空気圧入の）ゴムタイヤである．図27にその機能（働き）を示す．見れば明らかなように路面のデコボコを，車体の路面からの距離の変動を極小に保ちながら通過させるデバイスである．この安定性は，単に乗り心地の良さに留まらず，騒音，高速走行時に路上の異物を跳ね飛ばすことによる被害と車体の損傷など，安全性と環境にとって他には得られない特徴を発揮する．ここで，気体である空気の弾性もその容器となっているゴムの弾性も，エントロピー弾性であることに注意しよう．

　さらに，図27に表現されていないゴム製タイヤの重要な機能

として,弾性のみならずゴム自身の粘性(引っ付きやすさと粘っこさ,ゴム製の粘着剤・接着剤がある)に基づくものがある.タイヤ表面のゴム(トレッド)が路面を掴んでいること,普通にグリップ(grip)と呼ばれる特性である.この特性に依存する分かりやすい性能に走行時の方向転換がある.ゴム以外のソリッド・タイヤではよほどの低速度であるか,安全を期すならばいったん停止してから方向転換しなければならない.ゴムタイヤは走行しながら(もちろん,安全のための低速度の必要性は免れないが)右折・左折やUターンが可能となる.また,固い路面の走行において,ゴムは自身が摩耗することによって路面の損傷や磨滅を最小限にしていることもゴム製トレッドの重要な機能である.これらのゴム特性を生かした諸機能が,ゴムと自動車の切っても切れない関係の由来である.

このようにユニークな性質を持つ物質が,地球上での36億年近い生命の進化の中で天然ゴム樹として生まれ,それがさらに進化して新種のヘベア樹がアマゾン流域で生育していた.これは天の為せる技なのか,それともビッグ・バンにはじまる約150億年の物質進化[138]の必然的結果であって,何の不思議も無いと言うべきなのか?(宇宙のインフレーション理論が提唱されてのち,現在ではビッグ・バンからの時間は約136億年とされている.)そして,人類は物質進化の速度を飛躍的に高め,いや,進化のステップを省略して,天然ゴムをモデルとして20世紀からは合成ゴムを作りだした.今ではゴムと聞いて誰もがヘベアから採取される天然ゴムのことと理解するわけではない.そのような状況のもとで,天然ゴムの将来はどうなるのか?

3 | 天然ゴムと合成ゴム

ラヴォアジェによる化学方法論の確立[139]を受けて、19世紀後半から合成化学が急速な発展を遂げた。第Ⅵ章4節に、天然染料「藍」の化学合成品であるドイツのインジゴが、インドの藍を市場から駆逐したことを述べた。化学合成されたクロロキンが天然のキニーネを不要としたことも1つの例である。そうした化学合成品が優れた特性と工業生産による低価格とによって、天然の産物を市場から追い出す現象は19世紀末から20世紀を通じた一般的なトレンドであった。しかし、幸か不幸かゴムの場合はそうは問屋が下ろさなかった。

化学合成に先立って目的化合物の化学構造を知らなければならない。電磁気学分野の科学者として有名なファラデー(Michael Faraday, 1791〜1867年)は化学にも大きな興味を持ち、化学実験でも優れた才能を発揮した。電気化学分野で顕著な業績を上げたのち、彼は早くも1824年、天然ゴムの化学組成がC_5H_8であることを示した。1860年にウイリアムス(G. Williams)は天然ゴムからイソプレンモノマー(C_5H_8)を単離し、その加熱によりゴム状生成物が得られることを明らかにしている。20世紀に入ってロシアのレベデフ(S. V. Lebedev)やドイツのハリエス(C. D. Harries)によりブタジエン、ジメチルブタジエンの金属ナトリウムによる重合が研究され、1914年ドイツでメチルゴムの工業生産が開始され、合成ゴム工業化の嚆矢となった。第1次大戦中、天然ゴムの備蓄が尽きたドイツはメチルゴムを用いてタイヤを製造したの

である.敗戦後の革命から逃れてデンマークに向かったドイツ皇帝ウイリアム 2 世の自動車は,メチルゴム製のタイヤを装着していた[140].

軍需物質としてゴムの重要性が高まる中,1920 年代にはブタジエンモノマーの合成法が確立し,1930 年代前半にはドイツでブナ(ブタジエンゴム)とブナ S(ブタジエンとスチレンの共重合ゴム),ソ連で SKB(ブタジエンゴム)の工業生産が開始された.天然ゴムがイギリスの独占体制下にあったから,合成ゴムブナとブナ S の工業化成功は,ヒットラーが軍事的制覇に踏み切る際の重要条件の 1 つであったと言われている.同じ頃に米国ではカロサーズ(W. H. Carothers, 1896〜1937 年)が CR(クロロプレンゴム)の開発を成功させている.ドイツではさらにブナ N(ブタジエンとアクリロニトリルの共重合ゴム)も生産され,第 2 次大戦中の合成ゴム生産は年 11 万トンに達した.日本軍のインドシナ,マレー半島,インドネシア占領によって天然ゴムを輸入出来なくなった米国は,合成ゴム開発を国策として[9]乳化重合法によるSBR(スチレンとブタジエンの共重合ゴム,ドイツのブナ S に相当),NBR(ブナ N 相当)の生産,そして IIR(イソプレンとイソブテン共重合ゴム,タイヤのチューブ用)の開発と生産を行って必要最小限の天然ゴムで戦争下の非常事態を乗り切った[141,142]注38).その規模はドイツをはるかに凌ぎ,1945 年の SBR の生産量だけで 72 万トンにおよんでいた.

第 VII 章に述べたように,1920 年前後にイギリスの天然ゴム独占体制が確立した後,ゴムの戦略物質としての重要性は増々大きくなっていった.フォード自身はそれを意識してはいなかった

であろうが，客観的状況からは，フォードのゴム栽培事業（フォードランディア）も材料としてのゴムの重要性を踏まえた反独占体制の動きの1つであった．それらの動きの中で，合成ゴムへのアプローチは成功を収めたが，天然ゴムの栽培に着目した側は失敗に終わった．この結果は，ゴムに限らず多くの合成品と天然品の競合について共通している．ただ，天然ゴムが他と違っていたのは，合成ゴムとのシェア争いでは一時期30％以下まで落ち込みながらも，30％台を維持しつつ少しずつシェアを回復して，21世紀前後からは40％以上を保っていることである．1970年頃までゴム関係者が聞いていた，「いずれ天然ゴムは消えて，合成100％になる」という説は久しく聞かれなくなった．

この天然ゴム生き残りの内的な要因の1つは，早くも1925年にKatzにより報告された天然ゴムのユニークな伸長結晶化能力である[143]．シンクロトロン放射光の利用によって伸長とX線の時分割測定が可能となり，その機構と伸長結晶化に基づく優れた物性が解明されつつある[122,144-154]．すなわち，天然ゴムはアモル

註38) 組織としては1940年6月にRubber Reserve Companyが発足し，ゴムの再利用，合成ゴムの生産，天然ゴムの調達を任務として，民需用のゴム消費を制限して軍需用を優先した．後に，Rubber Development Cooperation（RDC）として再編されて，3つの任務の内でも合成ゴムの開発と生産に最大限の人的・物質的資源が投入されたことはもちろんである．「天然ゴムの調達」もアマゾンでの野生ヘベア樹からのゴム採集の他にも，コスタ・リカでカスティロア（Castilloa）からのゴム採取，アリゾナ州でワューレ（Guayule）[142]の栽培など可能な限りの手が打たれた．ただし，RDCとフォードランディアとの関係についての研究は十分にはなされていない．フォード社は政府機関との接触を必要最小限に留めるのが一般的な傾向であったから，米国農務省がブラジル北部農業試験所（所長はFelisberto Cardoso de Camargo[14]）を通じて間接的に技術的アドバイスをする程度で終わったのかもしれない．

ファス材料でありながら、実際の使用条件下で一定値以上の変形を受けると結晶化(これを伸長結晶化と呼ぶ)が起こって自己補強性を示す．言い換えると、補強材を添加しない場合でも、天然ゴム自身の伸長結晶化により生成した結晶部分がゴムに力学的なタフネス、つまり強さを与える．この変化は可逆的であって、変形が無くなると元のアモルファス状態に戻る．すなわち、天然ゴムは極めて賢く、必要な時には自発的に結晶化して自分を強くして自らを守る能力を備えている．自然は、ユニークな賢さを持つ(インテリジェント)材料を創造していたのだ．さらに、シス-1,4構造が100%と考えられる天然ゴムの立体規則性[155]は、化学合成された*シス-1,4-ポリイソプレン*ではいまだ達成されていないことも天然ゴムが生き残った大きな要因と言える．工業化されている合成ポリイソプレンのシス-1,4構造は90%から96%で、伸長結晶化能力は低い．学校の試験で96点もとれば最優秀賞ものだが、ゴムの伸長結晶化にとって、完璧つまり100点と96点との差は無限に大きい．

外的な要因は合成ゴムの原料となる石油の価格変動である．化石資源である石油はいずれ枯渇する運命にあり、再生可能な植物資源である天然ゴムとの相対的な価格動向は、21世紀には天然ゴムに有利に展開すると予想される．天然ゴムの再生可能(renewable)な特性はサステイナビリティ(sustainability)の重要因子の1つであり、石油や石炭は再生可能ではないからだ．これらの内的および外的要因は天然ゴムが21世紀を通じて必要とされるであろうことを示唆しており、現在では、ヘベア樹の栽培そのもののサステイナビリティが問われている．

4 原産地アマゾンでヘベア樹の「栽培」は可能なのか？

　フォードのゴム栽培事業フォードランディアの失敗は，「アマゾンでは（あるいはブラジルでは），ヘベアの栽培は不可能だ」という，ヘベアの故郷であるブラジルにとっては受け入れ難い結論を示唆してしまった．「あのフォードですら失敗したのだから」との感性的な教訓に過ぎないとする見方もあるが，この仮説（結論）の妥当性とその意味するところはいまだ十分な議論がなされたとは言い難い．プラント・イントロダクションの植物学的・農学的，ひいてはその社会的意義，さらに天然ゴムの将来を考える上でもこの議論は現代的意味を持っている．

　まず，なぜもっと早くにブラジルでヘベア栽培が行われていなかったのか？　答えは簡単である．野生ゴム樹から採取する方が安かったからである．これは中米からアマゾン流域全体について言えたことであろう．また，ヘベア・ブラジリエンシス（*Hevea brazilinesis*）だけではなく（本書では特別に，ヘベアと記してこの種のみを指している）*H. guianensis, H. benthamiana* などブラジリエンシス（*braziliensis*）以外のヘベア属の種（序章1節参照）の他にも，カスティロア，クロスが持ち帰ったセアラなど多種類の野生ゴム樹をジャングルで見ることができたから，栽培は検討対象にはならなかった．特に，すでに数十年におよぶ採集の経験から，優秀さを認められていたヘベア樹が多く野生していたアマゾンで，栽培は不要と考えられたのも当然であろう．

　筆者にとってさらに意外だったのは，「植物は元来の生育地が

一番の栽培適地である」と長く信じられてきたことである．（生物学的にこの命題がどの程度の，あるいはどのような場合に，一般的な妥当性を持つのか，筆者はいまだ明らかにできていない．）この信念はかなり一般的であったから，ヘベアの植物学・農学研究の途上で「イギリス人によるセイロンでのヘベア栽培は成功しない」と主張する有力な植物学者が，1900年になってもいたようである．その1人ロドリゲス（B. Rodrigues）はセリンゲイルの悲惨な労働条件を改善するためにアマゾンでのゴム栽培を推奨した．上記の命題から，アマゾンでのゴム栽培はセイロンなどと異なって，容易に実施できると考えられていたのである．しかし，彼の主張はその意図に反して栽培の実現には向かわないで，結果的に従来の「採集」段階に留まらせてしまう結果となってしまった[14]．

1906年，ブラジルからの3万トンに比してアジアからのゴムの輸出はいまだ取るに足らない量であったとは言え，その増加傾向に気付いたブラジルの副大臣会議は，直前にアジアを訪問して来たカルモン（Miguel Calmon du Pin e Almeida）を委員長とする調査委員会を設置して報告を求めた．11月，彼はまず英国インド省によるヘベア種子の持ち出しの詳細を報告した．ブラジルでは1906年の時点でも，この話が「よく知られた話」とはなっていなかったのである．さらに，彼は10年以内にアジアからの輸出は2万5000トン，すなわちブラジルの野生ゴム採取量と対抗するものになるだろうと予測し，「ヘベアはアマゾンでしか育たない」と主張したロドリゲスを批判した．（カルモンのゴム生産量予測も，アジアのヘベア・プランテーションについては過少評価であっ

た。5年後にはブラジルの野生ゴムを越え、10年後にはゴム市場を牛耳ってしまったのだから。)さらに彼は、アマゾンでの前近代的な採取システムの合理化と、栽培の促進を強く主張した[14]。副大臣会議はこの報告を受けて、当初「真面目に」動いたのだが、議会での取り止めも無い議論の果てに、いつの間にか消えていった。「ブラジルらしい結末だ」というわけではなく、議会での議論は世界中どこでもそんなものと言えなくもないのだが。

その次は1910年である。さすがに危機的状況が感じられたのであろう、約70人のゴム関係者がマナウスに集まり会議が開かれた。討論の結果、連邦政府へゴム採取とゴム栽培への援助を要請するとともに、ウーバー (Jacques Huber) を派遣して1906年のカルモンが訪問した跡を再調査させた[14]。彼は「ウイッカム樹はヘベア属の中でも劣った種であるか、雑種に過ぎない」と考えていた。途上ロンドンでの会議に出席し、たまたまウイッカムが出席している場でこの疑問を述べたのである。しかし、セイロンとマラヤを回って彼は失望した。そこでウーバーはヘベア・ブラジリエンシスが立派に繁茂しているのを目撃したからである。1911年末に帰国し、アジアと対比してブラジルのゴムの困難な状況を報告したがその必要はもう無かった。その年、野生ゴムの雪崩のような敗退がすでに始まっていたのである。

ブラジルのみならず中南米各地、例えばトリニダード島(英領であった)、英領ギアナ(現在のガイアナ)、オランダ領ギアナ(現在のスリナム)などでヘベア栽培の試みはフォードランディア以前にも為されていた。早くは1890年代後半から、セイロン、マラヤでの栽培が成功しつつあることを知ったプランター達が、セ

イロンあるいはブラジルからヘベア種子を購入して試行を繰り返していた[14]．しかし10年以上継続できたプランテーションは極めて少ない．フォードランディアで悪戦苦闘が繰り広げられていた1931年，アマゾナス州のアマゾン本流右岸のパリンチン（Parintins）村で日本人移民が11万5000本（フォードランディアに次ぐ規模であった）のヘベア栽培を始めたが，これも数年後には州政府に売却された．

これらの失敗したヘベア栽培経験の詳細が十分に明らかにされていないのが残念ではあるが，

(1) 優れたヘベア種の選択，
(2) 栽培初期段階での適切な条件設定と処置，
(3) 順調な栽培の維持，
(4) 種々の害虫と病気対策，
(5) 南アメリカ枯葉病（SALB）対策

などの，栽培プロセスにおける一連のステップを，中・南米のゴム・プランテーションは通過出来なかった．必ずしもすべての場合に，最後のそして最大の難関であるSALBが立ちはだかったわけではなく，それ以前のステップで終わってしまった例の方が多い．慰めにはならないだろうが，あれだけの規模（300万本近いヘベア樹があった）を持ったフォードランディアが，最終段階(5)のSALB対策に取り組むステップにまで到達していたのは，中・南米のゴム・プランテーションの中で最も成功に近づいた例である．「フォード社だったからこそ，そしてジョンストンが

フォードランディアにいたからこそ、そこまでできた」は筆者の率直な感想である．ブラジル側の 1945 年以後の努力については Dean の書の最後の 3 章に詳しい[14]．

　上記プロセスとは別のアプローチとして、SALB 耐性の高いゴム種の探索から始めることも検討の価値があるとされて来た．ヘベア属にも数種 *Microcyclus ulei* 菌（註 24 を参照）に感作されない種があるし、この菌は一般にはヘベア以外のゴム樹は反応しない．この考えによって、国際組織やブラジル政府が組織したものから個人によるものまで含めて多数の、おそらく数百に達する探検隊・調査隊が組織されて、アマゾナス、アクレ、ロンドニア、マット・グロッソ各州のアマゾン奥地での探索が行われた．しかし残念ながら、いまだにウイッカム樹以上のものは報告されていない．見出された SALB 耐性が高いとされた樹においてもその抗 SALB 性は十分なものではなく、さらにほぼ例外なく肝心のゴムの収量が低いものであった．偶然とも言えるが、植物学者では決してなかったウイッカムの、おそらく見栄えと「勘」に頼った選択を超えることが出来なかった．若い彼のニカラグアそしてオリノコからアマゾンのジャングル彷徨は、勘を育てる上で決して無駄ではなかったのかもしれない．ヘベア後の彼のプランターとしての「勘の悪さ」は、ここでは問わないことにしよう．

　植物学の心得も無い筆者の、SALB 対策についての個人的意見はすでに註 24 の最後に記した．再録すれば、「現時点での可能性は、ゲノム解析の結果に基づいた遺伝子操作など最新のバイオ技術によって、全く新しいヘベア種（それは結果としてヘベア種に分類されない可能性もあるが）を創出することだろう」である．この

種のバイオテクノロジーの進展は、期待されていたよりは遅れている．この見解が正しいとすれば，「当面，ブラジルでのヘベア栽培は無理である」という結論になる．野生樹からの採取と，アマゾン以外の土地での小規模なヘベア栽培ではブラジル国内の天然ゴム需要はまかなえないし，ましてや輸出することは論外でしかない．1951年，ブラジルコーヒーの世界への輸出港サントスに荷揚げされたアジアからの栽培天然ゴムは，今に至るも輸入が継続しており，しばらくはブラジルのアジアからの天然ゴムの輸入は，量的に増えても減ることは無いと予想される．

 以上の経過を顧みて，このヘベアのプラント・イントロダクションを成功させた大英帝国の底力と，Brockway[12]が示したようにそれを現実のものとしたキュー植物園とウイッカムの大きな役割を想わざるを得ない．オランダ，フランスなどの列強のヘベア移植の試みの多くが成功と言えるレベルには届かなかったこと[156,157]，を考えるとその感はいよいよ深く，原産地アマゾンでのヘベア樹栽培は，いまだに農学史上の検討課題として残されている．

 この当面の結論は，

> 「ヘベアの栽培化（domestication）は原産地のアマゾンでは不可能で，プラント・イントロダクションによって風土病である天敵（SALB）の影響を断ち切ったアジアで初めて可能となった」

という極めてユニークな歴史的事実を明らかにし，旧石器時代後

期に始まって新石器時代をもたらした植物におけるドメスティケーションの複雑さを示唆している．すなわち，ヘベアでは1万年前の農業革命の時とは逆に，プラント・イントロダクションが栽培化に先行した．この実例は農業革命の偉大さとともに，その多様性を際立たせている．そして，「熱帯雨林のサステイナブル・ディベロップメント（sustainable development）がどうあるべきか？」の議論とも深く関わっている．この難問にはいまだ一般的な解答が見出されていない[158, 159]．熱帯雨林の破壊が進行している[160]中で21世紀の遅くない時期に，人類が解決しなければならない重要課題である．地球全体に与える気候への影響1つを考えても避けては通れないものであり，ブラジルにおけるヘベア栽培の可能性のさらなる検討が，その課題の一部分であることも明らかである．

5 天然ゴムに魅せられた人々：ウイッカムとフォードをめぐって

ここまで読まれた読者は，ウイッカムとフォードについて両者の似ている点をいくつか指摘できるだろう．まず，2人とも日本人好みの「一匹オオカミ」であった．かなり自己中心的であったが，生き方として安逸に流れることは無かった．ウイッカムが成功させたヘベア種子のプラント・イントロダクションの第一歩，そしてフォードのT型車の大成功，振り返ってその経過を総合的に見ると，それらの成功のために彼らが必須の人物であったことが強く示唆される．コリンズでも，また子フッカーのお気に入

りであったクロスでもヘベアの持ち出しが成功したとは思えない．また，機械工フォード以外の誰かがあの時点で「大衆車」T型のデザインを考え，世に送り出せたとも思えない．これはその時代のトレンド，あるいは時代の要求を先取りしてそれに応えるために，個人のレベルで必要な資質は何なのかを考える上で有用な題材であり，この物語はそうした分析の出発点を与えているのではなかろうか．

　もちろん，自己中心的な人物の周りには，必ず被害者がいる．ウイッカムの場合には妻のヴィオレットがその役を担ってしまった．平凡なロンドン娘であった彼女があれほど立派にやってのけたのに，結局ウイッカムにはついていけなかった．社会的により大きな役割を担ったフォードの場合，当然のことながら被害者は多数に上る．筆者が思うに，その中でも最大の被害者はひとり息子のエドセルであったろう．彼は自身にも多くのアイデアが湧き上がっていたであろうにそれらを閉じ込めて，「理不尽」としか解釈できないような父の主張に逆らうことなく，それを受容してかつ実際にはマイナス面が父を傷つけることの無いように，最大限の努力を払ったと思われる[100]．彼の若い死はそのためのストレスに起因するのではないかと思えるほどである．父自身は，息子の食事に栄養面での問題があると考えていたようではあるが．

　そして，学者・研究者にとって残念なことに，2人とも専門家に関心がないか，必要性を認識しなかったか，あるいははっきり嫌いであった．その道の専門家の学識を信用していなかったわけではないだろうが，少なくとも積極的に使うことは無かった．キュー植物園と接触を保ちながらも，ウイッカムは植物学者の意

見を求めることは全く考えなかったし，後にも専門家の言うことだから信用するというような常識的な発想は全く無かった．2011年の福島原発の事故による史上空前の被害の経験は，我々日本人が原子力関係専門家の言うところを「専門家が言っているのだから」と安易に信用してしまったことも一因である．ウイッカムをもっと見習うべきなのかもしれない．

T型車成功の要因の1つは開発されたバナジウム合金による軽量化であった．これは当時としては画期的な技術であったが，その開発者ワンダシー（J. Wandersee）は掃除夫として1902年にフォード社に雇われた人物であった．彼は後にフォード社の金属部門のトップになっている[101]．フォードは東部の大学，特にいわゆるアイビー・リーグの名門校出身者は好みではなく，「もしフォード社に入社したかったら，大学卒の肩書は隠せ」と言われていた．この噂は半分以上事実であったらしく，フォード社に就職したエリートが失望して退職していった例が数多くあり，また大卒を隠して採用された社員がかなりの数いたそうである．アメリカは「実力主義の国だ」は一般的には正しいが，この「プロフェッショナルよりアマチュア」の，非アメリカ的な方針が有効でもあったところにフォードの鋭さがあった．それはまたアメリカが世界を制するに至った力の源泉の1つであるのかもしれない．

もう1つ，前章および前節にも説明したが，失敗までのフォードランディアの表面的な経過は，多くの科学者に次の疑問を抱かせていたかもしれない．「なぜ，植物学・農学その他の専門家にもっと早くに相談あるいはそうした人を雇用しなかったのだ？」

と．しかしすでに触れて来たように，客観的に見てそれは失敗の原因では全くなかった．端的に言えば，それを実行していたとしてもより支出が膨らんだだけで，失敗の結果には変わりなかったのではないか，と筆者には思われる．学者・研究者は原因究明を理由にして，色んな実験やシミュレーションなどお金の掛かることをやりたがるものだから，「もしクレオパトラの鼻がもっと低かったら」の類だが，「もしリドレイが招聘されていたら？」と仮定することは，科学者には少しばかり楽しい．ゴム栽培に情熱を傾けた彼であっても，マラヤでの経験には無かった新しい事態であったから，余計に他の人にはマネのできないリドレイらしいアイデアのもとに，「何か新しいこと」を試みたかもしれないと思いたくなる．それが具体的にどんなことかは，筆者には見当もつかないが．

　ウイッカムとフォードの両者ともに，役所が好きではなかった．ウイッカムは死ぬまで役所との接点は最小限であったし，フォードは連邦政府と関わりを持とうとはしなかった．第1次大戦時，時の大統領ウイルソンの勧めもあって，ミシガン州選出の議員に立候補するような噂もあったが，結局出なかった．フォードランディアは，戦略物質であったゴムを確保する点で，連邦政府との協力関係があっておかしくはなかった．しかし，ワシントンとの事務的連絡すら十分には持たなかったようだ．大恐慌から第2次大戦にかけての間，F. D. ルーズベルト大統領との関係はぎくしゃくしていて，戦時体制への協力の点でフォード社はGM社に随分遅れをとり，大恐慌からの回復が遅くなってしまった．この役所嫌いはある意味で常識的である．古今東西，政治家が役

人の悪口を声高に言うことは，庶民の喝采を受けるに有効な策であった．役所嫌いが専門家嫌いと相関しているのかどうか分からないが，両者に何らかの関係があってもおかしくはないのかもしれない．

　両人共に自分の判断に「過剰な」自信を持っていた．少なくとも他人からはそう解釈できる行動に終始したと言える．これは自己中心的な一匹オオカミにとって必然的なことであろうし，専門家を交えたグループによる検討が全く発想に無かったこともその帰結である．組織の長であったフォードの場合，典型的とも言える「トップ・ダウン」であった．頼るべきものは「勘」，エジソンの言うインスピレーション (inspiration) であったろう．彼らに理論的あるいは科学的であることを求めても，それは「無い物ねだり」であった．その背景となる専門的教育を2人は受けていなかったのだから．それ故に，感性的な生来のものに頼らざるを得なかったのだろうか．普通そのような場合には，世間の「常識」が感性に代わって指針を与えてスムーズにことが進む．しかし，2人は世間の常識からは遠かった．理由の説明は困難だが，両者共に世間の常識に学んでそれを大切にした気配は全く無かった．動物一般と同じく人間にあっても，感覚や感性の鋭さは遺伝的なものが大きいと考えられてきた．しかし，最近はそれを育てると称する教育がはやりである．その教育効果について科学的検討結果が待たれる．2人がそうした教育なしに鋭い感覚を持っていたことがどう説明されるのか？　その答えは感性を養成すると称する「教育」の効果を判定するためのいわばリトマス試験紙になるかもしれない．

最後に,「時代の子」の観点からはどうだろう？　ウイッカムが大英帝国のビクトリア女王時代の子であることは間違いないが,マーカムと比較すると両者の差に驚かされる.植民地時代におけるイギリス人のありかたとして対照的だった.いわゆる運の差だけではない,性格の差だけでもない,何か大きな違いがあったと言わざるを得ない.後世に与えた影響・効果からすれば,成功した取り組みは1回だけだったウイッカムの方が大きな影響があったのはなぜだろうか.本書の記述を出発点として,歴史家によるもっと実証的な分析が欲しいところである.ウイッカムに少し遅れたとは言え,リドレイもビクトリア時代の子であったが,この2人も全く違っていた.性格の差に加え,学者と普通人の差があった.ウイッカムは決して普通人ではないが,学者と対比する意味では普通人と言って良い.このペアの対比ではウイッカムはむしろ普通で,彼を嫌悪したリドレイがなぜか異常であったように見える.そういえば,リドレイはセイロンで贈られた1万粒を越えるウイッカム由来のヘベア種子をどう扱ったのであろうか？　シンガポールへの赴任途中であったのだから,常識的には着任してすぐに栽培を始めたと想定される.しかし,このかなりの数のヘベア種子について栽培の記録は全く残されていない.シンガポール植物園長としてゴム栽培に心血を注いだリドレイが,何の記録も残さなかったのは不自然と言うほかはない.彼にも何かウイッカム以上に,物に憑かれた様に発想し行動するところがあったのかもしれない.

　フォードももちろんのこと時代の子であった.新興国アメリカが,南北戦争による一時期の遅れを克服して,ヨーロッパ列強の

帝国主義的植民地争奪戦に参画し，先進国に伍してトップに迫ろうとする時代であった．その「パクス・アメリカーナ」への機運が現実のものとなってゆくアメリカの20世紀を先導したのが，フォードのT型車ではなかったか．しかしながら，自動車王として，また「最もアメリカ人らしいアメリカ人」としていわゆるマスコミからいかにもてはやされようと，フォード自身はアメリカ合衆国のパクス・アメリカーナへの途を先導したとは意識していなかったであろう．社会的に幅広い人間関係を心がける，そんな殊勝さを彼は持たなかったから，家族とお気に入りの人々との関係を最大限大切にし，あとはビジネスに欠かせない人間関係に限っていたように思われる．そして，ビジネス上の目前の問題を精力的に処理していった，それが彼の生き方であった．

そんな2人の間に直接的な関係は全く無かった．フォードにとってゴムはファイヤーストーン社から納入されるタイヤであり，アジアのゴム栽培のこともリドレイのことも関心の外にあった．まして，ウイッカムについてその名前も知るところではなかったろう．そんな彼がアマゾンでのゴム・プランテーション事業，フォードランディアに乗り出したのは，農家であるフォード家に生まれた彼自身が，生涯にわたって持ち続けた農業への関心，特に工業と農業の有機的共同事業への関心が基盤にあったからである．その上にファイヤーストーンのかなり個人的な要請があって実現したものと言える．失敗に終わったその事業を含めた歴史的な結果として，「ゴム－タイヤ－自動車」のつながりが2人を結びつけている．フォードランディア以前に生きたウイッカムがマーカムの支持のもとでヘベアの移植を担当し，リドレイに

よるアジアにおけるヘベア栽培の成功によって輸出されたゴムが,最終製品のタイヤとなってフォード車に装着され,フォードによる「パクス・アメリカーナ」を走らせたのである.これは,「風が吹いて桶屋が儲かる」類の話なのだろうか?

 2人ともそれぞれに極めてイギリス的であり,アメリカ的でありながら,2人がやったことは国境を越えて国際的な意義を持ち,また20世紀における大衆化トレンドの浸透を推進し,それを世界的なものとする結果をもたらした.大衆化とグローバリゼーションのトレンドは21世紀も継続しつつあり,サステイナビリティ(sustainability)の点からは楽観視できない局面も予想される.次章ではこの点に焦点を絞って21世紀を考えてみよう.

6 おわりに

 本書のサブタイトルとした「ヘベアの世界一周オデッセイ」は事実ではあったが,フォードランディアの失敗を知ってしまうと,その世界一周は「あだ花」にすぎなかったことになる.しかし,失敗した実例こそ検討の値打ちがあるのではないかと考えて,ブラジルでのヘベア栽培についての歴史的な検討を行った.少なくとも現時点において,この考察の結論は正しいと筆者は考えるが,ブラジルなど中・南米のゴム関係者にとっては承服し難いものであることも,認めるにやぶさかではない.Deanの文献12における後半の記述はかなり込み入ってはいるが,大局的には筆者の現時点での結論を否定するものではない.同時に,アジ

アにおけるヘベア樹とブラジルのコーヒーはモノカルチャーの成功例であるが，その成功はモノカルチャーにより形成された農業経済構造そのものの成功を保障するものではないことも確かであろう．門外漢からの提起ではあるが，これをきっかけにして植物学・農学分野でさらに討論されることがあれば，筆者としてこれに過ぎる喜びはない．

また，ウイッカムとフォードの2人を結びつけている「ゴム－タイヤ－自動車」のつながりは，前者が生きた時代の「パクス・ブリタニカ」から，フォードが先導した「パクス・アメリカーナ」への転換経路の1つを示唆している．他の経路を否定するものではないが，これはその世界史的な転換の跡をたどることが可能な主要ルートの1つであることは納得いただけるであろう．よく似ていると言えなくもない2人が，時間差を持って大英帝国とアメリカ合衆国に現れた．そして，2人ともそれと意識しないままに，結果として一種の共同事業を推進していった．人間のやることだから，もちろんたくさんの失敗があった．しかしそれらを越えて，好むと好まざるとに関わりなく，20世紀後半から21世紀の人間社会はこの2人の踏み跡の延長線上にある．

第Ⅸ章 | *Chapter IX*

21世紀における「交通化社会」と人類

1 はじめに:天然ゴムをめぐる現代史

　前章まで,天然ゴムを軸とする歴史をたどって,20世紀も前半を終えた.パクス・ブリタニカの下で天然ゴムは世界をめぐり,紆余曲折を経て19世紀末に現れた新しい交通機関,自動車をその足元から支える体制を整えていった.自動車は新興工業国アメリカという地の利を得て拡大を続け,20世紀も後半に入ってパクス・ブリタニカからパクス・アメリカーナへのバトン・タッチをもたらした.パクス・ローマーナ(ローマ帝国による平和)の崩壊からパクス・ブリタニカの確立までに,1000年以上の時間が経過したことを考えると,新興工業国アメリカの躍進の速度は驚異的であった.鉄器時代開始の少し前に現れた馬車や牛車が拡大して,ローマ時代から20世紀初めまで広範に利用されたのと比べて,19世紀末から20世紀初頭に現れた天然ゴム製のタイヤをつけた自動車の普及・拡大は歴史的に見て,驚くべき速さであった.「あっという間に」と言ってよく,この急速な変化がパクス・アメリカーナへの推進力の1つであった.そして天然ゴ

ムの有用性が、合成ゴムの開発を促進し成功させて、現在の「交通化社会」をもたらしたのである．この大きな変化は、ゴム製のタイヤ無くしてあり得なかったであろう．

歴史的に見ると、アメリカの躍進はパクス・ブリタニカの脆弱性によるものでは全くないと言える．すなわち、

(1) 「アメリカ」という歴史上かつて無かった恵まれた地理的条件（豊かな天然資源[註39]に加えて、広大な北アメリカ大陸の温帯地域を占めている）のもとで、
(2) アメリカの世界歴史の舞台への登場は、手工業、家内工業、マニュファクチャーを経過した後であり、産業革命により新たな息吹を吹き込まれて成長しつつあった資本主義経済のもとで、ヨーロッパに続いて「大工業」の成長が可能となったこと．

この2つの条件の重なりが相乗効果（算数の1+1=2ではなく、1+1が4にも6にもなるような効果）をもたらして、パクス・アメリカーナへの転換が起こったと解釈される．(1)と(2)はアメリカでフォードのT型車をはじめとする自動車のマスプロとその急速な普及を可能とした条件であったことに注意しよう．結果的に

註39) 文献117では「天然資源に恵まれた国の経済が、何故うまく行かないのか？」が主題となっている．アメリカ合衆国は例外的で、資源が豊かで、しかも経済的に成功させている．カナダ、オーストラリアもほぼ同様であり、大英帝国の植民地で実際に「植民」が行われたことが共通している．文献117のアプローチとは逆に、これら例外の共通項について社会科学的な分析の結果はあるのだろうか？

は，広大なアメリカの国土では産業の活性化に自動車の存在が不可欠で，「必要は発明の母」であった．

　この歴史的観点からすると，地理的条件に加えて

(3) パクス・ブリタニカの一翼を担うはずであった植民地アメリカが，早期に政治的独立を勝ち取ったこと．

も重要な条件であった．この比較的早い独立は次の事情によっている．大英帝国は世界中に多くの植民地を獲得したけれども，イギリス人が本当に「植民」したのは北アメリカ大陸のカナダとアメリカ，そしてウイッカムのオデッセイの1つとしてクイーンズランドについて第Ⅴ章に述べたように19世紀末から植民が本格化したオーストラリアだけであった．アメリカの先住民（アメリカン・インディアン）やオーストラリア先住民（オーストラリアン・アボリジニ）の絶対数が少なく，人口密度が希薄であったことも植民に有利だったのであろう．（逆に，先住民にとっては不幸なことであった．）

　対照的にインドは，過去に高度な文明を築き上げたインド人がその後も歴史上有力な国家として周辺地域を支配して来たし，人口の面でも過疎地では全くなかった．インドへの植民は少数で，端的に言えばイギリス人は「出稼ぎ」でインドその他の植民地に滞在したに過ぎなかった．国家が植民を奨励して直接的に支配したのではなく，東インド「会社」がその役割を代行したのは，結果としては実に巧妙な政治的支配だったと言えよう．東インド会社は軍隊を持っていたが，その兵士の多くは雇用されたインド人

であったし，ゴムの樹へベアのプラント・イントロダクションも，大局的には東インド会社の事業の1つであった．資本主義経済のもと，今日の会社（企業）のありかたについての社会科学的分析において，その起源でもあった東インド「会社」やアフリカ「会社」（イギリスのそれだけではなく，フランス，オランダその他を含めて）のさらなる研究が必要なのかもしれない．

歴史と歴史学は博物館や図書館に収納しておくだけのものではない．人類，地球，そして宇宙のこれからを考え行動する出発点となるべきものである．天然ゴムを軸とする歴史においても，今後の展開を考えるべきであるし，当否はともかくとして少なくともその試論を提供することは筆者の義務であろう．そして，これからの時代の展開はサステイナブル（sustainable）であることが強く求められる[117,122]．「サステイナブル・ディベロップメント（Sustainable Development）」の定義を示そう[161]．これは国連関係組織であるWorld Commission on Environment and Development（WCED，委員長の名を取ってBrundtland Commissionとも呼ばれる）によるものである．

> "Development that meets the needs of the present without compromising the ability of future generations to meet their own needs"（WCED, 1987）
>
> 「後の世代の人々が彼らの必要を満たすのに不自由しないように，現在の我々の必要性を満たすことができるような「社会のありかた」」（筆者による試訳）

"sustainable development"にはかつて「持続的開発」が訳語として提案された．この訳語には最初から異論があった．また，「持続的発展」がその後多用されているが，「発展」でも筆者にはしっくり来ない点があり，上記の試訳では「社会のありかた」とした．ここまでくると翻訳の問題ではなく，元の英文そのものを変えなければならない可能性もある．好みによることになるが，本書では以後サステイナブル・ディベロップメントと表記してこの意味で用いる．

今も，そして予測も困難な将来にわたって，日本の福島で起こった原子力発電所の事故（2011年3月）が深刻な問題であるのは，それが日本人のみならず人類のサステイナビリティ（sustainability）に，つまりは我々に続く世代の運命に「あまりに深く」関わっているためだと言える．サステイナブル・ディベロップメントをどう考えるのか，いや「どう実践していくか」が，これからの地球の運命を決定づける最も重要な因子と言って差し支えないだろう．今回の天然ゴムの歴史もこの観点から，天然ゴムの将来と天然ゴムが関わる人類社会の将来を考える手がかりを与えてくれる．天然ゴムはそれ自身がサステイナブルな材料[122]だからこそ，本書でこの考察は欠かせない．

2 │ 19世紀にはじまった「交通化社会」への途

古代およびそれ以前における人類の発明の中で最も偉大なものの1つは，紀元前3500年頃と推定される「車輪」の発明[18, 21]で

あろう．私見であるが，この発明が偉大である主な理由は車輪が自然には無いものだからである．試みに自然界で車輪を用いて移動する動物（昆虫や菌類を含めて）を探してみるがよい．おそらくこの地球上には発見できない．生体模倣技術（この訳語は真似（まね）が前面に出て，バイオ研究者に好まれない．ここでは英語でバイオミメティクス（biomimetics）を用いる）による技術の開発，つまり自然を真似ることは，「自然に学ぶ」とされて20世紀後半からのバイオテクノロジー流行下でのキーワードの1つである．自然に学ぶに反対することは難しく，その点でやっかいな標語と言えるかもしれない．

自然を真似ることが「学んだ」と誇りにすらなるのは，自然はそのままでサステイナブルなはずだとの信念と，人間の為すことは誤りが多い（事実，そうかもしれない）のとは違って，自然の為すことにはインチキは無く従ってミスもないとする考え，端的に言えば「誤解」に立脚している．自然の為すことにも人間のそれと同じく誤りも多い．いや人間よりも自然の方がより多くの過ちをしている可能性がある．なぜなら，自然界の出来事は「自然」なのだから如何様（いかさま）やインチキは全く無く，科学的にはコイン投げやサイコロ振りと同じ単純ランダムプロセス（確率論では0次のマルコフ連鎖）として近似され，2つに1つはミスである．しかし，自然の誤りは，生きている時間のスパンが短い人間には認識が難しい．

バイオミメティクスについてさらに付け加えるなら，日本人として2人目のノーベル生理学・医学賞の受賞者となった山中伸弥教授のiPS細胞（induced Pluripotent Stem cell）の研究[162]は，それま

での ES 細胞（Embryonic Stem cell）の研究と異なり，自然界で進行している方向とは全く逆の，自然には進行しない分化後の細胞の「初期化」に成功したものである（2012 年 10 月 9 日の新聞報道）．
バイオテクノロジーの分野でもアンチバイオミメティクス（anti-biomimetics）が優れた独創性を持ち，研究発表（2006 年）から 6 年後と最短の待ち時間でノーベル賞を獲得していることは，「科学研究における独創性とは？」を一般的に考察する上で教訓的である．

自然界における生物進化の結果，形態の変化が認められるまでのタイムスパンはおそらく数万年を越えている．生物進化の原理である「適者生存」，すなわち "survival of the fittest" に従って自然淘汰された結果を自然として見ているから，自然の犯した誤りを「見る」ことは人間には不可能である．もちろん，結果的に絶滅した種であっても，その原因は「誤った」変異が理由と即断すべきではないだろう．生き物は複雑な存在であって，いくつかの観点から決定的と考えられる条件を，十分に長いタイムスパンにわたって観察し解析した結果を踏まえた結論でなければならない．バイオが流行している今だからこそ，古生物学のように若者には黴くさいと敬遠されかねないような学問が，人類の将来を考える視点からもっと奨励・援助されるべきではないだろうか．

さて初めの話に戻して，車輪の発明は人類の，

(1) 重量物を運ぶ能力を飛躍的に高め，
(2) 行動範囲を広げ，
(3) 行動速度を高めたのである．

しかし、この世に無制限・無条件は無い。どんな偉大なものも必ず条件付きである。(例えば、物理学の出発点と言うべきニュートン力学は量子力学の枠内にあってマクロな物体でのみ成立する。素粒子、例えば電子の運動はニュートン力学には従わず、量子力学でしか記述できない。) 車輪の場合の条件は何だろうか？　自然界を走りまわるヒト (原人) を考えよう。自然界のどこにでもある、例えば 30 センチほどの段差あるいはギャップをどう乗り越えるのか？　それを車輪で乗り越えていくためにはよほど大きな、例えば直径が 1 メートルを越えるような大きな車輪を用いない限り無理である。脚を前に出せば、あるいは足を上げれば越えて行けるものを、なぜ大きな車輪を持ち運ばねばならないのだ？　ヒトだけではなく動物一般にとって、屋外での移動に車輪を利用するのは無駄が多すぎて反って不便である。すなわち、車輪の有効性を発揮できる必要条件は、平坦な踏み跡 (道の原形) があること、これである。

ヒトは旧石器時代の長い狩猟・採集生活の中で、踏み固めた道を持つようになった。これが車輪を有効に利用するための前提条件であった。いわゆる獣道は車輪に必要なレベルの平坦さを持たない。獣にとって、幅広く平坦になってしまうとそれはもはや安全ではなくなるから、獣道としては失格になる。そして車輪の出現が、ヒトの平坦な踏み跡の拡張と整備を必要としたが故に「道」が現れた。道路は人類による車輪の発明の論理的帰結であった。

いったん車輪が発明され道が整うと、遅かれ早かれ一輪、二輪さらに四輪の手押し荷車が現れたであろう。荷を運ぶうえでのそ

の便利さは，荷車の急速な普及をもたらしたにちがいない．そして馬や牛が家畜化されているところでは，何人分もの駆動力を有する馬が引く馬車（馬力の語源）や牛が引く牛車が現れ，二輪・四輪車の有効性がさらに高まったに違いない．あるいは馬車や牛車を利用せんがために野生の馬や牛の家畜化が行われた例も，後代にはあったかもしれない．馬車は古代エジプト文明の初期から数千年間，19世紀のビクトリア女王の時代まで一番便利な乗り物であった．しかし，その便利さを享受できたのはもちろんのことながら上層階級の人々だけである．人々は基本的に歩いて移動した，あるいは歩かなければ移動は不可能であった．軍隊においても，騎兵は貴族出身の兵士に独占されていたし，乗馬による移動は指揮官，馬車による移動となれば上層の指揮官だけの特権で，一般兵士は荷を担いで歩いて移動した．

第V章でビクトリア女王時代にタクシーの元祖とも言うべき2人乗りの馬車，ハンサム・キャブが流行し，また乗合馬車，つまりオムニバスが民衆の乗り物としてロンドン中を走り，名物の2階建てオムニバスも走っていたことを述べた（第V章の図16を参照）．約5000年前から活躍していた馬車[18]ではあるが，それが民衆の利用できるものとなった，つまり「大衆化」したのはイギリスにおいてさえ19世紀も半ばになってからである．鉄器時代に入って，木製車輪の保護を目的に始まった車輪回りを覆う金属製ソリッド・タイヤは，馬車とほぼ同じ長い歴史を持っている．ローマ皇帝も，ビクトリア女王もソリッド・タイヤを装着した馬車に，ガタピシガタピシと揺られながら，急ぎの際の高速走行時には座席にしがみついていたのである．第VIII章の図27で説明

したように，不遇の天才トムソンによるニューマチック・ゴムタイヤの発明は，車輪そのものの発明に匹敵する意義を持っていた．

　同じ頃，海上交通でも大きな変化があった．古代は人力による漕ぎ舟が一般的であった．大型船では船そのものの性能に加えて，多数の奴隷によるオール（oar，櫂）の漕ぎ方をどれだけ同期化（シンクロナイズ）出来るかが，その船の性能を左右する重要因子であった．その後，風力を利用する帆船が現れ，特に大型船は帆船が普通となって15世紀後半に始まった大航海時代には，ヨーロッパ各国が帆船の高性能化を競い合った．海図の整備も進む中で，風力を最大限に船の推進力として生かす帆船のデザインと建造が各国で競われ，17世紀から19世紀にかけて高性能帆船をいかに上手に操るかを競って，航海術が海事関係者のみならず一般人の間でも「花形」となった．帆船のデザインと航海術は19世紀初頭には成熟段階に到達した．その名残りとでも言うべきか，帆船は現在も船員の訓練用として用いられ，帆船モデルの愛好家人口は今も予想外に多いという．

　しかし，産業革命の波は船舶にもやってきた．19世紀に入って蒸気船の進歩は目覚ましく，いったん始まった変化は急速で，本書にも記したように帆船から蒸気船への転換は30年ほどの間に完了している．1850年代にはアマゾンを航行する大型船も蒸気船が普通になった．筆者の言う「交通化」社会への動きは海上交通で一番早くに始まったのかもしれない．さらに，1869年のスエズ運河，遅れて1914年のパナマ運河の開通も，ヨーロッパの帆船によって始まった海運交通のグローバリゼーション完成を

促進した大工事であった．

　陸上交通にも，当然のことながら産業革命の波は押し寄せてきた．蒸気機関車の実用化である．これに続く鉄道網の整備もまた急速に進んだと言えるだろう．先に「海上交通で一番早く」と記したのは，言葉の遊びではなく鉄道（railway）では平坦地でのレール（rail）の敷設が前提条件として必須だからである．蒸気船のアマゾン河への進出は「水」の抵抗だけであるが，鉄道の進出にはジャングルを切り開いて平坦な用地を作り，そこに鉄製のレールを敷設しなければならない．しかし資本主義経済にとって，陸上における大量輸送の経済的・社会的必要性と有用性はもう議論の必要も無い明明白白なことであったから，必要とされた巨額の投資は何ら障害とはならず，世界各国で鉄道網の整備・拡充が急がれた．もちろん，ここでもイギリスがトップではあったが，先進資本主義国のフランスや合衆国はもちろん，資本主義の発達の点では遅れたドイツ，ロシアその他の国々でもイギリスを上回る速度で鉄道が伸びていった．明治維新後の日本もその例外ではなかった．

　第Ⅴ章3節に述べた郵便・電信の普及も合わせて，19世紀半ばの世界市場は一種の「交通革命」によって特徴づけられてきた[26, 41, 163]註40)．信じられないことではあるが，早くも13世紀にロジャー・ベーコン（Roger Bacon, 1214年頃〜1292年以降）は，「科

　註40）　交通（transportation）と通信（communication）は英語では語意が共通である．例えば，（病気）が「うつる」や（熱が）「伝わる」は，英語で communicate を用いる．ここでは交通と通信を合わせて「交通」革命と表現している．

学知識の開発が進めば，自己推進力をそなえた輸送手段や即自的遠距離通信の出現は明らかに可能である」と予見していた[118]．そして，鉄道と電信を中心とした交通革命の始まりは上に記したように産業革命にその起源があり，その最盛期と言える1830年代から1860年代の産物であった．そのもたらしたものは「産業」をそして「経済」をも超えて，古い社会通念の変革をもたらした．古い通念の1つは，有史以来とも言うべき「生きているすべての人にはその持ち場が，生まれた時から定まっている」とする洋の東西を問わない社会通念である．農民の子は農民に，武士の子は武士に，がその具体的な表れであった．その通念は古代からの歴史の長さによって，社会的に強固な広がりを持っていた．例えばスペインでは19世紀になっても"Que no haya novedad!（新しいことは何も起こりませんように！）"が日常的な別れのあいさつであったそうだ[163]．

　資本主義がまだ登り坂にあった1848年，マルクス（Karl Heinrich Marx，1818〜1883年）とエンゲルス（Friedrich Engels，1820〜1895年）は「共産党宣言」[164]において「ブルジョア階級は，彼らの百年にもみたない階級支配のうちに，過去のすべての世代を合計したよりも大量の，また大規模な生産諸力を作り出した」と産業革命を高く評価し，機械装置，工業や農業への化学の応用，汽船，鉄道，電信などの実例を挙げている．さらに，「かくも巨大な生産手段や交通手段を魔法で呼び出した近代的ブルジョア社会は，自分が呼び出した地下の悪魔をもはや制御できなくなった魔法使いに似ている」と述べている（傍点は筆者による）．彼らなりに「交通革命」が進行中であることを認識し，その大きな効果を

古代,中世,近世と続いて来た社会通念の大転換として喝破していたのではないだろうか[註41].歴史家・文筆家マンフォード (Lewis Mumford, 1895～1990年) もこの交通革命 (その始まりと終わりに幅を持たせている) を境にして旧世界人と新世界人を区別し,マルクスに習って「新世界人があれほどの自信を持って呼び出してきた諸力は,魔法使いに呼び出された弟子のお伽話のように,いまや新世界人を逆に脅かすものになろうとしている」と述べている[118].

これら歴史的な大転換の根本を規定していたのは「地理的な移動」(人・物の移動が transportation,情報の移動が communication である[註40]) が極めて困難であったことである.変化を好まない保守的な傾向は,決して人間に本質的なものではない.交通・通信手段がなく地理的な移動が閉ざされている限り,「農民の子は農民に」以外の可能性は限りなくゼロに近いのである.こうした保守性を打ち破るための,物理的手段を与えたのが交通革命であった.そして,交通革命によってスタートを切った「交通化時代 (社会)」への途が,「大衆化」と「グローバリゼーション」という現代社会の逆らい難いトレンドを推進していった.

鉄道は本質的に大量輸送に最適の交通機関である.というより,巨額の投資を回収するためには大量輸送によって運賃を徴収

註41) 「交通手段」は,塩田庄兵衛訳の角川文庫 (1959) 本では「交換手段」となっている.原本のドイツ語の訳としてこちらの訳語が正しいとすると,本文に述べた筆者の解釈は的外れかもしれない.古典書のしかも翻訳書の訓詁註解は筆者の好みではないが,ここでの訳語の違いは重要で,意味が全く変わる可能性がある.

し，投資を回収する必要があったから，「大衆化」への進展は必然であった．数千年の歴史を持つ馬車が，やっと19世紀になって大衆化への途を歩み始めた時（それもイギリスとヨーロッパ大陸の一部だけと言って良い限定されたものであった），蒸気船そして鉄道によって大衆的「交通化」社会への途が開拓され，もう後戻りのできない世界的趨勢として定着していった．その上に19世紀末の地上には自動車が加わり，20世紀初頭には飛行機が空に舞うようになった．「交通化社会」の本格的な到来であった．このトレンドは21世紀に入っても衰えを見せず，そのあまりの勢いへの「反動」であろう，『置かれた場所で咲きなさい』という19世紀以前の忠告が復活している．しかし，この「交通化」に注意を払う必要があることは言うまでもない．次節にそれを述べよう．

3 交通機関としての自動車の特異性

19世紀も後半の自転車，そして世紀末の自動車の出現とそれらの普及とともに，本格的な「交通化時代」が始まった．それを道路との接触面で支えたのが，栽培天然ゴムであった．その流れは次のように示すことができる：

(1) 1839年グッドイヤーによるゴムの加硫の発明（本書でその詳細を語ることはできなかったが，多くの読者にとっては既知のこととしてここに挙げておく．序章の第2節および第VI章註34を参照されたい）

(2) 1845年トムソンによるニューマチック・タイヤの発明
(3) 1876年のウイッカムによるヘベアのプラント・イントロダクション
(4) 1895年ダイムラーによるガソリン自動車の発明
(5) リドレイの努力による20世紀前後のアジアでのゴム・プランテーションの拡大
(6) 1908年フォードによるT型車の販売開始

これらは必ずしも相互に関係していたのではなかったにもかかわらず，全体として1本の大きな流れとなって交通化社会へと合流していった．

現代は「情報化時代」だと言う方が「交通化時代」と言うよりもポピュラーで，一般的には情報化時代（社会）に対しては「クルマ時代（社会）」の方が理解しやすいかもしれない．しかし，交通化には自動車（乗用車，バス，トラックなどの総称として用いている）だけではなく，自転車，汽車・電車，船舶，そして航空機の寄与も大きいから，クルマ社会は正確な表現ではない．対照的に「情報化」と言うとき，役者はコンピュータのひとり舞台（役者を動かす台本に当るソフトウェアは，舞台の後ろの楽屋に隠れていて普通は目につかない）だから事情は単純で分かりやすく，なぜかカッコが良いのだ．しかし，例えば移動の必要が無いコンピュータ会議の人気はいまだにもうひとつである．これは多くのビジネスマンが体験済みのことで，重要な会議はやはり1か所に集まってface to faceで議論をしないと決着しない．なぜか？ 人間のやることだからである．

最近はツイッター（Twitter）やフェイスブック（Facebook）が今を時めくはやりである．これらが「はやり廃りの激しいもの」の1つに過ぎず，遅かれ早かれいずれ廃っていくものかどうかは，真に創造的であるかどうかに懸かっている．そして，これらを通じた迅速な情報伝達の結果が，「人を動かして，さらに多くの人が移動して」初めて意味がある．つまり，情報が伝わるだけではなんら意味を持たない．情報が，心（精神的に）だけではなく人を物理的に動かして，初めて社会は動く．2011年初頭からエジプトやリビアに始まった「中東の春」と呼ばれた社会的・政治的変化は，ツイッターによって広がった情報が予想をはるかに上回る多くの人々の心を揺さぶり，そして行動に立ちあがらせた．具体的には情報を受けた多くの人々が，歩いて，自転車で，バイクで，自動車で，あるいは乗合バスで広場まで移動して行動したからこそ，変化をもたらす政治的な力と成り得たのである．21世紀の今，現代社会の実態は「交通化社会」が最も顕著な特徴であって，今世紀末までこのトレンドが続くと予想される．

　そして，すでに述べたように，交通化はサステイナブル・ディベロップメントの一環であることが求められる．あらゆる生命に例外なく課せられた任務は「子孫」を残すことなのだ．サステイナブルの究極の意味はこれである．この観点から交通機関の全体を展望すると，自動車がユニークな，あるいは特異性を持った交通手段であることが，浮かびあがってくる．それは，

(1) 鉄道（汽車，電車）と異なりレールのような軌道上を動くのではないこと

(2) 船舶，航空機も軌道に依存しないが，その移動の舞台は海上あるいは空中であって，人間の生活の場とは別の空間であること

である．すなわち

(3) 自動車は馬車と同じく軌道を必要とせず，生活の場を貫く道路を移動すること

がその特異性と言える．

　馬車とも共通するこの特異性について論ずる前に，「自動車にも専用の高速道路があるではないか」とのコメントが出てくるだろうから，高速道路について少し述べておこう．自動車の進歩とその数の増加があるレベルを越えたところで，自動車の先進国アメリカで高速道路が現れた．自動車の移動速度は人間の歩行や全力疾走を上回ることはもちろん，馬車の最高速度をも越える巡航速度を持ち，また巡航速度への到達に数十秒を要しないほどの優れた加速性を持っている．レール上を走る鉄道での毎時60〜80キロの巡航速度を越える速度が十分に可能であり，不幸なことにそのような高速走行が，高速道路以外の一般道路でも決して例外的ではない．自動車を純技術的観点から見たときのこの優れた特性は，生活空間において人間が経験する「速さ」と両立し難いのである[165]．

　この認識があったからこそ，アメリカのように広大な国土を有している国で「高速道路」が着想された．社会的に必要な物資と

人の迅速な輸送と移動、およびその経済的利益を満たすものとして、一般道路の何十倍もの巨額の公的資金を投じて高速道路が建設されていった。基本的には自動車専用のスペースであるから、鉄道の場合の軌道に相当している。しかし、鉄道では停車場、すなわち駅が車両の移動の最終地点であるのに対し、自動車は高速道路を下りたところが最終地点ではない。目的地に行くために、生活の場を通る一般道路を走ることが常に必要である。高速道路がサステイナブル・ディベロップメントの立場からどう位置付けられるのか、これはかなり議論のあるところかもしれない。しかし、この点は別に考察すべきこととして、本書では高速道路についてこれ以上の議論をしないでおく。

さて、レール上を走らないというユニークさは自動車の魅力の源泉でもある。この特異性の故に、アメリカ安全性協会発行の運転免許取得者用の冊子[166]はその第1章 "What a Driver's License Means to You" において次のように記している。

> "A driver's license is a key to freedom and independence-a key to go where you want, when you want."

「あなたにとって運転免許はどんな意味を持っているの?」に答えて、「自由と独立への鍵は運転免許証だ」という。これは大げさだと思う人はいても、間違っていると明確に否定する人は少ないだろう。「行きたいところへ、いつでも行ける」は運転免許を持ち自家用車が利用できる人にとって、確かに「自由と独立」の1つの意味であり実感でもある。しかし、光のあるところ必ず影

がある．今や世界中の道路で日常茶飯事となりつつある自動車事故，特に死傷者事故である．

かなり複雑で高度な機械でもある自動車においては，ドライバーの運転技能と安全性が自動車会社の設計技術者の課題であった．先の冊子の最終章は

"Improving Your Skills — Safety comes with skill"

の説明に充てられている．「あなたの運転技能に磨きをかけましょう，それが安全への途です」という訳だ．この点で自動車技術者は非常に優れた成果を上げた．クルマの運転は単に路面を走らせるだけなら，実は自転車（人力走行二輪車）の操縦よりも簡単である．自転車を乗りこなすために子供たちがどれほど苦労しているか，すべての親がよく知っている．さらに，ここでの"safety"はドライバーの安全性で，ブレーキやバンパーはもちろんのこと，その他安全運転のために必要な種々の工夫がこらされて来ている．自動車会社の技術者は彼らの課題を高いレベルで達成していた．しかしながら，安全性は運転者だけのものではもちろんない．いや，それだけでは全く不十分である．

自動車が走る環境下，すなわち生活環境下の道路で被害者となる可能性を持った多数の歩行者や住民の安全性はどうか．それは考慮しなければならない因子があまりに多く，技術者が車の設計においていかに優れた仕事をしても，それら外部的（車自体にとって車外からの影響・効果は外部的である）条件の「すべてに」対応する設計は，現在のところ不可能である．しかも，すでに世

界の隅々まで自動車は人の移動と荷物の輸送に必要不可欠なものとなっていて，現地での自動車走行時の周囲の環境は千差万別である．走行の場（おそらく何百キロにもおよび，晴雨に関わりなく，昼夜を問わず年中運転され，大都市，街，農村，海辺，山岳地帯などを通りぬける）での走行環境は場合分けをすれば実質上は無限の（人間の，つまりはコンピュータの処理能力を超える）数になる．そして，自動車の数は21世紀の今も増加を続け，さらにその増加傾向は加速されているのが現状である．自動車の役割がますます重要になりつつある中，当面この数的増加傾向と全世界的な普及を押しとどめることは不可能であろう．

人類の地球上における生存可能人口から見てこの地球上での自動車数に上限が存在することは明らかだ．しかしその上限値は科学者のシミュレーション（simulation，任意の系あるいはシステムについて，いくつかの条件を入力してコンピュータによってその挙動や振る舞いを予測する技術）の能力を超えているのであろう，信頼性の高い上限値はいまだ知られていない．その上限値が不明だからといって，このまま自動車が増えていって地球は大丈夫なのだろうか．その上限値が計算できた時，地球人は絶滅寸前ではないのか．そんな可能性を否定できない現在，全地球的な温暖化の日本における対策を例にとっても，シミュレーションの手法はいまだ対策の立案に決定的と言える結果を与えるレベルではない[167]．これらの検討を継続するとともに，直面する緊急の課題がある．

4 日本のクルマ事情：馬車の時代なしに自動車がやってきた！

　この自動車の急速な数の増加は，ある条件下で「質」の急激な変化をもたらす．その質とは何の，どんな質か？　生活環境下での自動車事故が増々深刻な問題となりつつある趨勢の中でサスティナビリティ（つまりは人類の生存）の観点から人類が，そして特に日本人が今考えなければならないのは，その「深刻さ」である．自動車事故は，今も絶えない航空機事故，そしてこれから増加するかもしれない高速鉄道の事故（2011 年の中国におけるそれは，情報化時代とされる現時点での盲点をも示唆している）などとは量的にも質的にもレベルの異なった危険性を持っている．これにはいくつかの理由がある．

　1 つは免許が必要とはいえ，使い様によって恐ろしい凶器に変身する車が，現在の制度では基本的に「誰でも」運転できることである．技術的に成熟した感のある現在の自動車は運転が容易で，歩行が困難な老人が，さっそうとクルマを運転している光景はもう珍しくない．ドライバーであることによって「自由を獲得できる」は真実の一面であり，自由は，人類が長い歴史を通じて求めてきたものだ．しかし，ドライバーの訓練と講習は，より運転が容易なはずのレール上を走る電車の運転手のそれに比べて，世界的にも格段にお粗末と言うほかはない．日本の自動車免許制度は世界的には厳しい方に属する．日本を避けて外国でライセンスを取得する例が後を絶たないのも，その証拠となっている．（恥ずかしながら筆者もアメリカ留学中に取得した．学生たちは「あ

の先生の運動能力からすると,日本での試験の合格は無理だったにちがいない」と噂していた.)しかしそれであっても,多発する自動車事故をもっと考慮した合理的かつ厳格な制度を創出しなければならない.これから述べる日本の特異性[67, 168, 169]から,そのような運転免許制度の確立は日本に最も必要である.同時に,その先進的な制度は世界へ向けて日本の貢献となるだろう.

そして,第2の現実を直視しなければならない.自動車は数ある交通手段の中でも数量面で圧倒的に多数で,局地的には世界各地で人口と拮抗する数にまで増えつつある.しかもレールの上を走るのでなく人々の日常生活の空間にまで入り込んでいるのだから,事故とその被害は時間的にも空間的にも「日常的」である.この意味するところは,ドライバー自身よりむしろ,子供,乳幼児と彼らを伴った婦人,老齢者など「弱者」に最も鋭く現れる.中でも,乳幼児を含めた子供への対処は,緊急に最重要課題として取り組まなければならない[168-171].最近(2012年の春から夏)に日本で続発した,暴走自動車による登校途上の学童や歩行者の多数の死傷者をだした事故,これはもう「事故」という言葉の持つ偶発的な意味合いを超え,事故ではなく「殺人,殺傷」と呼ぶべきものに限りなく近い.これら無免許運転を含めた危険な運転による人身事故は,人口密度が高く,かつ道路面積を考慮した走行自動車密度の高さという因子を含んでいて,日本で特に頻出している.一般的にこれらの事故はサステイナブル・ディベロップメントの点から,事故を減らす努力に留まらず,今までとは異なる自動車事故の「質」の変化として,その根本的対策を早急に考えなければならないことを示唆している.先に述べたように,この

対策は自動車の改良や設計変更だけで対応できるものではない複雑さを含んでいることも明らかであろう．

3番目に日本の特異性を検討しよう．第2に述べた自動車事故の質的変化，これは日本で特に解決策を提案すべき課題である．なぜ「日本で特に」なのか？ その理由の説明に先立って，江戸時代の「交通事故」について述べよう[169,172]．封建制の下にあった江戸時代は人権の主張など論外であったと，多くの人が思っている．1716年（正徳6年）に幕府はあるお触書を出した．それは今日言うところの「交通事故」に関するもので，

> 「自今以後は，此等之類，たとひあやまちより出来候て人を殺し候とも，一切に流罪に行はれ，事の体によりて，猶又重科に行はるへき者也」　　　　　　　　（『御触書寛保集成』）
> 「今後，これらの者（車引きや馬追い）は，たとえ過ちにより人を死なせた場合でも，すべて遠島への島流しとなり，ことの次第では，それよりも重い刑が言い渡される」（筆者による現代語訳）

と江戸の町民に通告した．流刑（島流し）よりも重い刑は死罪であるが，江戸時代には単なる死罪の上に，死罪のうえ獄門，さらに磔刑・火刑があったので，「猶又重科」と表現されている．そして，1722年（享保7年）には神田で走って来た子供をひっかけて重傷をおわせた車引きは遠島流罪を申しわたされ，雇い主は罰金を科せられた．1728年（享保13年），子供を車にはさんで死亡させた車引きは死罪，もう一方の車引きは遠島の刑に処せられて

いる[172]．

　これらの処分は，過失の有無や事情を問わない（つまり情状酌慮の無い）厳しいものであった．後者の例で「もう一方の車引き」は，現代的意味では被害者でもあると弁護されるかもしれない．現在の司法であれば無罪の可能性があり，せいぜい執行猶予のついた有罪であろう．「これら江戸時代の刑は厳しすぎる」が現代人の感想かもしれない．しかし，現在の司法の裁きは「動機の解明や，個人的事情を明らかにすることにあまりに重きが置かれているのではないか？」の印象も拭い難い．動機・事情の究明は再発防止に役立てるためのものであるべきで，それらの「完全」究明は司法とは別の論題ではなかろうか．

　当時の大八車（2, 3人で引く二輪の荷車で，8人分の仕事をするとしてこの名がついた），牛車，馬車（いずれも当時はほとんどが荷物運搬用であった）は今日言うところの低速重量車で，時速にすれば毎時10キロ以下の低速であった．しかし，道路は子供達の遊び場・みんなの生活の場でもあって，そうした重量車の走行は子供達に十分な注意を払えと，低速だからこそ注意すれば子供にケガをさせるような事故は無いはずだと，重罪をもって威嚇（いかく）していたのである．先生と親が子供達に道路で遊ばないよう口酸っぱく指導し，それでも遊んでいるのは子供が悪いといわんばかりに路上の子供を邪魔者扱いして走行する自動車，そんな現状が数十年前から続く今の日本は，本当に人権を大切にしている国なのだろうか．人権どころか，人命軽視もはなはだしい国ではないのか，と誰しもが疑問を抱くはずである．

　江戸時代とは異なる日本の現状には，もちろん理由がある．日

本では、ヨーロッパと異なり馬車は普及しなかった．国内に固有の野生の馬、牛が少なく（あるいは固有の原生種は無かったのかもしれない[20]）、おそらく朝鮮半島あるいはそこを経由した大陸からの輸入に頼っていたから[註42]数は少なく、家畜としての繁殖や品種改良などもかなり遅くに始まった．近代以前の日本歴史で馬が多く現れるのは武士の世界であろう．上記の江戸時代の馬車は荷物運搬用であったし、牛の利用も農耕用と、馬と同じく荷物運搬用の牛車だけであった．平安貴族の利用した牛車は、平安貴族の乗り物としてよく知られているが、台数からすると少数であった．明治以後にあっても、政府の交通政策の重点は鉄道の整備・充実にあって、馬車は物の数には入らなかった．

日本そしてアジアの多くの国々と異なり、ヨーロッパの都市では中世から貴人の乗った馬車が主要な道路を疾駆していた．つまり、道路には2種あって、馬車が走れるだけの幅広い道路（メイン・ロード）と、馬車がそれほどは走らない市民の生活道路（一

註42）中国大陸では戦国時代（403BC〜221BC、秦の始皇帝による統一以前）に戦車として馬車が盛んに用いられていたから、縄文中期から後期には馬が持ち込まれていた．牛は馬より遅く弥生時代に農耕が盛んになってからと考えられている．しかし、3世紀に書かれた中国の歴史書『三国志』中の「魏志倭人伝」には「其地無牛馬虎豹羊鵲」とある．つまり「其の地には牛、馬、虎、豹（ヒョウ）、羊、鵲（ジャク、かささぎのことか？）は無い」と書かれている（石原道博編訳：『中国正史日本伝』(1)、岩波文庫、岩波書店 (1985) を参照）．牛と馬については間違った記述であるが、輸入数が少なかったから当時の「倭国」では見かけることも稀であったことを示唆している．江戸時代は鎖国政策によって馬の輸入も途絶えていた．しかし、軍事用は例外で幕府は対馬藩を通じて優秀な馬の入手を試みていたようである．小説ではあるが、辻原 登著：『韃靼の馬』、日本経済新聞出版社、東京 (2011) はこの事情を見事に描いている．

般道路）である．一般道路では子供たちが遊んでいた．これはローマ帝国の時代に軍事用として馬車専用の道路が帝国内全域で整備されていたことにその起源を持っている．メイン・ロードは早くから石畳の道として整備されて，歩道も設けられていた．軍事目的があったとは言え，パクス・ローマーナの下，ローマ帝国の対外政策は実にユニークなものであった[173]．広大な帝国の国境線は恐るべき長さとなる．その長い国境線内に，敵は一兵たりとも侵入させない，そんな防衛方針は非現実的であり，実行不能で愚かですらある．こうした観点から，帝国の拡大を防衛のための財力・軍事力に見合った限度内とする政策がとられた．北方のガリアではライン河を境界として，それを越えなかった．原則は河川を防衛線として，万里の長城のような莫大な経費の掛かる巨大な壁の構築は，最小限に留めたのである．（イングランド北部のハドリアヌスの防壁（Hadrian's Wall）は有名だが，ローマ帝国の軍事政策上は例外的なものであった.）国境では一定距離ごとに監視塔を建て，そこに数人の見張りの兵士が常駐しただけで，国境線は事実上住民の出入り自由にまかされた．また，北アフリカでは砂漠地帯を防壁と見なして，必要以上には南進しなかった．一方，帝国内では馬車が高速で走行できる道路網を整備することに全力を上げた．「すべての道はローマに通ず」はこうした努力の結果であった．

そして，敵の侵入があると早馬により直ちにローマに伝えられ，必要な兵士と武器・装備・食料などを満載した馬車が現場へ疾駆した．その圧倒的な軍事力で敵を容赦なく攻撃して国境から追い出し，また，しばしば敵地の奥深くまで進攻して敵軍を彼ら

の地で全滅させた．すなわち，これは懲罰であり見せしめでこれを確実に実行して，ローマ帝国への侵入が勢力拡張どころか滅亡を招くだけであると，思い知らせたのである．これがローマ帝国の防衛策で，それを確実に実行するために，ある地点へのルートを複数可能とする馬車用道路のネットワークが形成された．また，主要道路は馬車の高速走行のために石で舗装され，歩行者が邪魔にならぬように幅広い歩道も両脇に整備されていた．もちろん平時にはこれらの道路網が交易の発展に大きく貢献して，ローマ帝国の繁栄をもたらしたことは言うまでもない．

産業革命後，駅馬車や乗合馬車が増加するとともに道路の舗装がより広範に行われるようになった．1816年にブリストルの道路監督官に任命された John Macadam（1756〜1836年）が考案したマカダム方式による路面舗装は，ビクトリア女王時代にイングランドで普及し，19世紀末にはヨーロッパのメイン・ロードの90％以上がこの方式で舗装されたという．日本でも明治19年（1886年）の内務省訓令「道路の表面は割石を以て築造すべし」によって，大正中期まで舗装はマカダム方式が一般的であった[174]．ついでながらアスファルト舗装もロンドンで始まり，1880年代にはかなりの道路がアスファルト舗装された．そのなめらかな路面は，自転車の走行を実に快適なものとして，自転車ブームに拍車をかけたようである．

一方，馬車・牛車の伝統が無かった日本ではメイン・ロードの必要性は無かったから，道はすべて生活の場をかねた一般道路であった．この事情は明治時代以後も基本的に変化しなかった．そこへ馬車よりもはるかに高速の自動車が侵入してきたらどうなる

か？　数百年間生活の場でもあった多くの道路が，自動車に占領される異常事態となったのである．このような事態は，中世から馬車走行を考慮して道路を建設していたヨーロッパや，開拓の時代から馬車が活躍していて（ジョン・ウェイン主演の西部劇映画の名作「駅馬車」は，多くの人の知るところであろう），そのための道作り・都市計画が実施されてきたアメリカでは起こらなかった，あるいは起こったとしても日本でのように街全体を覆う大問題ではなかった．

1957年生まれの呉光現という人が大阪の下町での子供の頃の思い出に，陣地（路上の電柱）とりゲームで飽きもせずに連日遊び回ったことを述べ，「何といっても自動車が通れない路地である．走り回っても車に当ることはなかった」と記している[175]．筆者の子供時代の1950年代は言わずもがな，1970年代前半までは「生活の場をかねた一般道路」が普通であった．この頃まで子供たちは1日中路上で遊んでいた．下町では乗用車は珍しくせいぜいが荷物用の軽自動車で，その移動の時だけ遊びを中断すればあとは子供たちが道路を占拠していたも同然だった．子供たちのそんな風景が見られなくなってもう半世紀が過ぎた．その復権なしには，子供たちは室内でテレビ・ゲームに夢中になるしか遊べないのではなかろうか？　それでいいのかどうかは，やはり議論すべきであろう．

筆者の結論は，子供は「遊ぶ」ことが権利である（国連の「子供の権利条約」第31条）だけではなく，成長に必要な義務である．遊びの場を子供達が失って久しい．最近，頻発して日常化したのではないかと思える「いじめ」事件，その多くは久しく子供

達が遊べなくなったからではないか？　それは「しつけ」の問題では決してない．子供達がよく遊んで，そして学校でよく学ぶなら，彼らは楽しんで成長してゆく．（現代英語のことわざは，"Work hard, and play harder" だそうである．筆者はそこまでについては行けないが．）本来，学校は基礎学力を身につける場であり，それが不十分なままに「しつけ教育」に力を入れても事態の改善はとうてい望めないし，いじめを見にくくしてより深刻化させるのが落ちである．子供にとっての「遊び」の意義を，今こそ大人みんなが再確認すべき時である[176]．

　このような日本の特異性が十分に認識されず，その根本的な対策が検討もされないままに，日本にも自動車が導入された．特に問題が悲劇的様相を呈したのは，第2次世界大戦後の1970年代から今も続く「マイカーブーム」が引き起こしたものである．早くも1974年にある経済学者が書いている[177]．曰く，「日本における自動車通行の特徴を一言にいえば，人々の市民的権利を侵害するようなかたちで自動車通行が社会的にみとめられ，許されているということである」．この異常事態は今では「異常」とは認識されなくなってしまった．そんな「異常事態」がもう半世紀近く続いている．

　そしてさらに重大なことは，この特異性は決して日本だけのものではなくなりつつあることである．現在自動車が急増中の中国，インドは広大な国土を有するがために日本よりは緩和されているが，その大きな人口からして今世紀中に日本の二の舞を演ずる可能性が高く，これに続くアジアの開発途上国も1つや2つではないだろう．図28はアジアの農村地帯で今も出会う風景であ

図 28 ●アジアの農村で今も見られる牧歌的な乗り物（文献 178 より転載）

る[178]．農村ではいまなお乗り物・荷車としてトラックよりも低速の牛車・馬車が一般的である．農家では，牛は耕作用にも一種のトラクターとして使役されており，子供に安全な一番の働き者なのだ．

　この特異性は問題点の現れ方は様々であっても，アジアの多くの国に共通している．例えばタイ王国は，現在では発展途上国の中でも立派な道路網を有し，首都バンコックの交通渋滞は悪名高い．しかし近代化に当たって重視された交通機関は，日本と同じく鉄道であった．表7に1935年におけるアジア各国の鉄道と道

表7 1935年時点でのアジアの鉄道と道路密度の比較*

国	鉄道（人／マイル）	道路（平方マイル／マイル）
タイ	6,623	225
マラヤ	3,977	5
オランダ領東インド	13,094	20
フランス領インドシナ	14,448	14
フィリピン	14,953	13
中国	63,214	134
日本	4,734	8

* 文献179より．鉄道は1マイル当たりの人口を，道路は1マイル当たりの土地面積（平方マイル）を示す．

路密度を比較した[179,180]．

 この表に見られるように，タイの鉄道網はマラヤと日本に次いで充実しているが，道路網は広大な面積を有する中国よりも貧弱であった．総じてヨーロッパ人の植民地では，島国のオランダ領東インド（インドネシア）を除いて1935年には日本と変わらぬ道路網を持っていた．タイのこの弱点はその後も続き，1940年，50年代には重要な輸出品であった米の輸送が鉄道のみでは対応できなくなり，東北地方からの米の輸送に支障をきたしたという[181,182]．これを契機にタイでは道路網の拡充に力を尽くして現在に至っている．そのために逆に，貨物もトラック優先となってしまい本来輸送能力の高い鉄道が十分に生かされない事態となっているようだ．タイに限らず各国の事情に対応して，交通手段の間でバランスのとれた交通政策の確立が必須であろう．歴史的な特異性を踏まえた交通化は，これらアジアの農村地帯をはじめとして世界的なプランによって対応すべきである．そうでないと，

交通化時代が終わるまでに全世界的な内燃機関（ガソリン，ディーゼル）駆動自動車の突出した増加が，温暖化ガスの増加ひとつをとってみても地球の破滅をもたらし，人類の次の時代の出番を塞いでしまう可能性もある．そんな負のグローバリゼーションを阻止するために，日本は具体的な交通プランを世界に向けて提案すべきである．

　ここでいったん立ち止まって，この「異常さ」を考え，生活の場で子供や老齢者をどう守るのか真剣に検討すべきではないか，が筆者の意見である．21世紀の終わりを待たずに，日本でこの問題が解決の方向に向かうことを切に希望する．最近，自転車による歩行者の被害（またしても老齢者と子供が主である）が増加傾向にあることから，自転車の歩道走行が禁止されたと聞く．しかし，これでは全くの片手落ちである．車道では自転車が弱者で，自動車が加害者になることは明らかであるからだ．歩道，自転車専用道，自動車道を明確に区別して，道路と街をデザインし生活の場を確保して合理的かつ最低限歩行者の安全性を保障できるプランを作り上げなければならない．繰り返しになるが，クルマにおいては受益者である運転者・同乗者よりも，第三者である歩行者の安全が優先されなければならない．この大原則がしばしば忘れられてしまう点が，日本の交通規制の最大の問題点である．

　2012年の東日本大震災・福島原発事故によって国造りがあらためて論じられている今，そんなプランを作り上げる絶好の機会である．そして21世紀半ばにはそのデザインに基づく街・都市の建設がスタート出来ないものだろうか．それを早くしてもらわないと，自転車や自動車の安全な走行を保障するはずのゴムタイ

ヤが，肩身の狭い想いをして路面を転がっていかねばならないことになってしまう．

5 | 21世紀の自動車とゴムタイヤ

　自動車そのものの21世紀はどうなるか？　残念なことにと言うべきであろうか，前節までの深刻な話と違って，この話題ならクルマ関係者を含めて多くの人が「夢」を語ることもできる．石油資源の枯渇を考慮しなければならない点を考察からいったんはずそう．（石油の枯渇はまだ先のことだとする意見も強い．過去に「石油が無くなる！」が何度も予測されてすべてハズレであったから，もう少し正確な推定が必要であろう．）現時点においてすでにガソリン車が技術的には成熟段階にあって，そのさらなる改良を検討しつつ次世代の自動車を検討し結論を実践で示すべきだ，というのは正当な意見だろう．事実，有力候補である電気自動車が多数試作され，一部は量産体制に入っている．今世紀末までの時間的余裕を考えて，電気自動車が最有力候補であることに異存はあまり無いだろう[183,184]．

　しかし，技術史からすると1つ興味深い話題がある．それは日本の自動車企業が先導した内燃機関と二次電池両方を搭載した，いわゆるハイブリッド（hybrid，混血の意）車である．世界的にも量産体制が組まれつつあって使用者の評判も良く，新規購入希望者は何か月か待たないと入手できないそうである．1996年頃にハイブリッド車販売開始のニュースを聞いた時，筆者の古い記憶

がよみがえってきた．2節で海上交通に関連して述べたように，18世紀初めに技術的成熟段階にあった帆船は，新入りの技術的にもいまだ発展段階にあった未熟な蒸気船によって急速にとって代わられた．帆船の側からの努力が無かったわけではない．風の凪いだときが帆船の弱点であることは明白であったから，その克服の工夫も絶えず為されて来た．蒸気船が運航を開始して後，帆と蒸気機関のハイブリッドが検討された．風の吹くときには帆船で，凪ぎのときには蒸気船と良いとこ取りのはずであった．この風見鶏はしかし，重い蒸気機関のために帆で走る際には帆船にかなわず，蒸気のときには邪魔でしかない帆とマストの存在のために蒸気船に勝てなかった．これはすべてのハイブリッドにとって本質的な問題点であり，帆と蒸気の併用の失敗はそれを証明する実例であった．

　そのことを熟知していた筆者は，ハイブリッド車においても同じ失敗が繰り返されるものと予想し，10年後にはハイブリッドのさらなる失敗例として歴史に残るのではないかと推定した．好意的に見ても，それは技術史の観点から「中継ぎ」に過ぎないと想定したのである．15年近くを経過した現在では，筆者の推定は間違っていたと言わざるを得ない．ハイブリッド車はガソリン車と電気自動車の間の技術的な，また時間的なギャップを埋める立役者として，「単なる中継ぎ」以上の役割を果たしつつある．電気自動車の普及には技術面で，より高性能な二次電池の開発が課題である[183,184]．さらに，充電ポスト（仮称）の設置という，インフラの整備も必須である．21世紀末には電気自動車とハイブリッド車が併存している，あるいは両者の競争となっている可能

性すらあるかもしれない．もちろん，世紀末にも石油の枯渇が現実のものとはなっていない，としての話である．(その可能性も高い．)

乗用車用タイヤのトレッド（タイヤの接地面のゴム）には，天然ゴムと 2 種の合成ゴム，SBR（スチレンブタジエンゴム）と BR（ブタジエンゴム）が用いられている．タイヤ用として生産量が多いことから，この 3 種のゴムは一般用（汎用）ゴムとも呼ばれている．全ゴムの用途の 7 割がタイヤ用であり，ゴム工業にとっての自動車の需要の重要性は明らかである．タイヤのトレッドには天然ゴムと合成ゴムのブレンド（混合物）が用いられ，トラック用では天然ゴムの割合が，乗用車では合成ゴムの割合が高い．航空機用タイヤでは天然ゴムのみを用いることもある．ゴムの技術的な進歩において，タイヤ側からの要求性能が大きな推進力であったことも推察できるだろう．

21 世紀の自動車が，現行の内燃機関自動車（ガソリンおよびジーゼル車）に加えて，ハイブリッド車，そして電気自動車が併存するとした時，タイヤ側の対応はどうか？　現時点での回答は技術的に重大な変更や新規性を要求するものではない[183]．いずれの自動車であっても現行タイヤは，少なくとも質的に全く異なったデザイン（設計）への変更なしに対応してゆくと予想される．軽量化をより重視すればスペアタイヤを不要とするランフラットタイヤ（いわゆるパンクの後も走行が可能）が開発対象になる．また，省エネルギーのために低転がり抵抗タイヤへの要求も高い．さらに安全性がより重視されるから，これの点でさらなる進歩・改善が要求され，それに対応して革新的なゴム技術が現れ

ることを期待したい．しかし，これらの目標は電気自動車に特有のものとは言えない．天然ゴムはヘベア樹から採取される再生可能なバイオマスであり，SBR や BR が石油を原料としている点と比較してサステイナブル・ディベロップメントの観点からは本質的に有利なゴムである．天然ゴムがこの特徴を生かしてさらなる高性能化を達成することが期待される[122]．

6 人類のサステイナビリティにつながる「交通化社会」へ

この章の主たる話題である「深刻な」話のまとめに移ろう．自動車の全地球的な普及，しかも急速な数の増加が当面避けられない条件下，環境のあり様が無数と仮定して，現時点で早急に講じなければならない技術的に可能な策はあるのだろうか？ 残念ながら明確な回答はまだ無い．現時点では，車のインテリジェン化と称する自動運転・操縦が話題である[註43]．しかし，その適用範囲あるいは有効性は高速道路での走行に限定され，一般道路での問題に対して根本的な解決策になるとは，筆者は信じない．運転者の負担を軽くすることはあるだろうが，それは心理的な「安心

註43) 例えば，『JAF Mate』2012 年 10 月号は「事故を防ぐ，被害を減らす新技術」として先進安全自動車（ASV）の紹介を特集している．しかし実用化されているこれらのハイテク装置を満載した自動車は高速道路ではその機能を発揮するかもしれないが，一般道路の歩行者にとって本当に安全を保障するだろうか？ 筆者は大きな疑問符をつけざるを得ない．テクニカルな問題に留まらずに，JAF のように巨大なロビー組織こそが，今世紀末を見据えて自動車のあるべき姿を検討し，日本の街づくりプランに貢献してほしいものである．

感」によって一時的には事故を増加させる可能性すら考えておくべきかもしれない．問題の本質は，自動車とその運転の技術的な問題だけではないからだ．

しかし，決して多いとは言えないが，根本的解決への萌芽は散見される．例えば，地球全体での実施は先のこととして，ある地域を限って自動車の無い，最終的には自動車が不要な環境を作りだすこと，これが考えられる初期対策の１つである．その実現にはかなりドラスチックな策の「強制」が必要となるが，すでにスイスやドイツのいくつかの街や村で実施されている．スイスでのそれは観光客が集中する夏期に実施される一時的な対策という側面があるが，世界的に見れば，期間と場所を限定した同様な施策が有効な地域は無数にある．エコツーリズム産業がサステイナブル・ディベロップメントにしっかり立脚し，例えば世界遺産の保護と発展を旗印に地元とも協力して，本格的に取り組むべき課題の１つになってほしいものである．ドイツの中規模都市フライブルグのそれは恒常的なもので，カーシェアリングや路面電車の充実を含めた個々の施策はいずれも現行の技術で可能である．これらの先行した実施例を参考にして，今後は大都市でそれを可能とするプランが検討されなければならない．これはヨーロッパやアメリカもさることながら，日本で特に緊急性があることはすでに述べた．大都市化は，むしろ開発途上国において急速であり，それらの拡大と混乱が爆発的なレベルに達する前（すでにそうなっているのかもしれない）に，実行に移す必要がある．「時間との競争」になりつつある．

このようなプランに従えば，自動車のように生活空間を高速で

移動可能な交通手段が中心的な交通化社会は，一定の，いやおそらく大幅な修正あるいは制限を余儀なくされる．全地球的な温暖化の阻止 1 つをとってみても，そのあまりの困難さがもたらす結果であろうか，世界的にこの問題の解答として提案されているのは高齢のドライバーを中心的な対象とした「心理学的考察」である[171, 185, 186]．先に述べた生活環境の中での自動車を取り囲む条件のあまりの複雑さは，多くの科学者の目を車内のドライバーに注目させているようだ．科学的な解析が可能な対象にしか焦点を定められないのが科学者あるいは学者たる所以なのかもしれない．私見ではあるが，こうした心理学的研究がこの深刻な問題の根本的解決の指針を与えるとは思えない．しかし，「他に何があるのか？」への科学的な反論がいまだに困難であることもまた事実である．

さらに，筆者の主張の延長線上には「クルマの全く無い社会は不可能ではないか？」の問いかけがある．この問いかけが意味するところは明快とも言えるが，「トラックは？」「乗合バスは？」「自家用乗用車に限定しないのか？」など多様な疑問・意見が噴出する可能性が大である．眼前に自動車の便利さ，有用性，経済性などを日常的に目撃している現代人には，クルマが全く無い社会は「夢物語だ」というのが常識的な反応なのかもしれない．自動車の全廃は，原子力発電所の全廃と異なり，「21 世紀までに可能なプランではない」ことは筆者も認めざるを得ない．人類にとって必要な持続性の環境作りは「交通化社会」のありかたのみならず，次なる社会を導くものでもある．この問いかけに対して早急に世界的な検討が必要である．

7 おわりに

21世紀におけるフォーディズムについても議論をする予定であったが、全体の紙数は予定を越えつつあり、また筆者の力不足もあって次の機会に譲ることにしたい。マス・プロダクションに始まったフォーディズムは[84]、テイラーシステムとも呼ばれる移動ラインを用いた流れ作業を含み[21]、従来は「労務管理」技術であった。しかし、さらにデザインの概念を取り込み、現代にも生きている[187,188]。労働性の向上は単に資本家・企業家のためのものではない。労働の質を高める観点から、サステイナブル・ディベロップメントに貢献できる可能性は検討してみるべき課題と思われる。さらに、ヘベア栽培による天然ゴムの生産のように、農業技術におけるフォーディズムについても、さらに考察の余地があるだろう。

「大衆化」のトレンドの、さらなるグローバリゼーションの進行は不可避であるとの観点から、特に自動車およびタイヤ産業が大きな役割を演じている日本で「サステイナビリティ」を見据えた技術的そして、道路を基本とした街作りのための長期プランの検討がなされるべきであることを強調した。そして、自動車を中心とした交通化社会のありかたについて、技術の問題に留まらないさらに大胆なアイデアとプラン創りが求められる。洒落ではなく「レールが無いからこそ、厳しいルールが必要」なのだ。それはドライバーでなくとも、この物語を受けて21世紀の現代社会に生きる大人みんなが、子供達と子孫に対して負っている義務で

ある．日本人が特に「重荷」を背負うべき歴史的意味を持つことも強調した．この役割を重荷とするのではなく，日本人の「ロマン」として行動できたら，が筆者の最終結論でもある．ロマンがなければ，人生は生きるに値しない．日本人がけん引役を引き受けて，交通化時代に「サステイナブル・ディベロップメント」を現実のものとしてゆくこと，それがこの地球を救う道になるかもしれないのだ．これ以上のロマンがこの世にあるだろうか？

終章

天然ゴムの未来

1 はじめに：人類を取りまく環境と 21 世紀

　第 IX 章では天然ゴムから枠を広げて，21 世紀における「交通化社会」に関して，いくつかの問題点を考察した．現代の目から見た「天然ゴムの歴史」を主題とした本書の結論を示すべきこの章では，改めて天然ゴムに焦点を絞ってこの地球のサステイナブル・ディベロップメントの立場から，その将来に向けた課題を挙げて若干の議論を試みる．ここで「将来」とは，自動車が交通化社会で主要な位置を占め続けると予想される 21 世紀末までを想定している．

　天然ゴムの将来の科学的考察に当たって，過去の科学研究の成果の上に立つことの必要性は言うまでもない．ここでは成書としてまとめられている研究成果で，ここまでに引用されていない 2 書を挙げるに留める[189, 190]．この 2 冊は天然ゴムの標準的教科書とも言え，筆者にとって「その内容の多くはゴム関係者の誰もが知っている（はずの）事柄なので引用に至らなかった」と弁明しておきたい．さらに既に引用した文献[2, 15, 17, 21, 106, 116, 118, 138] などを参

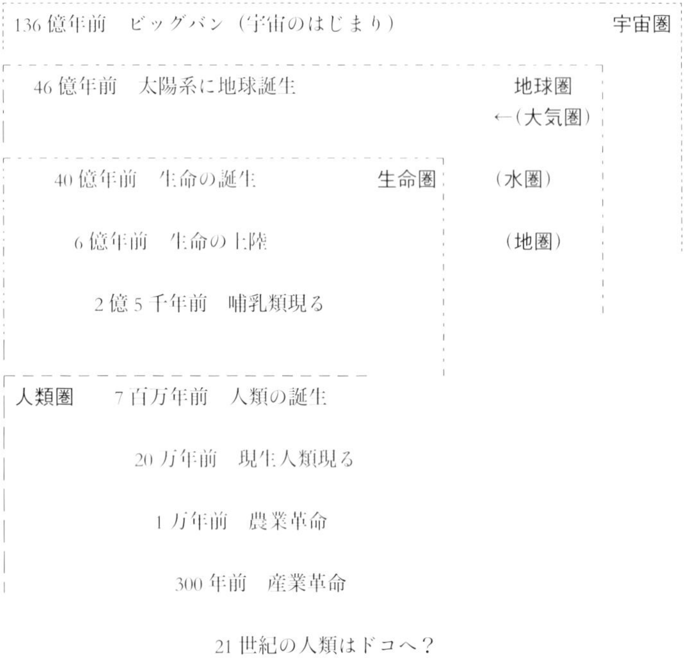

```
┌─────────────────────────────────────────────────────────────────┐
│ 136億年前  ビッグバン（宇宙のはじまり）              宇宙圏    │
│  ┌──────────────────────────────────────────────────────┐       │
│  │ 46億年前  太陽系に地球誕生               地球圏       │       │
│  │                                          ←(大気圏)   │       │
│  │  ┌────────────────────────────────────┐              │       │
│  │  │ 40億年前  生命の誕生       生命圏  │  (水圏)      │       │
│  │  │                                    │              │       │
│  │  │  6億年前  生命の上陸               │  (地圏)      │       │
│  │  │                                    │              │       │
│  │  │  2億5千年前  哺乳類現る            │              │       │
│  │  └────────────────────────────────────┘              │       │
│  ┌──────────────────────────────────────────────────────┐       │
│  │ 人類圏  7百万年前  人類の誕生                        │       │
│  │                                                      │       │
│  │         20万年前  現生人類現る                       │       │
│  │                                                      │       │
│  │          1万年前  農業革命                           │       │
│  │                                                      │       │
│  │          300年前  産業革命                           │       │
│  │                                                      │       │
│  │          21世紀の人類はドコへ？                      │       │
└─────────────────────────────────────────────────────────────────┘
```

図29 ● 人類を取りまく宇宙の136億年と我々のこれから

考にして，図29に宇宙の136億年の歴史と人類を取りまく環境（圏）を示す．136億年前からの関連する出来事を左上から右下へ時間経過に従って記している．我々の活動範囲を示す人類圏，それを取り囲む生命圏，地球圏，宇宙圏を右上へと時空の拡大順に示した．人間活動の宇宙への拡大によって，22世紀には地球圏の周りに「太陽圏」を，さらにその先には「銀河圏」を設定する

ことが必要になるかもしれない．そこまで先のことではなくとも，天然ゴムをキーワードとする本章での考察においても，地球上での地圏に留まらず，水圏，大気圏をふくむ地球全体を見た観点が必須である．さらに大きくは，太陽圏，銀河圏，宇宙圏にある我々人類のサステイナブル・デイベロップメントを忘れてはならないだろう．

当面，21世紀を越えて22世紀にも交通化時代が継続するのかどうか，継続するとしたらどのような社会になるのだろうか，などは次あるいは次々世代の人々の課題であり，前章とこの章での考察がそのための良き出発点となることを期待している．

2 │ 21世紀における天然ゴムの需要と供給の関係

最初の課題は農業生産物である天然ゴムが，工業製品であるタイヤ，ひいては自動車の需要に応えられるのかどうか，すなわち，天然ゴムにおける需要と供給の関係である．まず，ゴム全体の需要動向を考えよう．ゴム材料の最終用途は，他の高分子材料（繊維とプラスチックス），金属，セラミックスと比較して，1つの用途すなわち自動車関係に著しく偏っている．タイヤ以外にもベルト，ホース，シールなどの多くのゴム部品は自動車用が中心である．それ故に，今や自動車が増えすぎて飽和するとの前提に立つと，ゴムの需要は近く頭打ちになると予想できる．佐伯は1992年にそのような見解を発表した[191]．しかし，10年後にこの論文が単行本として刊行される際，アジアでの工業化の急速な発

表8 2011年に70億人に達した地球人口の年収別に見た各種動態*

年収 (USドル/年)	$995以下	$996以上 $3,945以下	$3,946以上 $12,195以下	$12,196以上
人口（人）	10億	40億	10億	10億
子供の数（人） （女性1人当たり）	4	3	2	2
人口増加率（%）	2.27	1.27	0.96	0.39
インターネット 利用者数（人） （人口百人毎）	2.3	13.7	29.9	68.3
自動車数（台） （人口千人毎）	5.8	20.3	125.2	435.1
二酸化炭素排出量 （トン／人）	1	3	5	13

*Supplement to *National Geographic*, March (2011) より抜粋

展を考慮して修正を追加している[192]．

　モータリゼーションの進行は世界的規模ではいまだ飽和点には到達しておらず，当面ゴムへの需要も減少することは無いだろう．この予測は，2011年に70億に到達した地球人口の動向から考えて，表8に示されるように自動車数の将来的な増加が強く示唆されること，に基づいている．すなわち，人口の増加は，より高収入層の（割合はともかくとして）絶対数を増加させるであろう．その増加にともなって，インターネット利用者数，自動車数，二酸化炭素排出量の増加をもたらすと予想できる．中でも自動車は高収入のステータス・シンボルでもあって，その増え方は表8の数値に見られるように，今後もインターネット利用者のそ

れを1桁上回るものであろうと予測される．このような自動車数の増加は，例えば化石燃料消費による排出ガスの影響を見ても全地球的な大問題であり，モータリゼーションの進行には「いずれ」そして「どこかで」ストップを掛けなければならない．それに対する準備は緊急に必要なことで，その定量的検討を急がなければならない．しかし，残念なことではあるが，その全面的な検討は筆者個人の手に余る課題である．筆者に可能な範囲で天然ゴムに限って言えば，タイヤ全体のラジアル化のさらなる進行および大型トラック（重ダンプトラックなど特殊用途のものを含めて）と航空機の増加によって（たとえ一般乗用車が増加しないと仮定しても），その需要が減少することは無いと予想される．（タイヤ用ゴムには一般に天然ゴムと合成ゴムのブレンドが用いられ，ラジアルタイヤでは天然ゴムの使用比率が高い．）例えば，2010年のIRSG (International Rubber Study Group：本部はシンガポール) の予測では2009年に1200万トンを越えた世界のゴム消費量は，2020年には2140万トン（内訳は，天然ゴム1140万トン，合成ゴム990万トン）に達するとされている．筆者の主張する「交通化社会」の展開如何に依存してはいるが，21世紀を通じてこの天然ゴムの増加傾向は継続する可能性が高い．

天然ゴムに焦点を絞ると，むしろ現時点での問題は「天然ゴムの供給が現状を維持できるのか，あるいは需要の増加に応えられるか？」である．農産物であり再生可能 (renewable) でカーボン・ニュートラルな資源である天然ゴムはサステイナブル材料の一種と言って良い[122, 189, 190]．しかしその増産は，米・麦など穀類の食糧生産と競合する可能性も考えなければならない．世界的な

人口の増加は 21 世紀を通じて続くと予想されるからである．熱帯雨林の破壊をどう食い止め，さらに人口に見合う食糧生産の増加に加えて天然ゴムの生産まで考えると，問題解決の可能性を疑問視する農学関係者も多いだろう．化石燃料枯渇の現実性と，技術的に不十分なままに実用化に走って今や手ひどいしっぺ返しを受けている原子力発電所の事故などによって深刻さを増しつつあるエネルギー危機と合わせて，総合的な対策が立案されて世界的な合意のもとに実行されなければならない．天然ゴムについて言えば，栽培技術の改善を含めて 21 世紀半ばまでに各種作物について農業生産の棲み分けが進んで，ゴム栽培が「自立」することが目標となるだろう．その上で，タイヤの生産可能量，つまり最終的には天然ゴムの生産量が，自動車数の増加をコントロールしてその限度を決める因子となる可能性もある．自動車も航空機もタイヤ無しには走行できない（したがって離着陸不能で，航空機は飛ぶことができない）からだ．

そうした事情を踏まえつつも「天然ゴムの生産をどうするか？」が，ゴム関係者の直面する課題である．このプランニングは，一見不可能と見える「総合的な，持続的社会へのプラン」の具体化への第一歩となる可能性もある．当面の具体策として，天然ゴム栽培のベトナム，カンボジア，ラオス，ビルマ，バングラデシュ，そして場合によってはアフリカ諸国への拡大の検討は，避けられない．過去に世界最大の生産国であったマレーシア[193]が国の工業化によってゴム園を減らしていった例から見て，タイ，インドネシア，インドでの天然ゴム生産の伸びは 10 年後には限界近くに達すると予想されるからである．少し古い資料では

あるが1990年[194]および1997年[195]時点での展望がある．また，カンボジア，ラオス，ミャンマーの事情について最近のレポートがある[196]．ヘベア樹の栽培と天然ゴム生産のより優れたプロセスの確立をどう実現していくかが，天然ゴムに関係するプランが真に先進的なものに成り得るかどうかを決めるであろう．農学関係者だけでなく，また，天然ゴム生産国だけではなく，学際的なそして国際的なプランニングが追求されるべきである．

さらに長期的に天然ゴムの生産を考えるとき，バイオ科学の成果を存分に生かして，ヘベアの新しいクローンの創生，組織培養 (tissue culture) を含めた $in\ vitro$ での（「生体外で」の意）ゴム分子の生化学的合成など科学的研究の前進が期待される．バイオテクノロジーと合成化学の現状から予測して，21世紀末には何らかのブレイクスルーが成し遂げられてもおかしくはない．それが，この日本からの発信であってほしいものである．その前進は，技術学的検討を経て新しいゴム生産技術として実用化される．いったん科学的なブレイクスルーが成し遂げられたならば，この実用化への展開はかなり速いのではなかろうか．この点は，本章5節に再論する．

3 天然ゴムのリサイクル

2番目に，天然ゴムがサステイナブルであり続けるためには，当面リサイクルの可能性のさらなる追求が避けられない．「天然に生まれたのだから，自然に帰る」はずだとの素朴な，しかし

誤った意見がいまだに表明されることがある．ゴムの樹は炭化水素の一種である シス-1,4-ポリイソプレン（天然ゴムの化学構造からの名称）を *in vivo* で（「生体の内部で」の意）合成している．（炭化水素とは炭素（C）と水素（H）から成る分子のこと．）炭化水素の多くは石油を原料として化学合成され，天然ゴムはその例外である．おそらくタンパク質，多糖を含めた数ある天然高分子の中で，唯一の炭化水素化合物であろう．そして，生合成（biosynthesis）された天然ゴムの生物分解（biodegradation）の速度は極めて低い．木材の三大成分の1つであるリグニンも生物分解が遅いことは，古くから知られており[197,198]ゴム用充填剤としての検討もなされた[199]．「自然は，自身が消化出来ない化合物を作らない」との俗説をそのまま信じてはならない．自然の時間は種としての現生人類が今まで生きてきた長さ（数万年）が基本単位であって，人の一生は瞬間的なのだ．天然の生産物ではあっても，リグニンや天然ゴムの分解反応の完結には，置かれた条件にも依存するが，人工的な促進条件下でも数年から数十年，自然条件下での生物分解では数百年から数千年にもおよぶだろう．

ゴム製品においては，さらに硫黄などによって架橋（加硫）されて3次元の網目構造（安定なゴム弾性を発揮させるために必要な構造である）が形成されているから，その生分解反応は加硫前のゴム自身よりさらに遅い．例えば，天然ゴム製品のトラック用タイヤを海底に沈めておけば，数百年にわたって，いや1000年を越えて原形を保つ可能性がある．序章に記したインカ文明のゴム球（加硫はされていない）は，20世紀に水底から回収された時にもゴム弾性を保持していた．ゴム製品のリサイクルについてすで

に数多くの研究があるにもかかわらず、加硫天然ゴム、特に自動車用ゴムタイヤのリサイクルについて、いまだにブレイクスルーは成し遂げられていない。実用化に耐える天然ゴムのリサイクル手法は今後も最重要の課題である。ここでは、「リサイクル」を、元と同じあるいは同等の製品としての利用と定義した。

このように架橋ゴムのリサイクルの本質的な困難さにもかかわらず、特にタイヤについては古くからリユース（reuse、再利用）が行われてきた。（「リユース」は元とは異なる用途への使用を含めた再利用と定義する。）大型タイヤのリトレッデイング（retreading, トレッドの再生；トレッドはタイヤ表面の接地面となる部分のこと）はすでに長い歴史を有している。また、廃タイヤはそのままでも公園で子供の遊び場に設置され、小型船舶の防舷材として利用されるなど目に見える再利用の例がある。粉末状にされたタイヤは再生ゴム製品（屋外に敷かれるタイルなど）用の添加剤として有用で、アスファルト舗装に添加されるなどの実績がある。最終的に焼却される場合にも、ゴムは炭化水素で燃焼時の発生熱量が大きいことから、廃タイヤは高温ボイラー用などに利用価値の高い燃料となる。再利用率で見ると、有機材料製品の中でタイヤは優等生と言ってよい。

ゴムタイヤのリサイクルの困難さが理由となったのかどうかは不明だが、タイヤは日本の「自動車リサイクル法」の対象外となっている。そのために今もって廃タイヤが野晒しのまま放置される場合がある。この点からも、工業的に大量の再生が可能なリサイクルおよびリユース手法の確立を急ぐ必要がある。あるいは、その確立前の段階での具体的かつ全国的な対策をタイヤ会社

が中心となって提示すべきかもしれない．幸いにして廃棄物品の中でタイヤは確実な回収が比較的容易であり，すでに事業化されている再利用事業の拡大と新規再利用の開発から，リユース率100%に向けた活動を具体化すべきである．循環型社会[200, 201]への歩みは，この地球にとって欠かせないアプローチで，天然ゴム関係からの貢献を期待したい．

4 アレルギー症問題

第3に，医療用途での天然ゴムの重大問題は主としてラテックス製品に認められる人体のアレルギー症である[202]．外科手術用として必須の手術用ゴム手袋においてこの発症は医師，看護師など関係者にとって大問題であり，日常的な対策が必要とされている[202-204]．これは抗原抗体反応によるもので，抗原はゴムの生合成プロセスにおいて必要とされた非ゴム成分，特にタンパク質であり，その完全な分離・除去が困難なことによる．薄膜状態に成型可能で，10倍にも達する大きな伸びと瞬時の変形回復，さらに使用時に優れた強度を示す材料は天然ゴム以外では限定されている．興味深い研究は同じ天然ゴムでもヘベアではなくワューレ (Guayule；序章1節を参照) から採取されたゴムを用いることである[205]．非ゴム成分であるタンパク質の種類がヘベアとは異なっている可能性があるので，さらなる検討が望まれる．手術用ゴム手袋として必要な優れた力学的性質の点で，合成ゴムの中ではおそらくポリウレタンが唯一の可能性を持つ材料であろう．そのコ

ンドームはすでに商品化されているので、外科手術用ゴム手袋としての開発も進行中の可能性がある。しかし、現状ではヘベアからのラテックスが唯一の出発材料であり、ラテックス製品によるアレルギーに対して、多くの関係者の学際的な努力により、現在のところ対症療法的なアプローチは一定の効果を上げている。天然ゴム以外の材料の利用はまだ少し先のことの可能性があるので、人体へのアレルギー症の発生をどう克服していくのか、さらなる改善が緊急の課題であろう。

5 先端バイオ技術の適用

　植物学・農学あるいはバイオテクノロジー関係で、ヘベアの品種改良による高性能クローンの開発と、将来に向けてその組織培養（tissue culture）について本文で十分に述べることができなかった。前者はアジアにおけるヘベア・プランテーションが確立して後に活発な研究・開発がなされ、新しいクローン[注23]によって天然ゴムの生産高の向上のみならず高性能化にも貢献して大きな成果を収めた。天然ゴムの栽培化段階の初期において、新種クローンの開発などに大きな貢献をしたボゴールのオランダ人ゴム研究者の活動[10,42]についても十分に記述できなかった。

　後者の組織培養はこれからの課題であり、第2節のゴムの増産に関連して述べたように、ヘベアのゲノム解析を含めて最新のバイオテクノロジーにとって挑戦的な対象であろう[206,207]。註24にも記したように決して容易ではないだろうが、今世紀中に何らか

のブレイクスルーがあってもおかしくはない．最近，ヘベアのゲノム解析の結果の一部が公表された[208]．ゲノムとは生命を維持するために最低限必要な 1 対の DNA（デオキシリボ核酸）のこと，つまり遺伝子である．ヒトゲノム・プロジェクトの結果から，ヒトのゲノムは 3Gbp 以上の長いポリマー鎖から成っていて，複雑かつ大量の遺伝情報を持っている．ここで，G は 10 の 9 乗，bp は DNA 鎖の長さの単位である．ヘベアのそれは約 1.4 Gbp と推定され，完璧とも言える立体規則性のゴムを生合成するために，多くの遺伝情報を持っているのかもしれない．長い進化の歴史から見ても，ヘベアはユニークな植物ではないだろうか．

6 バイオ・セイフティ (Bio-safety)

最後に，天然ゴムの安定供給を確保するためにはそのバイオ・セイフティ (bio-safety) の考慮が避けられない．Bio-safety とは今の場合，「アジアにおけるヘベア・プランテーションにおける栽培ゴムの生産を確保するために，中・南米からの南アメリカ枯葉病 (SALB) の蔓延をどう防ぐか」である．（近い将来にアフリカでもヘベア栽培の可能性があるとのべたが，SALB に関するアフリカの状況についての情報は乏しい．）すでに本文と註の数か所（特に，註 24）で関連する情報を述べてきたので繰り返しは避けるが，今なお各国の防疫体制の維持と改善が唯一の対策である．航空機による大陸間の移動が数十時間で可能となった現在でも，SALB が

中・南米に封じ込められていることは奇跡的幸運と言える．今後，SALBの中・南米からの流出は，大量破壊兵器関連技術の流出と同様な考え方で臨むべき課題であろう．この観点は従来，天然ゴム生産国の責任に任されて来た感がある．天然ゴムの増産と合わせて，関係各国の協力による，より強化された対策を講じる必要がある．本書を読まれた方々がbio-safetyを，天然ゴム生産者のみならず，関係者・消費者を含めて人類的な課題の1つとして改めて認識し理解されたとしたら，本書はその役割を果たしたと言えるのではないだろうか．

7 おわりに

「天然ゴムの歴史」もそろそろ閉じる時になった．歴史の総括は一般には決して簡単なことではないが，本書で展開した天然ゴムに限って考えれば可能である．"History"は元々「物語(story)」の意味を持っていた．歴史家マンフォードの言[118]を引用して，この天然ゴムの歴史物語の簡単な，しかし21世紀になった今も決して意義を失ってはいない総括としたい．

「アマゾン流域の原住民のゴムは，輸送から避妊に至るまでの「新世界」のテクノロジー全体に転換をひき起こした．「新世界」人はあまりにもしばしば原始人の贈り物を軽蔑し，投げ捨ててしまったが，もし彼がそれらの贈り物の持つ意味全体にもっと深い理解を示していたとすれば，人類はいまよ

りももっと，賢く，豊かになっていたであろう.」

最後の最後に，この物語の執筆に際して筆者が用いた資料について2点，コメントしておきたい．1つは従来の文献に代わりつつある電子情報，現時点では特にウェブの利用[209]である．本文中に何度か記したように，明らかに誤り，あるいは事実かどうか不確実な事項の記載が散見された．しかし，単純な事実関係，例えば人物の略歴（生年月日など）を知るのに，インターネットでもトップブランドの1つに成長した感のあるWikipedia[210]は非常に便利であり筆者がチェックできた限りでは正確であった．（ただし，事実の「説明」とその「解釈」については慎重に扱うべきで，従来の文献との比較検証が必要である.）他にも英文であれば百科事典などウェブ上で公開されているものがいくつかあり（例えば，*Stanford Encyclopedia of Philosophy*)，その利用を勧められるものが少なくない．情報化時代でもある現在，有用で，便利で，今となってはもう避けられないウェブの利用について，しっかりした利用基準がほしいものである．（それは個人レベルでしか確立されないのかもしれないが.）

もう1点，古い書籍・本などについて興味を持たれた方のために記しておく．筆者が学習し引用させていただいた中で「古い」ゴム関係書のいくつかは故金子秀男氏が所有されていたものである．同氏による紹介記事[211]を一読頂きたい．それらの閲覧については，日本ゴム協会の事務局に問い合わせると良い．他に，英国の天然ゴム研究機関 TARRC[212] (Tun Abdul Razak Research Centre, 元の MRPRA or BRPRA, Malaysian or British Rubber Producers' Research

Association）を訪問した際，その図書室所蔵の貴重書の数冊を閲覧させていただいた．また，最近30年ほどの書籍であれば，ロンドン，パリ，ニューヨークや，国内では京都・大阪や神田などの古書店めぐりをしなくとも，Amazon などウェブ上の書籍販売で容易に，しかもある場合には信じられない低価格で入手できることがあった．無論，逆の場合もあるので古書店がつけたプロの価格を知っているに如くは無い．個人的には，古書店めぐりの楽しさが半減するような気がして，うれしさ半分の気持ちではあったが．

参考文献

●序章

1) Hosler, D., Burkett, S. L., Tarkanian, J.: *Science*, **284**, 1988 (1999).
2) Singer, C., Holmyard, E. J., Hall, A. R., Williams, T. I.:"*A History of Technology*", Oxford University Press, Oxford (1954-1978). 全8巻の内1958年までに刊行された1〜5巻が翻訳されている．シンガーら著，高木純一ら訳：『技術の歴史』，全10分冊，筑摩書房，東京 (1962〜1964)
3) 成沢愼一：バンドーだより，No. 41, 1 (1975), No. 42, 1 (1976), No. 43, 1 (1976).
4) Schultes, R. E.: *Botanical Review*, **36**, 197 (1970).
5) Schultes, R. E.: *Endeavour, New Series*, **1**, No. 3/4, 133 (1977). ヘベア樹の移植の「旅」をオデッセイと命名した文献で，著名な植物分類学者の筆に成る一般向けの簡潔にして要を得た解説である．
6) Schultes, R. E.: *Economic Botany*, **41**, 125 (1987).
7) Collins, J.: "*Report of the Caoutchouc of Commerce*", Printed by the order of Her Majesty's Secretary of State for India in Council, London (1872). 植物学者コリンズが，インド省にいたマーカムの依頼により作成したゴム産出植物についての調査報告である．マーカムはかなり多くの植物がゴムを産出することをすでに認識していて，有望な種を選択してインド省のプロジェクトを立ち上げるつもりをしていたのであろう．アフリカ産を含め対象は広くとられているが，中・南米産のCeara, Castilloa, *Herea* および南アジア・東南アジア産の *Ficus* を詳しく論じている．
8) Wickham, H. A.: "*On the Plantation, Cultivation, and Curing of Para Indian Rubber*", Kegan Paul, Trench, Trubner & Co., London (1908). ウィッカムの2番目の著書．1905年の第1回ゴム会議（セイロンのペラデニヤで開催された，初めてのゴム関係国際会議であった）に，多数のプランターの要請により

ウイッカムが招待された．そこでの講演内容の技術面をまとめたものと思われる．

9) Wilson, C. M.: *"Trees and Test Tube-The Story of Rubber"*, Henry Holt and Company, New York (1943).

10) Drabble, J.H.: *"Rubber in Malaya 1876-1922"*, Oxford University Press, Kuala Lumpur (1973).

11) Gardner, B.: *"The East India Company-A History"*, Dorset Press, New York (1971).

12) Brockway, L. H.: *"Science and Colonial Expansion-The Role of the British Royal Botanic Gardens"*, Academic Press, New York (1979).（訳本が出版されたが全訳ではない．L. H. ブロックウェイ著，小出五郎訳：『グリーンウェポン』，社会思想社（1983）．）キニーネ，ゴム，サイザル麻が例として記述されている．この著者の本領は大英帝国の世界制覇に，キュー植物園がメインプレイヤーとなったプラント・イントロダクションが，どれほど大きな役割を演じたかを示したところにある．類書の中では日本でも広く読まれたようで，1984年から1999年にかけて文献5とこの書の5章および7章の着想によったと思われる邦書が何冊か出版されている．

13) Coates, A.: *"The Commerce in Rubber: the First 250 Years"*, Oxford University Press, Singapore (1987).

14) Dean, W.: *"Brazil and the Struggle for Rubber: A Study in Environmental History"*, Cambridge University Press, Cambridge (1987)．外国人に「盗まれた」ヘベア樹をめぐって，原産国ブラジルの苦闘を詳細にたどったユニークかつ貴重な研究書である．以後の天然ゴムの歴史関係書に数多く引用されている．

15) こうじや信三：『ゴム材料科学序論』，日本バルカー工業（株），東京（1995）．

16) こうじや信三：『ゴムの事典』，朝倉書店，東京（2000）第1章．

● 第 I 章

17) J. D. バナール著，鎮目恭夫訳：『歴史における科学』，みすず書房，東京（1966）．1960年から1970年代の科学史関係者必読書であった．800

ページを越える大冊で分厚さに圧倒されるが，翻訳はこなれていて読みやすく読み通すのは意外と難しくない．古代から20世紀までバナールの一貫した考え方で記述されていて，今でも推薦できる科学史の「入門書」である．

18) ヘンリー・ホッジス著，平田 寛訳：『技術の誕生』，平凡社，東京 (1975)．

19) Mann, C. C.: *National Geographic*, June, 34 (2011)

20) 加茂儀一：『家畜文化史』，法政大学出版局，東京 (1973)．類書の少ない分野で，本書は経済学出身の著者が畑違いの分野での貴重な研究成果を世に問うたもので，旧版以来世評の高い書である．(旧版は1937年に改造社から出版された．)

21) Derry, T. K., Williams, T. I.: "*A Short History of Technology: From the Earliest Times to A. D. 1900*", Dover Publications, New York (1993).

22) Keay, J.: "*The Honourable Company-A History of the English East India Company*", Happer Collins Publisher, London (1991).

23) 木村雅昭：『国家と文明システム』，ミネルヴァ書房，京都 (1993)，第4章．

24) Marx, K.: "*The East India Company-Its History and Results*", communicated (London, Friday, June 24, 1853) article to the New York Daily Tribune, July 11, 1853. *www.marxists.org/archive/marx/works/1853/07/11.htm*

25) Gascoigne, J.: "*Science in the Service of Empire*", Cambridge University Press, Cambridge (1998). J. Banks の活動を評価しているが，少なくとも現在の目で見て科学者ではない．そのような人物 (ヴァーチュオーソー，つまり骨董品など珍奇なものを好みその鑑識を得意とする当時のジェントルマン) が科学の世界で「バンクス帝国」と呼ばれるほど大きな政治力を持った背景は，科学史の立場からもっと分析されるべきであろう．

26) 今田秀作：『パクス・ブリタニカと植民地インド—イギリス・インド経済史の相関把握』，京都大学学術出版会，京都 (2000)．イギリス東インド会社の分析的研究書として最高のものの1つであろう．日本人による研究であることは喜ぶべきだが，英文での出版が強く望まれる．

27) Loadman, J.: "*Tears of the Tree-The Story of Rubber*", Oxford University Press,

Oxford (2005). 天然ゴム全体をカバーする一般向けの歴史書である。タイトルの「涙」は，ヘベアからのラテックスの液滴を意味する（ゴムのアマゾン現地人の言葉「カウチョ」は weeping tree を意味している）が，ここでは日常的に使う泣いた時の「なみだ」をかけている。ベルギー国王レオポルド 2 世によるコンゴでの原住民への虐待の限りを尽くした野生ゴムの採取の生々しい描写，そして，コロンビア，ペルー，ブラジルにまたがる Putumayo 河（アマゾンの支流の 1 つ）流域で J. C. Arana ら現地の有力者がゴム採取のため，コンゴを上回る略奪的・暴力的なインディオの酷使を行った歴史的事実を踏まえている。それらの記述があまりに鋭く冴えわたり，読むに耐えず涙する。コンゴと Putumayo 川流域での死者が何千人か何万人か，いまだ正確な死者数は確定されていない。「資源の呪い」(Resource Curse, Auty, R.: "*Sustaining Development in Mineral Economics : The Resource Curse Thesis*," Routledge, London (1993).) は今も続いている。つまり，天然資源の確保をめぐる悲劇は，21 世紀の今も世界のどこかで間違いなく起こっている。それが，「悲しい」現実である。

28) Jackson, J.: "*The Thief at the End of the World*", Viking, New York (2008). 2013 年 1 月現在，本書に関連する最も新しい書である。ウイッカムの経歴については過去の研究成果を踏まえて，ウェブ上の調査および当事者あるいはその子孫へのインタビューなどを含めて広範に調査を行い，また新しい解釈も試みている。筆者が入手できなかった文献 (Lane, E. V.: *The India Rubber Journal*, **125**, 962, 1076, 1118, 1149 (1953), および *ibid.*, 126, 25, 65, 95, 139, 177 (1954)) に加えて，ウイッカムの妻ヴィオレットの日誌（出版はされていない）を参照した上で共感を持って執筆されており，彼とその妻の実像に迫る感動的な物語となっている。ウイッカムの青年時代の熱帯探検とヘベア後のプランターとしての活動の詳細については，唯一と言える情報源であり，本書も特に II 章と V 章に記述したウイッカムの活動についてこの書に多くを負っている。

29) Hobhouse, H.: "*Seeds of Change*", Sidgwick & Jackson, London (1985). キニーネの他に砂糖，茶，綿，ポテトについての章がある。

30) F. トリストラム著，喜多迅鷹・デルマス柚紀子訳：『地球を測った男たち』，リブロポート，東京 (1983)．

31) イヴ・ドゥランジュ著, ベカエール直美訳:『ラマルク伝:忘れられた進化論の先駆者』, 平凡社, 東京 (1989).
32) Hepper, F. N. ed.: "*Royal Botanic Gardens KEW : Gardens for Science and Pleasure*", Her Majesty's Stationary Office, London (1982).
33) Bromley, G. and Maunder, M.: "*A Souvenir and Guide to the Royal Botanic Gardens, Kew*", Board of Trustees, Royal Botanic Gardens, Kew (1990).
34) Desmond, R.: "*The History of the Royal Botanic Gardens Kew*", 2nd ed., Kew Publishing, London (2007). キュー植物園の歴史書でキューにまつわる興味深い解説がある. 歴史のみならず「キュー植物園の百科事典」とも言える大作である.
35) Levelink, J., Madwdsley, A., Rijnberg, T.: "*Four Guided Walks BOGOR BOTANIC GARDEN*", PT Bogorindo Botanicus, Bogor (1996).
36) リン・バーバー著, 高山　宏訳:『博物学の黄金時代』, 国書刊行会, 東京 (1995).
37) ピータ・レイビー著, 高田　朔訳:『大探検時代の博物学者たち』, 河出書房新社, 東京 (2000).
38) Knight, D.: "*Sources for the History of Science 1660-1914*", Cambridge University Press, Cambridge (1978). 柏木　肇, 柏木美重訳編:『科学史入門:史料へのアプローチ』, 内田老鶴圃, 東京 (1984) はこの訳書であるが, 文献の追加だけではなく訳者の加筆が多くあって, 日本の読者には原書よりも価値がある.
39) 浜渦哲雄:『イギリス東インド会社』, 中央公論新社, 東京 (2009).
40) リチャード・スプルース著, アルフレッド・R・ウォーレス編, 長澤純夫, 大曾根静香訳:『アマゾンとアンデスにおける一植物学者の手記』, 上・下, 築地書館, 東京 (2004). 註6に記したウォーレスが友人スプルースの死後に遺稿を編纂して, 1908年に出版した. その貴重な書の全訳である. 独学の (若い時には数学を好み, 1人でかなりのレベルに達していた) 優れた植物学者にして不屈の探検家でもあったスプルースの, 鋭い観察の目がアマゾンとアンデスの至るところに向けられている. しかし彼は, 生涯を通じて金銭的には貧しかった.「パクス・ブリタニカ」を維持した大英帝国の力は, 博物学 (後に科学の諸分野に分化) など学

間の世界でも，こうした地味でそして優れた人材を輩出したところに最もよく現れている．科学者として，王立協会の会長を務めたバンクスよりもスプルースを高く評価するのは，趣味の問題ではないだろう．

41) D. R. ヘッドリク著，原田勝正，多田博一，老川慶喜訳：『帝国の手先—ヨーロッパ膨張と技術』，日本経済評論社，東京 (1989).

42) Dijkman, M. J.: "*Hevea : Thirty Years of Research in the Far East*", University of Miam Press, Coral Gables (1951).

●第Ⅱ章

43) Sachs, A.: "*The Humboldt Current : Nineteenth-Century Exploration and the Roots of American Environmentalism*", Penguin Books, London (2007)

44) アラン・ゲールブラン著，大貫良夫，吉田良子，神崎牧子訳：『アマゾン・瀕死の巨人』，創元社，大阪 (1992)．豊富な写真や絵画と，簡潔でしかも要を得た説明によって熱帯雨林アマゾンの破壊を，歴史的な観点から明らかにしている．アマゾンの将来を考えるための貴重な訳書である．

45) 臼井隆一郎：『コーヒーが廻り世界史が廻る』，中公新書，中央公論社，東京 (1992).

●第Ⅲ章

46) Wickham, H. A.: "*Rough notes of a journey through the wilderness from Trinidad to Para, Brazil, by way of the great cataracts of the Orinoco, Atabapo, and Rio Negro*", W. H. J. Carter, London (1872)．ウイッカムの最初の著書．書名にある "Atabapo" は地図上に見つけることができない．フンボルトによれば（文献 43，p. 392 の Note 66 を参照）オリノコ河上流に昔あったインディオの国名で，その地域では素朴な原始的自然信仰が当時も行われていたという．子フッカーはこのウイッカムの書を読んでウイッカムへのヘベア採取依頼を考えたのであろう．ウイッカムの著書は文献 8 とこの 2 冊のみで，マーカムのように筆が立つ人ではなく日記の類も残していない．彼の一生の再現には，文献 28 の解説に記した妻ヴィオレットの日誌が貴重な源であるが刊行されていない．ヘベア以前とイングランドに戻るまでのウイッカムに

ついては，今のところ Jackson の書（文献 28）に頼ることになる．

47) 成沢慎一：*日本ゴム協会誌*, **55**, 610 (1982).

48) Hancock, T.: "*Personal Narrative of the Origin and Progress of the Caoutchouc or India-Rubber Manufacture in England*", Longman, Brown, Green, Longmans, & Roberts, London (1857). この書は，ハンコックが自身のゴム加工の経験をまとめた貴重なものである．しかし，加硫についての記述は，当然のことと言うべきか，「発明者」としての自己弁護の色彩が強い（註 34 を参照）．アメリカ化学会が加硫発見 100 年祭を行った際に記念として，1939 年に復刻版を刊行したもので，現在，図書館あるいは古書店で見つけられるのはこの復刻版であろう．

49) 中隅哲郎：*日本ゴム協会誌*, **63**, 204 (1990).

50) レヴィ・ストロース著，川田順造訳：『悲しき熱帯』Ⅰ, Ⅱ, 中公クラシックス，中央公論新社，東京 (2001). 原書 "*Tristes Tropiques*" は，「構造主義」者として日本でもよく知られたフランスの民族学者・文化人類学者レヴィ・ストロースの，最もポピュラーな著作で 1955 年に出版された．彼は 1935 年にブラジルのサンパウロ大学教授となり，ブラジルで熱帯諸民族の調査研究を行った．約 15 年後にその成果を「ドキュメンタリー」風にまとめた成果がこの書である．同年のゴンクール賞（フランスの最も権威ある有名な文学賞）選考委員会が，「この作品がフイクションではないために，受賞対象外となったことはまことに残念である」と公表したことによって，この書は一躍名声をほしいままにした．原書は，日本のフランス語専門家にすら「晦渋といっていいフランス語で」書かれているとされており，訳書に頼らざるを得ない．しかし，筆者が昔に入手した訳本は抄訳だった．全訳はここに引用した川田氏の訳書が唯一のものである．ユニークな民族学的研究成果の，ユニークな旅行記形式での報告であり，なによりも誰が読んでも「面白く読める本」である．

51) Woodruff, W.: "*The Rise of the British Rubber Industry during the Nineteenth Century*", Liverpool University Press, Liverpool (1958).

52) H. W. ベイツ著，長澤純夫，大曾根静香訳：『アマゾン河の博物学者』，平凡社，東京 (1996). 著者ベイツはウォーレス（註 6 参照）とともに，1848 年にアマゾンに向かい，1859 年まで滞在してアマゾン流域で貴重な

多数の動・植物を採取した博物学者であった.ダーウィンは進化論を支持する非常に有力な証拠がもたらされたとして感激し,この書に推薦文を寄せている.後にウィッカムが滞在したサンタレンの丘で,スプルース,ベイツ,ウォーレスの3人が一夜語り明かした際,2人がウォーレスの進化の考えに影響を与えたと推測されている.英文の書は Penguin Books, Everyman's Library に収められていて入手は容易だが,両者共に縮刷版である.この文献 52 は貴重な全訳で,ウォーレスの編纂によるスプルースの書(文献 40),また,後に書かれたレヴィ・ストロースの書(文献 50)と読み比べるのも楽しい.この大部の3著作がすべて全訳されているのは世界的に珍しいことであろう.日本語が読めるなら,この3冊に挑戦できる幸せを享受しない手はない.

●第IV章

53) Sethuraj, M. R. & Mathew, N. M., eds.: "*Natural Rubber: Biology, Cultivation and Technology*", Elsevier, Amsterdam (1992).

54) George, P. J., Kuruvilla Jacob, C., eds.: "*Natural Rubber: Agromanagement and Crop Processing*", Rubber Research Institute of India, Kottayam, (2000).

55) Webster, C. C. & Baulkwill, W. J., eds.: "*Rubber*", Longman Science & Technical, Harlow (1989). "*Rubber*" と単純明快なタイトルのこの書は少し古くなったが,マレーシアゴム研究所(RRIM)の研究者を中心に書かれた天然ゴム樹の百科辞典とも言える大部の書である.1925 年の設立以後の RRIM 活動の総まとめ(結果的にそうなったのかもしれない)とも言える."*Tropical Agriculture Series*" の1冊として刊行されたことから明らかなように,生物学・農学分野で今なお貴重なテキストである.

56) *www.measuringworth.com/ppowerus/*

57) 信夫清三郎:『ラッフルズ伝』,東洋文庫 123,平凡社,東京(1968).
歴史家服部之総の弟子として一昔も二昔も前の明治維新をめぐる講座派と労農派の論争に加わった信夫清三郎が,『ラッフルズ伝』を書いていることを知った時,少なからず驚いた.彼は後藤新平の植民地台湾の経営を研究中に,後藤がそれまでのフランス式経営を改めてイギリスの植民地経営を学び実践した際にラッフルズを1つの手本としたことを知り,

その過程でラッフルズ伝を書くに至ったという．正直なところ，その後にイギリス人が書いた文献58をはるかに上回る良書である．

　後藤新平は関東大震災後に壮大な復興計画を立案したことでもよく知られた有能な官僚・政治家であり，2011年3月11日の大震災後にその名が再び取沙汰された．「第二の後藤新平出でよ！」ということであったろうか．この文献はそうした観点からも，ラッフルズ，後藤新平を知ることが今の日本でも優れて現代的意義を持っていることを示唆している．ちなみに，信夫清三郎の師，服部之総の著作集全7巻（理論社，新装版1967年4月刊）も，近代日本の過去を知り将来を考える上で欠かせない書である．特に，服部の「厳密な意味でのマニュファクチャー時代」論は明治維新の性格を分析するためのものであったが，絶対主義から資本主義への変化を論ずる際に世界史的な適用が可能と思われ，ヨーロッパ各国で設立された東インド会社，アフリカ会社など植民地経営を担当した会社の基礎的分析に威力を発揮するのではないかと筆者は考えている．「この師にしてこの弟子あり」の実例の1つと言えるだろう．

58) ナイジェル・バーリー著，柴田裕之訳：『スタンフォード・ラッフルズ』，凱風社，東京（1999）．
59) Jackson, J.：文献28, pp. 341–344.
60) 髙橋九郎：『ゴム工業』，大東亜資源化学第一冊，平凡社，東京（1943）．
61) Eng, T. D.: "A Portrait of Malaysia and Singapore", Oxford University Press, Singapore (1975).
62) 明石陽至編：『日本占領下の英領マラヤ・シンガポール』，岩波書店，東京（2001）．トヨタ財団の研究助成によって行われた共同研究の成果報告書であり，第5章に軍制下の経済政策と，そのゴム農園への影響について記述がある．2008年に英語版がSingapore University Pressから出版されている．
63) Kratoska, P. H.: "*The Japanese Occupation of Malaya — A Social and Economic History*", Hurst & Company, London (1998), Ch. 8. この書についての書評が *Southeast Asian Studies* の36巻1998年9月発行号に掲載されている．文献62と合わせて，類書がほとんど無い中で貴重な研究成果と言える．

64) Tinsley, B.: "*Visions of Delight: The Singapore Botanic Gardens through the ages*", Singapore Botanic Gardens, Singapore (1989).
65) Sasaki, C.: *Historia Scientiarum*, **11**, 24 (2001).

●第Ⅴ章

66) 谷田博幸:『図説ヴィクトリア朝百貨事典』,河出書房新社,東京(2001).
67) 国際交通安全学会編:『交通が結ぶ文明と文化』,技報堂出版,東京(2006).
68) Johnson, S.: "*The Ghost Map : The story of London's most terrifying epidemic — and how it changed science, cities, and the modern world*", Riverhead Books, New York (2006). 1854年夏のロンドンにおけるコレラの大流行に対する壮絶な戦いを,ドキュメンタリータッチで活写した力作.下水道や汚物処理,重病人とその悲惨な死など,ふつう英語の学習に取り上げられない話題であるから未知の英単語が続出し,英和辞書が手離せない.しかし,そのわずらわしさを乗り越える迫力ある記述で,手間暇かけて読むだけの価値ある書である.
69) 川上 武:『自然科学概論』,第2巻,武谷三男編,勁草書房,東京(1960),第4編Ⅷ.疫学の方法は決して過去のものではない.例えば,水俣病による被害者の認定が50年後の今も決着しないのは,初期段階で不知火海一帯での疫学調査がなされなかったことが主因とされる.関連文献として宮本憲一,澤井余志郎,野呂汎:科学史研究,**51**,229(2012)を参照.
70) "*Times Comprehensive Atlas of the World*", 13th ed., Times Books, London (2011), Plates 7 & 12.
71) Data from Edinburgh Geographical Institute, described in "*Times Comprehensive Atlas of the World*", 13th ed., Times Books, London (2011).

●第Ⅵ章

72) Ferguson, J.: "*All about Rubber: All Varieties in all Countries, with harvesting and preparation*", 3rd ed., A. M. & J. Ferguson, Colombo (1899).

73) Wright, H.: "*Hevea brasiliensis or Para Rubber — Its Botany, Cultivation, Chemistry and Diseases*", 3rd ed., A. M. & J. Ferguson, Colombo (1908). 1899年出版の文献72との書名比較から分かるように、1908年に第3版が出版された（初版が何年に出版されたかは不明）時点で、すでにヘベア（パラゴム）の使用が一般的であったと考えられる。もちろんヘベア以外のゴムについてもこの書に言及はあるが、本文中の表2に示したように、栽培用としてヘベアの選択は科学的にも支持された。「見栄え」によるウィッカムの選択は正しかったと言える。また、この書にはシンガポールのリドレイからの情報がかなり記載されている。赴任途上の訪問時に示したリドレイのゴムへの関心が、セイロンの人々に好印象を与えたことも推測できる。

74) Tillekeratne, L. M. K., Karunanayake, L.: *Bulletin of the Rubber Research Institute of Sri Lanka*, **41**, 41 (2000).

75) サイモン・ウインチェスター著、柴田裕之訳：『クラカトアの大噴火：世界の歴史を動かした火山』、早川書房、東京（2004）。1883年夏、スンダ海峡の火山島クラカトアは、史上最大の1つとされる大爆発によって島全体が吹き飛んだ。その衝撃波は地球を7周し、おびただしい量の火山灰が大気中にまき散らされて数年間の地球全体の冷え込みの原因となり、スンダ海峡からの大津波の影響は地中海にもおよんだ。その世界への第一報は、スンダ海峡に面するジャワ島西部の小さな港町Anjerにあるロイズ（E. L. Lloydが創業した海上保険会社）代理店から海底ケーブルを利用してロンドンの本店に伝えられ、『タイムズ』新聞に電信が転送されて記事となった。オランダ領東インドの出来事を、オランダ政府の要人も『タイムズ』の記事によって知ったのである。地球の片隅での事件を世界中の人々がほぼ同時進行で知るようになった嚆矢と言える。また、オランダ人を中心に、世界中の科学者が現地におもむいて調査と現場での各種測定を実施して多くの論文が出版された。この点でも科学史上初の取り組みであった。20世紀になってドイツ人ヴェーゲナー（Alfred Wegener, 1880〜1930年；彼は自説の正しさを確信していたが、学会で相手にされず気象学の職にしかつけないまま、過労のため50歳にしてグリーンランドで悲劇的な死を遂げた）が提唱した大陸移動説以前の出来事ではあったが、クラカトアの科学的データがその後の「プレー

トテクトニクス」理論としての確立（最終的には 1990 年代）に貢献したことも述べられている．インドネシアと同じく，火山，地震，津波の国である日本人に必読の 1 冊である．

76) Holttum, R.: *TAXON*, **6**, no. 1 (Jan.-Feb.), 1 (1957).

77) EARTH-Ridley, Henry Nicholas (1855 to 1956). www.eart-h.com/text/ridley.htm

78) Pin, T. E., Set, O., Har, C. S. J., Ibrahim, A., Ann, C. K.: "*A Pictorial Guide to the Singapore Botanic Gardens*", Singapore Botanic Gardens, Singapore (1989).

79) Peries, O. S. ed.: "*A Handbook of Rubber Culture and Processing*", Rubber Research Institute of Ceylon, Agalawatta (1970).

80) 山岡　望：『化学史談 I ペーター・グリースの生涯』，第 2 版，内田老鶴圃新社，東京 (1966)．

81) Ihde, A. J.: "*The Development of Modern Chemistry*", Harper & Row, New York (1964), Chs. 10 & 17.

82) 山岡　望：『化学史傳』，第 3 版，内田老鶴圃新社，東京 (1971)，第 10 章．

83) Partington, J. R.: "*A Short History of Chemistry*", 3rd ed., Dover (1989), Ch. 13.

84) レイ・バチェラー著，楠井敏郎，大橋　陽訳：『フォーディズム——大量生産と 20 世紀の産業・文化』，日本経済評論社，東京 (1998)．

85) 別枝篤彦：『プランテーション』，古今書院，東京 (1966)．

86) 飯山賢治：『生物資源の持続的利用』，武内和彦，田中　学編，岩波講座地球環境学 6，岩波書店，東京 (1998)，第 VII 章．

87) Slaybaugh, C., Davis, B., Zielasko, E.: *European Rubber Journal*, **170**, no. 11, 27 (1988).

88) 辻　邦夫：『背教者ユリアヌス』，中公文庫，中央公論新社，東京 (1974)，第 I 章．

89) Goodyear, C.: "Gum-Elastic and Its Varieties, with a Detailed Account of Its Application and Uses and of the Discovery of Vulcanization", Published for the author, New Haven (1855). 文献 48 とともに，アメリカ化学会が加硫発見 100 年祭を行った際に記念として，1939 年に復刻版を刊行した．全 2 巻より成り，ゴムについて本書で説明されている科学的結果の一部が，すでにここに記載されている，と言っても過言ではない．2 巻を合わせて

625ページの浩瀚な大作であり、「街の発明家」のイメージからは考えられない「科学書」である。個人出版でなくもっと広く普及しておれば、ゴムの科学の歩みは違っていたのではないかと思わせる。残念なことであるが、不遇に終わったグッドイヤーの生涯の象徴なのかもしれない。

90) Wilson, D. G.: *"Bicycling Science"*, 3rd ed., The MIT Press, Cambridge, Massachusetts (2004). 自転車についての科学的立場からの優れた概説書である。著者はサイクリング・クラブの技術顧問の経験もあり、自転車に興味を持つ一般読者にも読めるものとなっている。初期の歴史が第1章に、ソリッド・タイヤとニューマチック・タイヤについては第6章に記述されている。

91) Homans, J. E.: *"Self-Propelled Vehicles : A Practical Treatise on the Theory, Construction, Operation, Care and Management of All Forms of Automobiles"*, Theo.Audel & Company, New York (1902). この書は自動車の専門書として世界初と思われる。著者はおそらく機械工学者であろう。"automobile" が用語としていまだ定着していなかったようで、書名には "self-propelled vehicle" が現れ、サブタイトルに "automobile" を用いている。ガソリン・エンジンの優位を認識しながらも、蒸気機関とそれを用いた路上走行車の解説があり、その可能性を完全には排除していない。初期の歴史（第2章）、ソリッド・タイヤ（第8章）とニューマチック・タイヤ（第9章）、電気学の初歩と電気自動車（第36章）、蓄電池（第40章）について今読んでも新鮮な記述があり、全632ページの大冊である。自動車についての総合的な技術解説書として早くも1902年にこれだけの書が出版されたことは驚きである。「自動車時代」の幕開けを告げた出版と言って良い。

92) *"Michelin par Bibendum"*, M. F. P. Michelin, Clemont-Fd (1996).

93) *"Guide Michelin pour les Chauffeurs et les Velocipedistes, Edition 1900"*, M. F. P. Michelin, Clemont-Fd (1900).

94) *"La Saga du Guide Michelin"*, M. F. P. Michelin, Clemont-Fd (2004).

●第VII章

95) Galey, J.: *Journal of Interamerican Studies and World Affairs*, **21**, 261 (1979).

96) Dempsey, M. A.: *Michigan History Magazine*, July / August, 24 (1994).

97) Grandin, G.: *"Fordlandia : The Rise and Fall of Henry Ford's Forgotten Jungle City"*, Metropolitan Books, New York (2009). フォードランディアについての、おそらく唯一の成書である。400ページにおよぶ大作であり、著者は歴史学者で文献調査も現時点で可能な限りのことは為されている。フォードランディアそしてフォードとフォード社の詳細を調べるための貴重な書である。

98) Ford, R. B.: *"The Fords of Dearborn"*, Harlo Press, Detroit (1989). 第15章に、T型フォードで一家そろっての長距離ドライブ（デトロイトからバージニア州リッチモンド、1924年夏）体験記がある。日本でも今は珍しくはないが、大正13年のアメリカでのドライブ体験との「差」以上に、1世紀近い時間の差を越えた「同一性」に驚かされる。ドライブ好きの人なら今読んでも楽しい記事である。T型車が現在の大衆車と本質的な点で差がないことを示唆している。大衆車の先駆けたる所以(ゆえん)であろう。

99) Olson, S.: *"Young Henry Ford"*, Wayne State University Press, Detroit (1997).

100) *"An American Invention-The Story of Henry Ford Museum & Greenfield Village"*, Henry Ford Museum & Green Field Village, Dearborn, (1999).

101) Brinkley, D.: *"Wheels for the World : Henry Ford, His Company, and a Century of Progress, 1903-2003"*, Viking, New York (2003). 副題が示すようにフォードとフォード社についての、860ページにおよぶ大作である。近・現代アメリカ史のみならず世界史の中でのフォードとフォード社の重要性を示している。しかし残念なことに、筆者が本書で主題としたフォードランディアについては触れられていない。

102) C. メンデス著、神崎牧子訳：『アマゾンの戦争——熱帯雨林を守る森の民』、現代企画室、東京 (1991).

103) A. レヴキン著、矢沢聖子訳：『熱帯雨林の死——シコ・メンデスとアマゾンの闘い』、早川書房、東京 (1992).

104) 西沢利栄、小池洋一：『アマゾン・生態と開発』、岩波新書、岩波書店、東京 (1992).

105) 井上民二：『生命の宝庫・熱帯雨林』、日本放送出版協会、東京 (1998).

106) クライブ・ポンティング著、石 弘之・京都大学環境史研究会訳：

『緑の世界史』，上・下，朝日選書，朝日新聞社，東京 (1994)，第 10, 15, 16 章.

107) Lovelock, J.: "*The Revenge of Gaia : Why the Earth is Fighting Back-and How We Can Still Save Humanity*", Penguin Books, London (2006).

108) 山本紀夫：『ジャガイモのきた道』，岩波新書，岩波書店 (2008).

109) Weitzman, D.: "*Model T: How Henry Ford built a legend*", Crown Publishers, New York (2002).

110) Hounshell, D. A.: "*From the American System to Mass Production, 1800–1932*", Johns Hopkins University Press, Baltimore & London (1985).

111) Vanderbilt, B. M.: "*Thomas Edison, Chemist*", American Chemical Society, Washington, D. C. (1971), Ch. 9. 発明王エジソンが化学にも通じていたことはあまり知られていない．京都山崎の竹の燃焼による炭素フィラメントの作製は化学の仕事であり，白熱電球の成功への最重要ステップであった．米国内に育つ植物からのゴム採取の研究も極めて組織的で，今でも化学者の参考になる．知られざるエジソンの一面を描き切った良書である．

112) Barker, P. W.: "*Rubber : History, Production and Manufacture*", U. S. Department of Commerce, Washington, D. C. (1940).

113) Seneviratna, P., Witharana, L. P. P., de Alwis, M. N.: *Journal of the Rubber Research Institute of Sri Lanka*, **82**, 22 (1999).

114) Rogers, T. H., Peterson, A. L.: "*Preprints of International Rubber Conference 1975, Kuala Lumpur*", Paper presented at Session 9 on Oct. 24, 1975. これは"Preprints"となっているが，実質的にはすべてがいわゆる"Full papers"であって，"Proceedings"として刊行されなかったことが惜しまれる．

●第Ⅷ章

115) T. S. アシュトン著，中川敬一訳：『産業革命』，岩波文庫，岩波書店，東京 (1973).

116) Matossian, M. K.: "*Shaping World History*", M. E. Shape, New York (1997), Ch. 10.

117) Barbier, E. B.: "*Natural Resources and Economic Development*", Cambridge

University Press, Cambridge (2005). "Sustainable development" を主題にした経済学者の著作.「天然資源に恵まれた国の経済が, なぜうまく行かないのか?」を軸に展開された経済書として興味深く読める. 文献 27 に関連して述べたオーティの「資源の呪い」は, このパズルと同等であり, その具体的な分析がこの書で展開されている.

118) L. マンフォード著, 久野 収訳:『人間——過去・現在・未来』, 岩波新書, 岩波書店, 東京 (1978).

119) L. マンフォード著, 生田 勉訳:『芸術と技術』, 岩波新書, 岩波書店, 東京 (1954).

120) 文献 2, 第 5 巻 34 章.

121) Stansky, P.: "*William Morris*", Oxford University Press, Oxford (1983).

122) 池田裕子:化学と教育, **58**, 406 (2010).

123) 久保亮五:『ゴム弾性』, 河出書房, 東京 (1947). 若き久保先生が, 太平洋戦争の最中に独自に展開されたゴム弾性理論の書である. 幸いなことに, 1996 年に復刻版が裳華房から出版されている.

124) マイク・サラー (著), ジェリー・ジョイナー (絵), 岸田衿子 (訳):『わゴムはどのくらいのびるかしら?』, ほるぷ出版, 東京 (1976).

125) 日本ゴム協会編:『新版ゴム技術の基礎』, 改訂版, 日本ゴム協会, 東京 (2002).

126) Treloar, L. R. G.: "*The Physics of Rubber Elasticity*", 3rd ed., Clarendon Press, Oxford (1975). 現象論的数学的取扱いを含めた古典ゴム弾性論のまとめである. 「最新の」ゴム弾性論に教科書になるべき決定版がいまだに無いので, 現在もゴム弾性のバイブルである. フローリーの "*Principles of Polymer Chemistry*" とともに, 高分子科学をたしなむ人の必読書. この両書が今も読むべき教科書であることは, クーンの初期における主張 (Thomas S. Kuhn, "*The Structure of Scientific Revolutions*", University of Chicago Press, Chicago (1962), Ch. 11.) に従えばゴム弾性論において新しいパラダイムがいまだ現れていない, あるいは定式化されていないことを意味している. 新しいゴム弾性論が, 高分子科学の展開に必要ではないかと筆者が述べた[127]のもこの意味である.

127) こうじや信三:高分子, **56**, 12 (2007).
128) 山本 悟, 田辺晃生:『エネルギー・エントロピー・温度』, 昭和堂, 京都 (1981).
129) ピーター.W.アトキンス著, 米沢富美子, 森 弘之訳:『エントロピーと秩序:熱力学第二法則への招待』, 日経サイエンス社, 東京 (1992).
130) E.シュレデンガー著, 岡 小天, 鎮目泰夫訳:『生命とはなにか』, 岩波新書, 岩波書店, 東京 (1951).
131) Feller, W.: "*An Introduction to Probability Theory and Its Application*", 2nd edition, John Wiley & Sons, New York (1957).
132) Lowry, G. G., ed.: "*Markov Chains and Monte Carlo Calculations in Polymer Science*", Marcel Dekker, New York (1970).
133) 石田太郎:『新第二法則は存在するか』, 幻冬舎ルネッサンスブックス, 東京 (2006).
134) Ben-Naim, A.: "*A Farewell to Entropy: Statistical Thermodynamics Based on Information*", World Scientific Publishing Co., Singapore (2008).
135) Onogi, S., Masuda, T., Kitagawa, K.: *Macromolecules*, **3**, 109 (1970).
136) こうじや信三:『化学便覧, 応用化学編Ⅰ』, 第6版, 日本化学会編, 丸善, 東京 (2003), 16.6節.
137) こうじや信三:『化学便覧, 基礎化学編Ⅰ』, 改訂5版, 日本化学会編, 丸善, 東京 (2004), 5.5節.
138) 日本化学会編:『物質の進化』, 化学総説 30, 学会出版センター, 東京 (1980).
139) 原 光雄:『化学を築いた人々』, 自然選書, 中央公論社, 東京 (1973).
140) Morawetz, H.: "*Polymers: The Origins and Growth of a Science*", John Wiley & Sons, New York (1985).
141) Morris, P. J. T.: "*The American Synthetic Rubber Research Program*", University of Pennsylvania Press, Philadelphia (1989).
142) Cataldo, F.: *Progress in Rubber and Plastic Technology*, **16**, No. 1, 31 (2000).
143) Katz, J. R.: *Naturwissenschaften*, **13**, 410 (1925).

144) Murakami, S., Senoo, K., Toki, S., Kohjiya, S.: *Polymer*, **43**, 2117 (2002).
145) Toki, S., Sics, I., Ran, S., Liu, L., Hsiao, B., Murakami, S., Senoo, K., Kohjiya, S.: *Macromolecules*, **35**, 6578 (2002).
146) Trabelsi, S., Albouy, P. A., Rault, J.: *Macromolecules*, **35**, 10054 (2002).
147) Tosaka, M., Murakami, S., Poompradub, S., Kohjiya, S., Ikeda, Y., Toki, S., Sics, I., Hsiao, B. S.: *Macromolecules*, **37**, 3299 (2004).
148) Poompradub, S., Tosaka, M., Kohjiya, S., Ikeda, Y., Toki, S., Sics, I., Hsiao, B. S.: *J. Appl. Phys.*, **97**, 103529 (2005).
149) こうじや信三，登阪雅聡，古谷昌大，S. Poompradub，池田裕子：*日本化学繊維研究所講演集*，第6集，53 (2005).
150) Kohjiya, S., Tosaka, M., Furutani, M., Ikeda, Y., Toki, S., Hsiao, B. S.: *Polymer*, **48**, 3801 (2007).
151) Ikeda, Y.: *Kautshuk Gummi Kunststoffe*, **60**, 363 (2007).
152) Ikeda, Y., Yasuda, Y., Hijikata, K., Tosaka, M., Kohjiya, S.: *Macromolecules*, **41**, 5876 (2008).
153) 池田裕子，こうじや信三：*日本レオロジー学会誌*，**36**，9 (2008).
154) 池田裕子：*日本ゴム協会誌*，**84**，29 (2011).
155) Tanaka, Y.: *Rubber Chemistry and Technology*, **74**, 355 (2001).
156) Vlahakis, G. N., Makaquias, I. M., Brooks, N. M., Regourd, F., Gunergun, F., Wright, D., eds.: "*Imperialism and Science ; Social impact and interaction*", ABC-CLIO, Santa Barbara (2006).
157) Schiebinger, L., Swan, C., eds.: "*Colonial Botany ; Science, commerce, and politics in the early modern world*", University of Pennsylvania Press, Philadelphia (2005).
158) Wunder, S.: *World Development*, **29**, 1817 (2001).
159) Margolis, M.: *Newsweek*, Feb. 16, 38 (2004).
160) Plpkhii, O.: *Newsweek*, Sept. 3, 44 (2012).

●第IX章

161) World Commission on Environment and Development : "*Our Common Future*", Oxford University Press, Oxford and New York (1987).
162) Takahashi, K., Yamanaka, S.: *Cell*, **126**, 663 (2006).

163) トーマス・マクロウ著, 八木紀一郎監訳, 田村勝省訳:『シュンペーター伝：革新による経済発展の預言者の生涯』, 一灯舎, 東京 (2010). 20世紀前半の経済学者としてケインズとシュンペーター (Joseph Alois Schumpeter, 1883〜1950年) を挙げることに異議はあるまい. しかし, 1929年に始まる大恐慌とその後の「有効需要」を鍵としたケインズの「一般理論」の普及によって, 世界的にはケインズが圧倒的に優勢であった. 経済「理論」を目的とし, 現実の経済のこまごました動向に目を向けなかった (もっとも, ウイーンでの借金返済のために「雑文」と自称する論評を多数書いていたが) シュンペーターであったから, それも当然の結果であったろう. しかし, 日本の近代経済学ではシュンペーター理論が大きな役割を演じた. 東畑精一, 中山伊知郎, 都留重人という優れた日本人弟子を持ったこと以外にも何か理由があるのかもしれない. 若い彼を日本に招聘しようとした大学がいくつかあったこと, また1931年に来日した際に京都を訪問して, 死ぬまで「もう一度京都を訪問したい」と言っていたことなど, 親日家でもあった. 経済理論の一部でもある「技術論」にとって, 「創造的破壊」と企業家の技術的「革新」の重要性を明らかにした彼の歴史的経済理論は分析の1つの視点として欠かせないものがある. シュンペーターは「交通革命」の意義についても論じている. 彼は汽車による旅行を好み, またフォードT型車を企業家による革新の実例として挙げて「偉大な新商品」と表現した.

164) マルクス・エンゲルス著, 大内兵衛, 向坂逸郎訳:『共産党宣言』, 岩波文庫, 岩波書店, 東京 (1951).

165) Tomlinson, J.: "*The Culture of Speed : The coming of immediacy*", Sage Publications, Los Angeles (2007).

166) American Safety Association: "*Happiness is having your own driver's license*", Popular Library, New York (1973).

167) 一方井誠治:『低炭素化時代の日本の選択：環境経済政策と企業経営』, 岩波書店, 東京 (2008).

168) 平井都士夫:『都市と交通：クルマ社会への挑戦』, 新日本新書, 新日本出版社, 東京 (1971).

169) 杉田 聡:『クルマが優しくなるために』, ちくま新書, 筑摩書房, 東

3 京 (1996).
170) 杉田 聡，今井博之：『クルマ社会と子どもたち』，岩波書店，東京 (1998).
171) Shinar, D.: *"Traffic Safety and Human Behavior"*, Emerald Group Publishing, Bingley, UK (2007).
172) 大石慎三郎：『江戸時代』，中央公論新社，東京 (1977).
173) Curry, A.: *National Geographic*, September, 106 (2012).
174) 丸山雍成，小風秀雅，中村尚史編：『日本交通史辞典』，吉川弘文館，東京 (2003).
175) 曺智鉉写真集：『猪飼野：追憶の 1960 年代』，新幹社，東京 (2003), p. 92.
176) 増山 均，齋藤史夫編著：『うばわないで！子ども時代』，新日本出版社，東京 (2012).
177) 宇沢弘文：『自動車の社会的費用』，岩波新書，岩波書店，東京 (1974).
178) Kaye, L.: *Far Eastern Economic Review*, April 1 issue, p. 30 (1993).
179) 柿崎一郎：*東南アジア研究*, **39**, No. 4, 478 (2002).
180) 柿崎一郎：『鉄道と道路の政治経済学：タイの交通政策と商品流通，1935 年～1975 年』，京都大学学術出版会，京都 (2009).
181) 柿崎一郎：*東南アジア研究*, **42**, No. 2, 157 (2004).
182) Kakizaki, I.: *"Laying the Tracks: The Thai Economy and its Railways, 1885–1935"*, Kyoto University Press, Kyoto (2005).
183) 電気自動車ハンドブック編集委員会編：『電気自動車ハンドブック』，丸善，東京 (2001).
184) Minami, T., Tatsumisago, M., Wakihara, M., Iwakura, C., Kohjiya, S., Tanaka, I., eds.: *"Solid State Ionics for Batteries"*, Springer, Tokyo (2005).
185) Underwood, G. ed.: *"Traffic and Transport Psychology: Theory and Application"*, Elsevier, Amsterdam (2005). 国際会議の Proceedings で "Vulnerable Road Users" として子供をはじめ歩行者について論じた章もあるが，全体としてドライバーと車についての議論である．
186) 所 正文：『車社会も超高齢化：心理学で解く近未来』，学文社，東京

(2012).

187) ロベール・ボワイエ, ジャンピエール・デュラン著, 荒井寿生訳:『アフター・フォーディズム』, ミネルヴァ書房, 京都 (1996).

188) Lewis, J. J.: "*Masterworks of Technology : The Story of Creative Engineering, Architecture, and Design*", Prometheus Books, New York (2004).

●終章

189) Bateman, L., ed.: "*The Chemistry and Physics of Rubber-Like Substances*", Maclaren & Sons, Ltd., London (1963).

190) Roberts, A. D., ed.: "*Natural Rubber Science and Technology*", Oxford University Press, Oxford (1988).

191) 佐伯康治: *化学史研究*, **19**, 267, (1992).

192) 佐伯康治:『20世紀の日本の化学技術:21世紀が見えてくる』, 日本化学史学会編, ティー・アイ・シイー, 京都 (2004), 第II章第3節.

193) Yoshihara, K.: *Southeast Asian Studies*, **42**, No. 1, 3 (June 2004).

194) Hobohm, S.: "*Natural Rubber : Products for the 1990s*", Special Report No 2038, Economist Intelligence Unit, London (1990).

195) Smit, H. P.: "*The Natural Rubber Market : Review, Analysis, Policies and Outlook*", Woodhead Publishings, Cambridge (1997).

196) 廣畑伸雄: *日本ゴム協会誌*, **84**, 274 (2011).

197) 八濱義和, 上代 昌:『リグニンの化学』, 日本評論社, 東京 (1946).

198) Glasser, W. G,. Sarkanen, S., eds.: "*Lignin : Properties and Materials*", ACS Symposium Series 397, American Chemical Society, Washington, D. C. (1989).

199) 神原 周ら編:『合成ゴムハンドブック』, 朝倉書店, 東京 (1960), 17.4節.

200) 吉田文和:『循環型社会』, 中公新書, 中央公論新社, 東京 (2004).

201) 吉田文和:『環境経済学講義』, 岩波書店, 東京 (2010).

202) 中出伸一: *日本ゴム協会誌*, **82**, 430 (2009).

203) Palosuo, T.: *日本ラテックスアレルギー研究会会誌*, **13**, No. 1, 2 (2009).

204) Palosuo, T., Antoniadou, I., Gottrup, F., Phillips, P.: *International Archives of*

Allergy and Immunology, **156**, 234 (2011).
205) Mooibroek, H., Cornish, K.: *Applied Microbiology and Biotechnology*, **53**, 355 (2000).
206) Liyanage, K. K.: *Bulletin of the Rubber Research Institute of Sri Lanka*, **48**, 16 (2007).
207) 奥村　暁, 林　泰行, 加藤信子：*日本ゴム協会誌*, **82**, 424 (2009).
208) (株) ブリヂストンの 2012 年 7 月 10 日付けニュースリリース No. 114. http://www.bridgestone.co.jp/corporate/news/2012071002.html
209) こうじや信三, 佐々木康順：『ゴムの事典』, 朝倉書店, 東京 (2000), 付録 B.
210) Sutherland, B.: *Newsweek*, Jan. 9, 38 (2006).
211) 金子秀男：*日本ゴム協会誌*, **56**, 265 (1983).
212) http://www.tarrc.co.uk

事項索引

[あ行]
アーガム 142
アイルランド 187
アヴィアドル 70
アクレ州 94, 232
アクロン 177
アジア 271-273, 285
アステカ 6, 8
遊び 270-271
アビシニア高原 41, 102
アベイロ 74
アマゾナス号 99-100, 102, 143
アマゾナス州（ブラジル） 232
アマゾナス州（ベネズエラ） 56
アマゾン 10, 16, 19, 50, 60, 62, 69, 71-72, 83, 89, 93, 95, 97, 108, 110, 126, 233, 295, 304
アメリカンライフ 190-191
アモルファス 221, 226
アルカロイド 23
アレルギー症 292
安全 261, 272, 274, 277
アンデス 18, 71, 187
イエズス会 19, 51
イキトス 94
イギリス東インド会社 →東インド会社（イギリス）
インカ 6, 8
インジゴ 168-169, 224
インターネット 286, 296
インド 31-32, 35, 81, 86, 104, 245
インドゴム研究所（RRII） 40
インド省 31, 81, 99, 229
インドネシアゴム研究所 158
ウィッカム樹 115, 119, 123, 136, 143-145, 149, 151-152, 156, 163, 201, 232
疫学 132, 308
エクアドル 86
エコツーリズム 209, 279
エネルギー弾性 216
エラストマー 221
エントロピー 216-222
オーストラリア 124-125
オデッセイ 3, 89, 119, 131, 141, 201, 241, 299
オムニバス 131-132, 251
オランダ 38, 68, 158
オランダ人 157
オランダ東インド会社 →東インド会社（オランダ）
オランダ領東インド（インドネシア） 39, 185, 273
オリノコ 49-51, 80
オルメカ 6-7

[か行]
カーボン・ニュートラル 4, 287
カシキアレ 51-52, 60
カスティロア 5, 9, 46, 87, 136, 154, 195, 226, 228
ガス灯 129
カタパルト 91, 97-98, 202
カフェテリア 207
加硫 11, 175, 256, 290, 310
カルカッタ 23, 82, 114
カルカッタ植物園 82, 114
技術学 133
魏志倭人伝 267
キトー 10
キナノキ 13, 18-19, 22, 32-34, 38-39, 43, 68, 80

キニーネ　13, 18, 22, 32, 39, 186, 224
キュアー（燻煙）　57-58, 70
キュー植物園　23, 26, 43, 79, 87, 103, 109, 233, 300
クアラ・カンサー　114-115, 123, 163
クイーンズランド　125, 127
クラカトア　157, 309
グリップ　223
クレオール　47, 52, 57, 135
クローン　97-98, 151-152, 289, 293
クロロキン　39, 169, 224
燻煙　→キュアー
ゲノム解析　98, 232, 294
検疫　98, 208
健康食　207
原子力発電所の事故　247, 288
航空機　257, 259, 287-288, 294
合成ゴム　120, 213, 223-226, 244, 277
合成染料化学　169
高速道路　259-260, 278
紅茶　168
交通化　3, 13, 15, 130, 180, 215, 244, 252, 255-258, 273, 280-283, 287
交通革命　253-254, 317
交通事故（江戸時代の）　265
高分子（ポリマー）　220-221, 285
コーヒー　61, 102, 153, 166-167, 233, 242
ゴールデンロッド　5, 194
ココナッツ　139
ゴム・プランテーション　13, 68, 115, 119, 146, 149
ゴム種子　101
ゴム弾性　11, 215-216, 220-221, 290, 314
ゴム独占体制　119, 150, 181-182, 185, 193, 225
ゴムの木　16
コリンズレポート　69
コレラ　47, 131, 308

コンピュータ　257, 262
コンフリクト群島　138

[さ行]
再生可能（リニューアブル）　4, 215, 227, 278, 287
栽培化　17, 63, 149-150, 233
栽培ゴム　150, 154, 184, 186, 256
サステイナブル・ディベロップメント　4, 185, 199, 234, 246-247, 258, 260, 264, 278, 282-283
産業革命　213, 244, 252-254
サンタレン　62, 66, 73, 94, 200
シウダッド・ボリバル　53-54
ジェネラル・モーターズ（GM）社　196, 237
資源の呪い　302, 314
シス　6
シス-1,4-ポリイソプレン　5, 290
自然淘汰　105, 249
自転車　172, 177, 192, 256, 269, 274, 311
自動車　172, 177, 183, 188-189, 243, 245, 256-262, 269, 271, 274-275, 279, 281, 285, 288, 311
自動車事故　261, 263-264
シボレー　196
シミュレーション　262
社会通念　254
ジャガイモ　187
車輪　247-250
種子　113
手術用ゴム手袋　11, 292
循環型社会　292
蒸気船　72, 99, 252-253, 276
上下水道　133
情報　200, 217-218, 220, 255, 257-258, 296
植生　72, 92, 107
進化　223, 249, 294
シンガーミシン　192

シンガポール 25, 104, 113, 116, 163
シンガポール植物園 13, 23, 114-116, 159-160, 163
伸長結晶化 226-227
スエズ運河 252
スチーブンソン委員会 181, 186, 194
スリランカ →セイロン
スリランカ（セイロン）ゴム研究所（RRISL） 6, 156
セアラ 5, 111, 154, 163, 228
生物分解 290
セイロン（スリランカ） 6, 23, 37, 104, 113-114, 142, 146, 151, 153, 156, 160-162, 167, 230
セイロンゴム研究所（RRIC） →スリランカ（セイロン）ゴム研究所
セリンゲイル 63, 69-70, 185, 206
船長ヒル 49, 129, 138
戦略物質 9, 119, 121, 195, 225, 237
相乗効果 244
組織培養 289, 293
ソメイヨシノ 152
ソリッド・タイヤ 172, 251

[た行]
タイ 272-273
大英帝国 13, 29, 31-32, 44, 63, 65-66, 146, 181, 239, 245
大衆化 170, 209, 214, 241, 251, 255-256, 281
大探検時代 29, 44, 51, 116, 213
大八車 266
タイヤ 172, 176, 178-179, 182-184, 213, 243-244, 288
タクシー 131
タッピング 46, 57, 59, 70, 80, 151, 156, 164-166
タバコ 126, 128
タパジョス 50, 73, 90, 119
炭酸ガス →二酸化炭素

ダンロップ護謨（極東） 180
地下鉄 131, 134
チンボラソ山 36-37
ツイッター 258
ディズニーランド 209
適者生存 105, 249
デザイン 215, 235, 281
鉄道 253-255, 258, 272-273
電気自動車 177, 275-277, 311
電信 114, 130, 253-254
天然ゴム 4, 68, 120-121, 143, 154, 170, 182, 185, 213-214, 224, 226, 228, 233, 243, 277, 283, 287-288
統計熱力学 217
特異性（日本の） 264-265, 271
都市計画 133
トップ・ダウン 196, 200, 238
ドメスティケーション 17, 150
トランス 6
トレッド 277

[な行]
苗木 109, 113
南軍兵士 53, 62, 74, 202, 207
ニカラグア 44
二酸化炭素（炭酸ガス） 4, 286
二次電池 276
日本の特異性 →特異性（日本の）
ニューマチック・タイヤ 172-173, 177, 222, 252, 257
ニルギリ高原 35, 40
熱帯雨林 185, 234, 288, 304
熱帯農業 77
熱力学 216
粘性 223
ノーベル賞 186, 219, 248-249
ノロニャ（エルナンド・ディ）島 159-160

[は行]
バイオ・セイフティ 294
バイオミメティクス 248
ハイブリッド車 275-277
パクス・アメリカーナ 15, 191, 240, 242-244
パクス・ブリタニカ 130, 191, 242-245, 303
パクス・ローマーナ 130, 243, 268
馬車 131-132, 189, 243, 251, 256, 259, 266-269
発芽率 82, 105
パトラウ 70, 85
パナマ運河 206, 252
バニヤンの樹 16, 25
パプア・ニューギニア 138
バラ 61-63, 71, 110
パラゴム 20, 60-61, 67-68, 111, 154, 157, 161, 309
パラ州 61, 96, 111
パリンチン 231
ハンサム・キャブ 130, 132, 251
帆船 252, 276
東インド会社（イギリス） 31-32, 116, 245-246, 301
東インド会社（オランダ） 116, 162
ピキア 142
飛行機 256
ビッグ・バン 223
フィカス・エラスティカ 5, 16, 141, 158
フェイスブック 258
フォーディズム 192-193, 214, 281
フォードランディア 93, 182, 200, 204, 209, 211-212, 226, 231, 237, 240, 312
ブタジエンゴム（BR、ブナ） 225
プラスチック・カー 199
プランター 15, 71, 77, 80, 84-85, 89, 99, 124, 142-143, 146, 153, 163, 232
プラント・イントロダクション 12, 17-18, 43, 66, 68, 80, 116, 150, 182, 228, 233, 246, 257, 300
プレートテクトニクス理論 309
ベネズエラ 49
ヘベア 4, 12, 16, 18, 57, 63, 68, 78, 89, 91, 96-97, 107-108, 141, 150, 155, 161, 166, 201, 228, 241
ヘベア・ブラジリエンシス 4, 104, 230
ヘベア種子 91-93, 97-99, 103, 109, 112, 118, 123, 160, 202, 210
ヘベアの莢 91
ヘベアの苗木 104, 112
ペラデニヤ植物園 23, 143
ペルー 86
ベルテーラ 210, 212
ベレン 61, 71, 110
ボア・ビスタ 198, 200, 203, 210, 212
ボイン 91-92, 96, 99-100, 105, 149, 201
ボゴール植物園 25, 113, 115, 157
舗装 269
ボリビア 86, 94
ポリマー →高分子
ホンジュラス 129

[ま行]
マカダム方式 269
マス・プロダクション（マスプロ） 192-193, 196, 214, 244, 281
マット・グロッソ 96, 232
マデイラ河 86, 94
マデイラ-マモーレ鉄道 94
マナウス 60, 69, 94, 99, 230
摩耗 223
マヤ 6-7
マラヤ 108, 123, 146, 158-159, 230
マラリア 54, 56
マレー 119, 156
マレーシア 14

マレーシア（マラヤ）ゴム研究所（RRIM）　98, 170, 204, 306
マレー半島　107
ミシシッピー・ミズーリ　72
ミッシュラン　179
南アメリカ枯葉病（SALB）　96-97, 207-208, 210-211, 231-233, 294
モカコーヒー　61
モノカルチャー　167, 170, 182, 214, 242
モラビア教会　45

[や行]
野生ゴム　67, 150, 154, 184-186, 203, 210, 228
ユダヤ人　197

[ら行]
ラテックス　46, 57-59, 70, 154, 156, 164, 166, 292
ラフレシア　116
ランダムプロセス　218, 248
リアノ　53, 72
リオ・ネグロ　57, 60
リグニン　290
リサイクル　199, 289, 291
リトレッディング　291
リニューアブル　→再生可能
リバプール　99, 102
リベリア　194
リユース　291
量子力学　250
レイン・ガード　156
レッジャー　38-39, 68
ロイター（通信社）　130

ローマ帝国　130, 243, 268
ロンドニア州　94, 232

[わ行]
ワーディアン・ケース　31, 35-36, 113
ワューレ　5, 226, 292

[アルファベット]
bio-pirate　96, 101
CR　225
DNA　294
ES 細胞　249
GM　→ジェネラル・モーターズ社
Hakgala 植物園　37
Henaratgoda 植物園　113-114, 123, 142, 144, 154, 160-161
HR　225
iPS 細胞　248
IRRDB　95
IRSG　287
Meeting　60, 73
NBR　225
Ootacamund　35
Para fine　61, 84, 111
RRIC　→セイロンゴム研究所
RRII　→インドゴム研究所
RRIM　→マレーシア（マラヤ）ゴム研究所
RRISL　→スリランカゴム研究所
SALB　→南アメリカ枯葉病
SBR　225
TARRC　296
the Meeting　→ Meeting
T 型車　189, 191, 196, 209, 244, 257, 312
Wikipedia　296

人名索引

[あ行]
アダム・スミス →スミス（アダム）
ウイアー（J. R.） 210-211
ヴィオレット 65, 74-75, 78, 83, 127-129, 134-135, 139-140, 147, 235, 302
ウイッカム（H. A.） 12, 43, 60-63, 65, 71, 76, 78, 80, 83, 91, 97, 99, 104, 106-107, 113, 123, 146, 149, 230, 232-234, 237, 257, 299, 304
ウイリアム・フッカー →父フッカー
ウイリアム・モリス →モリス（ウイリアム）
ウーバー（M.） 230
ヴェーゲナー（A.） 309
ウォーレス（A. R.） 29, 52, 105, 303
宇田川榕庵 26
エジソン（T. A.） 12, 188, 194, 206, 313
エドセル（E. B. フォード） 197, 209, 211, 235
エルナンデス 57
エンゲルス（F.） 254

[か行]
金子秀男 296
カマルゴ（F. C. de） 211
カルモン（M.） 229
カロサーズ（W. H.） 225
クック（J.） 29
グッドイヤー（C.） 11, 174, 176, 256, 311
グッドリッチ（B. F.） 81, 179
クラウジウス（R. J. E.） 217
グリーン（総領事） 82, 101, 110
クロス（R. M.） 34, 36, 86-87, 91, 108, 110, 113, 115, 118, 154, 235
ケインズ（J. M.） 157, 317
コウンチンフ（S.） 67-68, 80
子フッカー（ジョセフ・フッカー） 27-28, 61, 69, 79-81, 84, 103-105, 108, 117, 124, 160
コリンズ（J.） 68, 80, 82, 106, 108, 154, 234, 299
コロンブス（C.） 9, 47
コンダミーヌ（C. M.） 10, 19, 51

[さ行]
齋藤茂吉 219
ジェーン（ウイッカムの実妹） 66, 84
信夫清三郎 306
シャノン（C. E.） 217-219
シャベス（R.） 85
ジュシュー（J.） 20-21
シュレーディンガー（E.） 217
シュンペーター（J. A.） 317
ジョセフ・フッカー →子フッカー
ジョン（ウイッカムの実弟） 66, 89
ジョンストン（A.） 209-212, 231
ストロース（レヴィ） 305
スプルース（R.） 34, 36, 52, 57, 60-61, 63, 72, 106, 303
スミス（アダム） 116, 190
ソレンセン（C.） 199-200

[た行]
ダーウィン（C. R.） 29, 69, 105, 306
ダイムラー（G.） 177, 257
谷崎潤一郎 130
タン（C. Y.） 165-166
ダンロップ（J. B.） 176, 179
チーゼルトン-ダイアー（W. T.）

27, 103, 117
父フッカー（ウイリアム・フッカー）
　27-28, 33, 67, 69
チャーチル（W.）　186
辻原登　267
テイラー博士　36
トムソン（R. W.）　172, 174, 252, 257

[な行]
夏目漱石　40
成沢慎一　14, 121

[は行]
バイヤー（A.）　169
パーキン（W. H.）　168
ハリエス（C. D.）　224
ハリエッテ（ウイッカムの母）　66, 78
バンクス（J.）　27, 301, 304
ハンコック（T.）　10, 67, 80, 174-175, 305
ビクトリア女王　13, 23, 44, 66, 101-102, 130, 134, 137, 144, 239, 251
ヒュー・ロウ　→ロウ（ヒュー）
ヒル（ロハス）　59, 129
ファイヤーストーン（H. S.）　12, 194-195, 240
ファラデー（M.）　224
ファリス（C.）　82
フォード（H.）　12, 182, 186-189, 195, 199, 205-206, 209, 211, 225, 228, 231, 234, 236-237, 257
フォード2世　212
フッカー　→父フッカー，子フッカー
プリゴジン（I. R.）　220
プリストリー（J.）　10
ブレイン園長　118
フレスノー（F.）　9, 20-21
フンボルト（F. H. A.）　29, 51-52, 57, 304
ヘイ（総領事）　63, 65, 129

ベイツ（H. W.）　305
ベーコン（ロジャー）　253
ボルツマン（L. E.）　216, 218
ボンプラン（A.）　51

[ま行]
マーカム（C. R.）　13, 22, 29, 41, 68, 80-82, 84, 87, 91, 106, 129, 239, 299
マザー・サイディ　54, 129
マッキントッシュ（C.）　10, 80
マルクス（K.）　133, 190, 254
マンフォード（L.）　255, 295
ミッシュラン兄弟　178
モリス（ウイリアム）　214

[や行]
山中伸弥　248

[ら行]
ライエル（C.）　29
ラッフルズ（T. S. B.）　115, 162, 306
ラマルク（J.-B.）　22
ラリュ（C. D.）　203
リドレイ（H. N.）　13, 108, 117, 150, 158, 162, 164, 170, 204, 237, 239, 257, 309
リンネ　22
ルーズベルト（F. D.）　157
ルーズベルト（T.）　196
レヴィ・ストロース　→ストロース（レヴィ）
レベデフ（S.V.）　224
ロウ（ヒュー）　114, 163
ロジャー・ベーコン　→ベーコン（ロジャー）
ロドリゲス（B.）　229
ロハス・ヒル　→ヒル（ロハス）

[わ行]
ワンダシー（J.）　236

図表一覧

図1（p. 7）　　マヤ遺跡チチェン・イツァに現存する球技場とゴム球のゴール（中央：青山和夫氏撮影，右上：アフロ）

図2（p. 8）　　アステカから伝えられて現在までメキシコに残っているゴム球技の様子（W. E. GARRETT/National Geographic Stock）

図3（p. 24）　　キュー植物園のガイドブック表紙に見るパームハウス（Bromley, G., Maunder, M.: "*A Souvenir and Guide to the Royal Botanic Gardens, Kew*", Board of Trustees, Royal Botanic Gardens, Kew（1990））

図4（p. 25）　　ペラデニヤ植物園内の巨大な傘のようなバニヤンの樹（著者撮影）

図5（p. 26）　　ボゴール植物園内の丘の上に在るカフェ・ボタニカ（Levelink, J., Madwdsley, A., Rijnberg, T.: "*Four Guided Walks BOGOR BOTANIC GARDEN*", PT Bogorindo Botanicus, Bogor（1996））

図6（p. 28）　　子フッカー（Joseph Dalton Hooker）の威厳に満ちた肖像（Hepper, F. N. ed.: "*Royal Botanic Gardens KEW: Gardens for Science and Pleasure*", Her Majesty's Stationary Office, London（1982））

図7（p. 34）　　ペルー南部・ボリビアに自生するキナノキ "the yellow bark"（Hepper, F. N. ed.: "*Royal Botanic Gardens KEW: Gardens for Science and Pleasure*", Her Majesty's Stationary Office, London（1982））

図8（p. 37）　　リオバンバの街はずれから見たチンボラソ山（リチャード・スプルース著，アルフレッド・R・ウォーレス編，長澤純夫，大曾根静香訳：『アマゾンとアンデスにおける一植物学者の手記』，築地書館，東京（2004））

図9（p. 50）　　ウイッカムによる南米北部オリノコ河・アマゾン河流域の地図（Wickham, H. A.: "On the Plantation, Cultivation, and Curing of Para Indian Rubber", Kegan Paul, Trench, Trubner & Co., London（1908））

図10（p. 58）　　タッピングにより採取した天然ゴムラテックスの燻煙を行うインディオの少年（リチャード・スプルース著，アルフレッド・R・ウォーレス編，長澤純夫，大曾根静香訳：『アマゾンとアンデスにおける一植物学者の手記』，築地書館，東京（2004））

図11（p. 73）　　サンタレン近く，アマゾン河へ合流するタパジョス河との境界線（アマゾンのガイド Gil Serique 氏の提供による）

図12（p. 92）　　ヘベア種子の形と大きさ（著者撮影）

図13（p. 93）　　ヘベア種子を収めている莢（著者撮影）

図14（p. 95）　　アマゾン流域における初期の野生天然ゴム採集地とヘベアの生息地域，および IRRDB 調査団のヘベア採集地（George, P. J., Kuruvulla Jacob, C., eds.: "*Natural Rubber: Agromanagement and Crop Processing*", Rubber Research Institute of India, Kottayam（2000））

図15（p. 100）　　ボイン沖に停泊中のアマゾナス号への梱包されたヘベア種子の積み込み風景（Gil Serique 氏の提供による）

図16（p. 132）　　馬車と歩行者が縦横に行きかい活気あふれるロンドンの街角（ユニフォトプレス）

図17（p. 144）　　1977 年 101 歳になったコロンボ郊外 Henaratgoda 植物園のウイッカム樹（著者撮影）

図18（p. 145）　　101 歳となったウイッカム樹の全体を示す写真（著者撮影）

図19（p. 164）　　1900 年頃に執務中のリドレイの写真（Tinsley, B.: "*Visions of Delight: The Singapore Botanic Gardens through the ages*", Singapore Botanic Gardens, Singapore（1989））

図20（p. 166）　ゴム・プランテーションのヘベア樹と連続タッピング法で切り付けられた樹幹のパネル，および流出したラテックスを受けるカップ（著者撮影）

図21（p. 167）　マラッカ近郊のタン氏のゴム園（Tinsley, B.: "*Visions of Delight : The Singapore Botanic Gardens through the ages*", Singapore Botanic Gardens, Singapore（1989））

図22（p. 173）　トムソンが1845年に特許出願した "an aerial wheel"（Slaybaugh, C., Davis, B., Zielasko, E.: *European Rubber Journal*, **170**, no. 11, 27（1988））

図23（p. 178）　1900年に発行されたミッシュランのガイドブックの表紙（著者撮影）

図24（p. 204）　船上から見たタパジョス河右岸のフォードランディア（著者撮影）

図25（p. 205）　フォードランデイアに建設されたフォード社員用の住宅（著者撮影）

図26（p. 217）　熱力学，統計熱力学，情報工学におけるエントロピー（著者作成）

図27（p. 222）　自動車に装着されたニューマチック・ゴムタイヤの役割（Slaybaugh, C., Davis, B., Zielasko, E.: *European Rubber Journal*, **170**, no. 11, 27（1988））

図28（p. 272）　アジアの農村で今も見られる牧歌的な乗り物（Kaye, L.: *Far Eastern Economic Review*, April 1 issue, p. 30（1993））

図29（p. 284）　人類を取りまく宇宙の136億年と我々のこれから（著者作成）

表1（p. 120）　マレー半島における1942年と1944年の天然ゴムの生産量と輸出量（Kratoska, P. H.: "The Japanese Occupation of Malaya—A Social and Economic History", Hurst & Company, London（1998））

表2（p. 155）　パラ（ヘベア）ゴムと他種ゴムの分析値の比較

(Wright, H.: "*Hevea brasiliensis or Para Rubber—Its Botany, Cultivation, Chemistry and Diseases*", 3rd ed., A. M. & J. Ferguson, Colombo (1908))

表3（p. 161）　セイロンのパラゴム（ヘベア）単価，輸出額とヘベア植え付け面積の変化（Wright, H.: "*Hevea brasiliensis or Para Rubber—Its Botany, Cultivation, Chemistry and Diseases*", 3rd ed., A. M. & J. Ferguson, Colombo (1908))

表4（p. 162）　20世紀初頭アジアにおけるヘベア作付面積の増加（Wright, H.: "*Hevea brasiliensis or Para Rubber—Its Botany, Cultivation, Chemistry and Diseases*", 3rd ed., A. M. & J. Ferguson, Colombo (1908))

表5（p. 169）　20世紀前後のインド，セイロン・マレーから英国への農業輸出品額の変化（Brockway, L. H.: "*Science and Colonial Expansion—The Role of the British Royal BotanicGardens*", Academic Press, New York (1979))

表6（p. 184）　1905〜1922年における野生ゴムと栽培ゴムの生産高割合とゴムのポンドあたりの価格（Jackson, J.: "*The Thief at the End of the World*", Viking, New York (2008))

表7（p. 273）　1935年時点でのアジアの鉄道と道路密度の比較（柿崎一郎：東南アジア研究，**39**，No. 4，478 (2002))

表8（p. 286）　2011年に70億人に達した地球人口の年収別に見た各種動態（*Supplement to National Geographic*, March (2011))

こうじや 信三（こうじや しんぞう）

1942 年	大阪に生れる
1965 年	京都大学工学部（高分子化学科）卒業
1969 年	京都大学大学院工学研究科博士課程（高分子化学専攻）中退
同年	京都工芸繊維大学工芸学部（工業化学科）助手、（同 助教授を経て）
1991 年	同（物質工学科）教授
1993 年	京都大学化学研究所へ転任
2006 年	京都大学名誉教授
同年から2009 年まで	マプア（Mapua）工科大学（フィリピン，マニラ），マヒドン（Mahidol）大学理学部（タイ，サラヤ）客員教授を歴任

【研究分野】

高分子科学，特にゴム材料科学を中心にソフト・マターの構造と物性研究とその機能性材料への展開．

天然ゴムの歴史

―ヘベア樹の世界 ―周オデッセイから「交通化社会」へ　学術選書 060

2013 年 5 月 15 日　初版第 1 刷発行

著　　　者	こうじや　信三
発　行　人	檜山　爲次郎
発　行　所	京都大学学術出版会

京都市左京区吉田近衛町 69
京都大学吉田南構内（〒 606-8315）
電話 (075) 761-6182
FAX (075) 761-6190
振替 01000-8-64677
URL http://www.kyoto-up.or.jp

印刷・製本…………㈱太洋社

装　　　幀…………鷺草デザイン事務所

ISBN 978-4-87698-860-0　　　Ⓒ Shinzo KOHJIYA 2013
定価はカバーに表示してあります　　Printed in Japan

本書のコピー，スキャン，デジタル化等の無断複製は著作権法上での例外を除き禁じられています．本書を代行業者等の第三者に依頼してスキャンやデジタル化することは，たとえ個人や家庭内での利用でも著作権法違反です．

037 新・動物の「食」に学ぶ 西田利貞

038 イネの歴史 佐藤洋一郎

039 新編 素粒子の世界を拓く 湯川・朝永から南部・小林・益川へ 佐藤文隆 監修

040 文化の誕生 ヒトが人になる前 杉山幸丸

041 アインシュタインの反乱と量子コンピュータ 佐藤文隆

042 災害社会 川崎一朗

043 ビザンツ 文明の継承と変容 井上浩一 [函]8

044 江戸の庭園 将軍から庶民まで 飛田範夫

045 カメムシはなぜ群れる? 離合集散の生態学 藤崎憲治

046 異教徒ローマ人に語る聖書 創世記を読む 秦 剛平

047 古代朝鮮 墳墓にみる国家形成 吉井秀夫 [函]13

048 王国の鉄路 タイ鉄道の歴史 柿崎一郎

049 世界単位論 高谷好一

050 書き替えられた聖書 新しいモーセ像を求めて 秦 剛平

051 オアシス農業起源論 古川久雄

052 イスラーム革命の精神 嶋本隆光

053 心理療法論 伊藤良子 [心]7

054 イスラーム 文明と国家の形成 小杉 泰 [函]4

055 聖書と殺戮の歴史 ヨシュアと士師の時代 秦 剛平

056 大坂の庭園 太閤の城と町人文化 飛田範夫

057 歴史と事実 ポストモダンの歴史学批判をこえて 大戸千之

058 神の支配から王の支配へ ダビデとソロモンの時代 秦 剛平

059 古代マヤ 石器の都市文明 [増補版] 青山和夫 [函]11

060 天然ゴムの歴史 ヘベア樹の世界一周オデッセイから、交通化社会へ こうじや信三

学術選書 [既刊一覧]

＊サブシリーズ 「心の宇宙」→ 心　「諸文明の起源」→ 諸　「宇宙と物質の神秘に迫る」→ 宇

001 土とは何だろうか？　久馬一剛
002 子どもの脳を育てる栄養学　中川八郎・葛西奈津子
003 前頭葉の謎を解く　船橋新太郎　心1
005 コミュニティのグループ・ダイナミックス　杉万俊夫 編著　心2
006 古代アンデス 権力の考古学　関雄二　諸12
007 見えないもので宇宙を観る　小山勝二ほか 編著　宇1
008 地域研究から自分学へ　高谷好一
009 ヴァイキング時代　角谷英則　諸9
010 GADV仮説 生命起源を問い直す　池原健二
011 ヒト 家をつくるサル　榎本知郎
012 古代エジプト 文明社会の形成　高宮いづみ　諸2
013 心理臨床学のコア　山中康裕　心3
014 古代中国 天命と青銅器　小南一郎　諸5
015 恋愛の誕生 12世紀フランス文学散歩　水野尚
016 古代ギリシア 地中海への展開　周藤芳幸　諸7
018 紙とパルプの科学　山内龍男

019 量子の世界　川合・佐々木・前野ほか編著　宇2
020 乗っ取られた聖書　秦剛平
021 熱帯林の恵み　渡辺弘之
022 動物たちのゆたかな心　藤田和生　心4
023 シーア派イスラーム 神話と歴史　嶋本隆光
024 旅の地中海 古典文学周航　丹下和彦
025 古代日本 国家形成の考古学　菱田哲郎　諸14
026 人間性はどこから来たか サル学からのアプローチ　西田利貞
027 生物の多様性ってなんだろう？ 生命のジグソーパズル　京都大学総合博物館／京都大学生態学研究センター編
028 心を発見する心の発達　板倉昭二　心5
029 光と色の宇宙　福江純
030 脳の情報表現を見る　櫻井芳雄　心6
031 アメリカ南部小説を旅する ユードラ・ウェルティを訪ねて　中村紘一
032 究極の森林　梶原幹弘
033 大気と微粒子の話 エアロゾルと地球環境　笠原三紀夫・東野達
034 脳科学のテーブル 日本神経回路学会監修／外山敬介・甘利俊一・篠本滋 編
035 ヒトゲノムマップ　加納圭
036 中国文明 農業と礼制の考古学　岡村秀典　諸6